"美丽校园"摄影大赛

2017年9月1—15日

一、活动目的

为进一步加强校园文化建设，彰显特色校园文化，丰富师生文化生活，决定举办"美丽校园"摄影大赛。现将有关事项通知如下。

二、参赛对象

本校全体师生。

三、具体要求

（一）作品内容

本次摄影大赛主题为"美丽校园"，主要反映校园风光、文化氛围、校园风情等，可以是景物摄影，也可以人景结合、以景为主。作品题材、形式、风格不限。

（二）作品要求

1.摄影要客观真实，积极向上，突出思想性、艺术性、时代性。作品须为作者本人原创，严禁转载、抄袭、套改，不接受经电脑特技合成制作的照片。

2.每人选送照片2张，彩色、黑白均可。参赛作品只需上传JPG格式的图片电子源文件，每张图片大小不小于1MB，统一按"作者姓名+《作品名称》"的形式命名。

（三）投稿时间

作品投稿时间为2017年9月1—15日。

（四）投稿方式

所有作品上传邮箱：retwert@qq.com；联系电话：83681445。

四、作品评选和展示

1.届时学校将请专人对参赛作品进行评选，评出一、二、三等奖，并予以一定奖励。

2.学校有权使用参赛作品（包括用于展览、出版物、媒体网络宣传等），不另付稿酬。所有参赛作品如涉及著作权、版权、肖像权或名誉权纠纷，均由作者本人负责。一经参赛将视作同意本条款。

湖南信息职业技术学院

普通高等职业教育计算机系列规划教材

计算机应用能力教程
（Windows 7+Office 2010）

李锡辉　主　审

赵　莉　主　编

谷晓蕾　余国清　王　莉　副主编

电子工业出版社

Publishing House of Electronics Industry

北京·BEIJING

内 容 简 介

本书以 Windows 7+Office 2010 为基础，以实际应用为目标，从现代办公应用中的实际问题出发，结合全国计算机等级考试大纲要求，力求将计算机基础知识和应用能力完美结合。

本书以提高学生在计算机应用中的操作能力及培养学生的文化素养为目标，全面介绍了计算机基础知识、Windows 7 操作系统、计算机网络的基础知识、Office 的三大办公组件的应用及协同工作等内容。最后通过综合实例的设计与制作启发读者应用创新。读者可以扫描书中的二维码观看微课视频、获取同步训练及课后习题答案。

本书适合作为普通高等院校的计算机基础教材或参考书，也可作为广大用户和办公人员日常使用的 Office 手册。

未经许可，不得以任何方式复制或抄袭本书之部分或全部内容。
版权所有，侵权必究。

图书在版编目（CIP）数据

计算机应用能力教程：Windows 7+Office 2010/赵莉主编. —北京：电子工业出版社，2017.9
（普通高等职业教育计算机系列规划教材）
ISBN 978-7-121-32229-7

Ⅰ.①计… Ⅱ.①赵… Ⅲ.①Windows 操作系统－高等职业教育－教材②办公自动化－应用软件－高等职业教育－教材 Ⅳ.①TP316.7②TP317.1

中国版本图书馆 CIP 数据核字（2017）第 170095 号

策划编辑：徐建军（xujj@phei.com.cn）
责任编辑：王凌燕　　文字编辑：魏建波
印　　刷：涿州市京南印刷厂
装　　订：涿州市京南印刷厂
出版发行：电子工业出版社
　　　　　北京市海淀区万寿路 173 信箱　邮编 100036
开　　本：787×1 092　1/16　印张：19.25　字数：496 千字　彩插：1
版　　次：2017 年 9 月第 1 版
印　　次：2019 年 8 月第 4 次印刷
定　　价：48.00 元

凡所购买电子工业出版社图书有缺损问题，请向购买书店调换。若书店售缺，请与本社发行部联系，联系及邮购电话：（010）88254888，88258888。
质量投诉请发邮件至 zlts@phei.com.cn，盗版侵权举报请发邮件至 dbqq@phei.com.cn。
本书咨询联系方式：（010）88254570。

前言 Preface

随着信息技术的飞速发展，计算机技术已经渗透到人们的工作、学习和生活之中。作为新时代的大学生，了解计算机及信息技术的基础知识，掌握计算机的基本操作技能，是进入大学学习的首要任务之一。

本书以 Windows 7+Office 2010 为基础，以实际应用为目标，从现代办公应用中的实际问题出发，结合全国计算机等级考试大纲要求，力求将计算机基础知识和应用能力完美结合。全书共 8 章，其中第 1 章为计算机基础知识，主要包括计算机系统的组成、计算机中信息的表示方法；第 2 章为计算机操作系统，介绍 Windows 7 操作系统的基本功能及操作方法；第 3 章为网络技术与信息安全，主要介绍计算机网络的组成及 Internet 的应用；第 4 章至第 7 章通过应用实例分别讲解了 Word 2010、Excel 2010、PowerPoint 2010 三大办公组件的应用及协同工作；第 8 章通过综合实例 "'美丽校园'摄影大赛海报设计及作品展示 PPT" 的设计与制作，抛砖引玉，开启读者应用 Office 设计的思路，拓展读者实际操作新思维。为了强化技能训练和知识拓展，各知识内容均配备了同步训练，同步训练大多来自全国计算机等级考试真题，并合理进行了分解以减少复杂度，保证了学生在学习每一步知识后结合考试真题有针对性地专项训练，将知识点各个击破。

本书具有以下几个特点。

1. 内容编排充分考虑学生的学习特点。全书将知识讲解和同步训练有机结合，从而达到循序渐进的效果。

2. 提供微课视频和训练指导。所有操作讲解均已录制成视频，并上传至超星 MOOC 平台，读者只需要扫描书中提供的各个二维码，便可以观看视频，轻松掌握相关知识。

3. 精挑细选实用技巧，让学生体验成功的喜悦。章节中设有一些学习提示和操作技巧，以帮助学生提高应用水平，提升操作技能。

4. 课程学习与计算机技能认证相结合。教材紧扣全国计算机等级考试的需要，同步训练及考级辅导按照等级考试要求进行备考辅导，覆盖了全国计算机等级考试一、二级 "计算机基础及 Office 应用" 大纲的要求。

本书是湖南省十二五规划课题 "泛在视阈下高职教学模式创新研究" 和湖南信息职业技术学院 "计算机应用基础 MOOC 课程建设" 的研究成果。本书由湖南信息职业技术学院赵莉担任主编，负责全书的总体设计和统稿；由李锡辉教授主审，负责全书内容的审核、修改和定稿；由谷晓蕾、余国清及湖南商学院王莉担任副主编，杨洁、贾红艳、王南英、常莎、周兰蓉、王红军、石玉明、肖丽芬、周宇及湖南医学院胡桂华等老师参与了部分章节的编写、校对和整理工作。

本书提供了丰富的教学资源，包括电子教案、微课、同步训练、考级辅导及练习素材和效果文件，读者可通过扫描书中二维码观看微课视频、获取同步训练及课后习题答案。读者可扫描右侧的二维码或登录华信教育资源网（www.hxedu.com.cn）免费下载教材配套资源，如有问题可在网站留言板留言或与电子工业出版社联系（E-mail:hxedu@phei.com.cn），也可直接与编者联系（zhaoli@mail.hniu.cn）。

教材建设是一项系统工程，需要在实践中不断完善与改进。由于编者水平有限，书中难免存在疏漏和不足之处，恳请同行专家和读者给予批评和指正。

编　者

目 录
Contents

第1章 计算机基础知识 (1)
- 1.1 计算机的概念 (1)
  - 1.1.1 计算机的定义与特点 (1)
  - 1.1.2 计算机的应用领域 (2)
  - 1.1.3 计算机的分类 (3)
- 1.2 计算机的发展 (4)
  - 1.2.1 计算机的历史 (4)
  - 1.2.2 未来的计算机 (6)
- 1.3 计算机结构和工作原理 (7)
  - 1.3.1 计算机系统 (7)
  - 1.3.2 计算机硬件系统 (7)
  - 1.3.3 计算机性能指标 (13)
  - 1.3.4 计算机软件系统 (14)
  - 1.3.5 计算机工作原理 (16)
  - 1.3.6 计算机应用中要注意的问题 (16)
- 1.4 信息的表示与存储 (17)
  - 1.4.1 常用的数制 (17)
  - 1.4.2 数制转换 (18)
  - 1.4.3 字符信息的表示 (20)
  - 1.4.4 信息存储单位 (22)
  - 1.4.5 信息存储常见格式 (22)
- 1.5 考级辅导 (24)
  - 1.5.1 考试要求 (24)
  - 1.5.2 真题练习 (25)

第2章 计算机操作系统 (27)
- 2.1 操作系统和Windows基础 (27)
  - 2.1.1 认识操作系统 (27)
  - 2.1.2 认识Windows操作系统 (29)

	2.1.3 安装 Windows 7 操作系统	（30）
2.2	操作系统的基本操作	（30）
	2.2.1 操作系统的启动和退出	（30）
	2.2.2 Windows 7 的桌面基本操作	（31）
	2.2.3 应用程序的管理	（34）
	2.2.4 使用 Windows 应用程序	（35）
	2.2.5 任务管理器	（37）
2.3	文件和磁盘管理	（39）
	2.3.1 文件和文件夹的管理	（39）
	2.3.2 磁盘管理	（46）
2.4	系统设置	（49）
	2.4.1 Windows 7 的控制面板	（49）
	2.4.2 调整日期和时间	（50）
	2.4.3 账户设置	（51）
	2.4.4 硬件和声音设置	（53）
	2.4.5 设置个性化的显示界面	（55）
2.5	录入文字	（58）
	2.5.1 认识键盘	（58）
	2.5.2 语言栏的操作	（60）
	2.5.3 安装、切换和删除输入法	（60）
	2.5.4 切换输入模式	（62）
	2.5.5 使用搜狗拼音输入法	（63）
2.6	考级辅导	（65）
	2.6.1 考试要求	（65）
	2.6.2 真题练习	（65）
第 3 章	**网络技术与信息安全**	**（67）**
3.1	网络的认识	（67）
	3.1.1 网络基础	（67）
	3.1.2 计算机网络的体系结构	（69）
	3.1.3 网络硬件	（71）
3.2	Internet 的认识和接入	（73）
	3.2.1 认识 Internet	（73）
	3.2.2 Internet 的接入	（75）
	3.2.3 局域网组建	（76）
3.3	Internet 的应用	（81）
	3.3.1 浏览网页	（81）
	3.3.2 电子邮件的使用	（84）
	3.3.3 搜索引擎查询资料	（84）
3.4	网络安全	（86）
	3.4.1 认识计算机病毒	（86）

3.4.2　构建安全的网络环境 ··· (87)
3.5　考级辅导 ··· (90)
　　3.5.1　考试要求 ·· (90)
　　3.5.2　真题练习 ·· (90)

第 4 章　Word 2010 处理电子文档 ·· (92)

4.1　认识 Word 2010 和文档基本操作 ··· (92)
　　4.1.1　Word 2010 的工作界面 ··· (92)
　　4.1.2　Word 2010 的启动和退出 ··· (95)
　　4.1.3　文档的创建、打开、保存和关闭 ··· (96)
　　4.1.4　文档内容的输入 ·· (98)
　　4.1.5　文本的选定、移动、复制、删除及撤销与重复操作 ······················ (100)
　　4.1.6　文本的查找和替换 ·· (101)
　　4.1.7　中文简繁转换 ·· (104)
4.2　文档文本和段落格式的设置 ·· (104)
　　4.2.1　设置字体格式 ·· (105)
　　4.2.2　设置段落格式 ·· (106)
　　4.2.3　边框和底纹 ·· (109)
　　4.2.4　项目符号和编号 ·· (110)
4.3　Word 中的表格与图表 ·· (112)
　　4.3.1　创建表格 ·· (112)
　　4.3.2　编辑表格 ·· (114)
　　4.3.3　设置表格格式 ·· (117)
　　4.3.4　表格数据的排序与计算 ·· (120)
4.4　图文混排 ··· (121)
　　4.4.1　页面设置 ·· (121)
　　4.4.2　自选图形和艺术字 ·· (123)
　　4.4.3　插入图片或剪贴画 ·· (127)
　　4.4.4　编辑图片 ·· (127)
　　4.4.5　文本框 ·· (130)
　　4.4.6　SmartArt 图形 ·· (132)
4.5　长文档排版 ··· (133)
　　4.5.1　样式的应用 ·· (133)
　　4.5.2　题注与交叉引用 ·· (136)
　　4.5.3　脚注与尾注 ·· (139)
　　4.5.4　分页与分节 ·· (140)
　　4.5.5　页眉/页脚与页码 ··· (141)
　　4.5.6　自动生成目录 ·· (144)
　　4.5.7　插入封面页 ·· (145)
4.6　邮件合并 ··· (147)
　　4.6.1　制作邮件 ·· (147)

4.6.2 邮件合并 ……………………………………………………………………… (147)
4.7 考级辅导 …………………………………………………………………………… (150)
　　4.7.1 考试要求 ……………………………………………………………………… (150)
　　4.7.2 真题练习 ……………………………………………………………………… (151)

第 5 章 Excel 2010 处理电子表格 ……………………………………………………… (153)

5.1 认识 Excel 2010 与工作簿和工作表的基本操作 …………………………………… (153)
　　5.1.1 Excel 2010 的工作界面 ………………………………………………………… (153)
　　5.1.2 Excel 2010 的启动和退出 ……………………………………………………… (155)
　　5.1.3 工作簿的基本操作 ……………………………………………………………… (155)
　　5.1.4 工作表的基本操作 ……………………………………………………………… (156)
　　5.1.5 单元格的基本操作 ……………………………………………………………… (159)
5.2 输入与编辑数据 …………………………………………………………………… (162)
　　5.2.1 输入数据 ………………………………………………………………………… (162)
　　5.2.2 数据的自动填充 ………………………………………………………………… (163)
　　5.2.3 数据有效性输入 ………………………………………………………………… (165)
　　5.2.4 数据的移动和复制 ……………………………………………………………… (166)
5.3 格式化工作表 ……………………………………………………………………… (166)
　　5.3.1 设置单元格格式 ………………………………………………………………… (166)
　　5.3.2 条件格式 ………………………………………………………………………… (171)
　　5.3.3 自动套用格式 …………………………………………………………………… (172)
　　5.3.4 粘贴格式 ………………………………………………………………………… (174)
　　5.3.5 打印输出表格 …………………………………………………………………… (174)
5.4 数据计算 …………………………………………………………………………… (177)
　　5.4.1 公式 ……………………………………………………………………………… (177)
　　5.4.2 函数 ……………………………………………………………………………… (180)
　　5.4.3 公式和函数常见错误 …………………………………………………………… (187)
5.5 数据统计分析 ……………………………………………………………………… (187)
　　5.5.1 数据排序 ………………………………………………………………………… (187)
　　5.5.2 数据筛选 ………………………………………………………………………… (188)
　　5.5.3 分类汇总 ………………………………………………………………………… (191)
　　5.5.4 数据透视表与数据透视图 ……………………………………………………… (192)
5.6 图表 ………………………………………………………………………………… (195)
　　5.6.1 创建图表 ………………………………………………………………………… (195)
　　5.6.2 编辑图表 ………………………………………………………………………… (197)
　　5.6.3 修改图表布局 …………………………………………………………………… (198)
　　5.6.4 迷你图 …………………………………………………………………………… (202)
5.7 考级辅导 …………………………………………………………………………… (204)
　　5.7.1 考试要求 ……………………………………………………………………… (204)
　　5.7.2 真题练习 ……………………………………………………………………… (205)

第 6 章 PowerPoint 2010 制作演示文稿 (207)

6.1 认识 PowerPoint 和演示文稿 (207)
6.1.1 幻灯片与占位符 (208)
6.1.2 PowerPoint 2010 的工作界面 (208)
6.1.3 PowerPoint 的启动和退出 (210)
6.1.4 PowerPoint 的视图方式 (210)

6.2 演示文稿的创建和编辑 (211)
6.2.1 创建演示文稿 (211)
6.2.2 演示文稿的打开和保存 (213)
6.2.3 幻灯片的基本操作 (214)

6.3 幻灯片中插入对象 (215)
6.3.1 文本框 (215)
6.3.2 图像 (218)
6.3.3 艺术字 (224)
6.3.4 页眉和页脚 (225)
6.3.5 SmartArt 图形 (226)
6.3.6 表格和图表 (228)
6.3.7 音频和视频 (231)

6.4 幻灯片的修饰与美化 (232)
6.4.1 幻灯片的版式 (232)
6.4.2 主题 (234)
6.4.3 幻灯片的背景 (236)
6.4.4 使用母版 (238)
6.4.5 幻灯片分节 (242)

6.5 设置动画效果和幻灯片切换方式 (242)
6.5.1 为对象添加动画效果 (243)
6.5.2 动画的更多设置 (245)
6.5.3 超链接和动作 (248)
6.5.4 幻灯片切换 (252)

6.6 幻灯片的放映 (253)
6.6.1 启动幻灯片放映 (253)
6.6.2 设置放映效果 (254)
6.6.3 排练计时 (255)
6.6.4 自定义幻灯片放映 (256)

6.7 演示文稿的输出和打印 (257)
6.7.1 打包演示文稿 (257)
6.7.2 页面设置与演示文稿打印 (258)

6.8 考级辅导 (259)
6.8.1 考试要求 (259)
6.8.2 真题练习 (260)

第 7 章 Office 组件协同工作 …………………………………………………………（261）

7.1 Word 2010 和其他组件协同工作 ………………………………………………（261）
7.1.1 Word 中插入 Excel 表格数据 ……………………………………………（261）
7.1.2 Word 中插入 PowerPoint 演示文稿 ……………………………………（265）
7.1.3 将 Word 文档转换成 PowerPoint 演示文稿 …………………………（266）
7.1.4 在 Word 文档中复制其他文档的样式 …………………………………（268）

7.2 Excel 2010 和其他组件协同工作 ………………………………………………（270）
7.2.1 在 Excel 中嵌入 PowerPoint 幻灯片 ……………………………………（271）
7.2.2 在 Excel 中导入文本文件 …………………………………………………（271）
7.2.3 在 Excel 中导入网页数据 …………………………………………………（274）

7.3 PowerPoint 2010 和其他组件协同工作 ………………………………………（275）
7.3.1 由 Word 大纲创建演示文稿 ……………………………………………（276）
7.3.2 将演示文稿转换为 Word 文档 …………………………………………（277）
7.3.3 在演示文稿中重用幻灯片 …………………………………………………（278）

7.4 考级辅导 …………………………………………………………………………（279）
7.4.1 考试要求 ……………………………………………………………………（279）
7.4.2 真题练习 ……………………………………………………………………（280）

第 8 章 "美丽校园"摄影大赛海报设计及作品展示 PPT ……………………………（282）

8.1 使用 Word 软件制作宣传海报 …………………………………………………（282）
8.1.1 海报构思 ……………………………………………………………………（282）
8.1.2 制作流程 ……………………………………………………………………（282）

8.2 使用 PowerPoint 软件制作展示 PPT …………………………………………（285）
8.2.1 展示 PPT 构思 ……………………………………………………………（285）
8.2.2 母版设计 ……………………………………………………………………（286）
8.2.3 幻灯片设计与制作 …………………………………………………………（288）
8.2.4 设置幻灯片切换和放映方式 ……………………………………………（292）
8.2.5 保存演示文稿 ………………………………………………………………（292）

附录 A ……………………………………………………………………………………（294）

第 1 章 计算机基础知识

计算机又称为电脑，是电子计算机的简称。电子计算机的诞生是人类最伟大的技术发明之一，是科学技术发展史上的里程碑。它的出现和广泛应用把人类从繁重的脑力劳动中解放出来，提高了社会各个领域的发展，直接促进了人类向信息化社会的迈进。因此，计算机知识是每个当代大学生所必须掌握的知识，使用计算机是每个当代大学生必须具备的能力。

1.1 计算机的概念

1.1.1 计算机的定义与特点

计算机是一种能按照事先存储的程序，自动、高速地进行大量数值计算的各种信息处理的现代化智能电子设备。现在我们所讲的计算机是现代电子计算机的简称，它可以对数字、文字、颜色、声音、图形、图像、影像、动画、视频等各种形式的数据进行加工处理。

计算机一般具有以下特点：运行速度快、精确度高、存储容量大，具有记忆能力、自动运行能力和一定逻辑判断能力。

1. 运行速度快

当今计算机系统的运算速度已经达到每秒万亿次，微型计算机也可以高达每秒亿次以上，使大量复杂的科学计算问题得以解决。例如，气象预报要分析大量资料，如用手工计算需要十天半月，失去了预报的意义，而用计算机几分钟就能算出一个地区内数天的气象预报。

2. 精确度高

电子计算机的计算精度在理论上不受限制，一般的计算机均能达到 15 位有效数字，通过一定的技术手段，可以实现任何精度要求。历史上有个著名数学家挈依列，曾经为计算圆周率 π，整整花了 15 年时间，才算到第 707 位。现在将这件事交给计算机做，几个小时内就可计算到 10 万位。

3. 存储容量大

计算机可以存储大量的数据，或者把事先编好的程序也存储起来，也可以把运行过程中的各种中间数据保存下来。随着计算机技术的发展，计算机的内存容量已经可以达到几吉字节甚至十几吉字节。而计算机的外存储容量更是越来越大，目前一台微型计算机的硬盘容量可以达到太字节。

4. 具有记忆能力

计算机的记忆能力通过存储器系统来实现，由于具有内部记忆信息的能力，在运算过程中就可以不必每次都从外部去取数据，而只需事先将数据输入到内部的存储单元中，运算时即可直接从存储单元中获得数据，从而大大提高了运算速度。

5. 自动运行能力

能实现自动控制计算机的工作原理是"存储程序控制"，就是将程序和数据通过输入设备输入并保存在存储器中，计算机执行程序时按照程序中指令的逻辑顺序自动地、连续地把指令依次取出来并执行，这样执行程序的过程无须人为干预，完全由计算机自动控制执行。

6. 逻辑判断能力

计算机的运算器除了能够进行算术运算，还能够对数据信息进行比较、判断等逻辑运算。这种逻辑判断能力是计算机处理逻辑推理问题的前提，也是计算机能实现信息处理高度智能化的重要因素。

1.1.2 计算机的应用领域

计算机具有高速运算、逻辑判断、大容量存储和快速存取等功能，这决定了它在现代社会的各个领域都成为越来越重要的工具。计算机的应用相当广泛，涉及科学研究、军事技术、工农业生产、文化教育、娱乐等各个方面。其按学科可分为以下5大类。

1. 科学与工程计算

这是计算机最早的应用领域。从尖端科学到基础科学，从大型工程到一般工程，都离不开数值计算。例如，宇宙探测、气象预报、桥梁设计、飞机制造等都会遇到大量的数值计算问题，这些问题计算量大、计算过程复杂。像著名的"四色定理"的证明，就是利用IBM370系列的高端机计算了1200多个小时才获得证明的，如果人工计算，日夜不停地工作，也要十几万年；气象预报有了计算机，预报准确率大为提高，可以进行中长期的天气预报；利用计算机进行化工模拟计算，加快了化工工艺流程从实验室到工业生产的转换过程。

2. 数据处理（信息处理）

这是目前计算机应用最为广泛的领域。数据处理包括数据采集、转换、存储、分类、组织、计算、检索等方面。例如，人口统计、档案管理、银行业务、情报检索、企业管理、办公自动化、交通调度、市场预测等都有大量的数据处理工作。

3. 过程控制（自动控制）

计算机是生产自动化的基本技术工具，它对生产自动化的影响有两个方面：一是在自动控制理论上，二是在自动控制系统的组织上。生产自动化程度越高，对信息传递的速度和准确度的要求也就越高，这一任务靠人工操作已无法完成，只有计算机才能胜任。

4. 辅助工程

（1）计算机辅助设计（Computer Aided Design，CAD）：利用计算机的高速处理、大容量存储和图形处理功能，辅助设计人员进行产品设计。它不仅可以进行计算，而且可以在计算的同时绘图，甚至可以进行动画设计，使设计人员从不同的侧面观察、了解设计的效果，对设计进行评估，以求取得最佳效果，大大提高了设计效率和质量。

（2）计算机辅助制造（Computer Aided Made，CAM）：在机器制造业中利用计算机控制各种机床和设备，自动完成离散产品的加工、装配、检测和包装等制造过程的技术，称为计算机辅助制造。近年来，各工业发达国家又进一步将计算机集成制造系统（Computer Integrated Manufacturing System，CIMS）作为自动化技术的前沿方向，CIMS 是集工程设计、生产过程控制、生产经营管理为一体的高度计算机化、自动化和智能化的现代化生产大系统。

（3）计算机辅助教学（Computer Aided Instruction，CAI）：通过学生与计算机系统之间的"对话"实现教学的技术称为计算机辅助教学。"对话"是在计算机指导程序和学生之间进行的，它使教学内容生动、形象逼真，能够模拟其他手段难以做到的动作和场景。通过交互方式帮助学生自学、自测，方便灵活，可满足不同层次人员对教学的不同要求。

此外还有其他计算机辅助系统：如利用计算机作为工具辅助产品测试的计算机辅助测试（CAT）；利用计算机对学生的教学、训练和对教学事务进行管理的计算机辅助教育（CAE）；利用计算机对文字、图像等信息进行处理、编辑、排版的计算机辅助出版系统（CAP）；计算机管理教学（CMI）及其他一些辅助应用等。

5．人工智能

人工智能（Artificalinteligence，AI）是指用计算机模拟人类的智能活动，如判断、理解、学习、图像识别、问题求解等。它是计算机应用的一个崭新领域，是计算机向智能化方向发展的趋势。现在，人工智能的研究已取得不少成果，有的已开始走向实用阶段。例如，能模拟高水平医学专家进行疾病诊疗的专家系统，具有一定思维能力的智能机器人等。

同步训练 1-1：计算机最早的应用领域是（　　）。

A．数值计算　　　　B．辅助工程　　　　C．过程控制　　　　D．数据处理

学习提示

在当今信息化社会中，计算机应用的特点可概括为：计算机进入千家万户；计算机嵌入千万设备；计算机渗入千万领域。事实上，网络时代的计算机已经到了无处不在、无时不见、无事不用的地步，已渗透到了我们生产和生活的各个领域和各个环节中。

1.1.3 计算机的分类

计算机种类很多，可以从不同的角度对计算机进行分类。

（1）按照计算机原理分类，可分为数字计算机、模拟计算机和混合计算机。

数字计算机采用二进制运算，其特点是解题精度高，便于存储信息，是通用性很强的计算工具，既能胜任科学计算和数字处理，也能进行过程控制和 CAD/CAM 等工作。模拟计算机主要用于处理模拟信息，如工业控制中的温度、压力等。模拟计算机的运算部件是一些电子电路，其运算速度极快，但精度不高，使用也不够方便。混合计算机是取数字、模拟计算机之长，既能高速运算，又便于存储信息，但这类计算机造价昂贵。现在人们所使用的大都属于数字计算机。

（2）按照计算机用途分类，可分为通用计算机和专用计算机。

通用计算机功能齐全，适应性强，目前人们所使用的大都是通用计算机。专用计算机功能单一、可靠性高、结构简单、适应性差，但在特定用途下最有效、最经济、最快速，是其他计

算机无法替代的，如军事系统、银行系统属专用计算机。

（3）按照计算机性能分类，可分为巨型机、小巨型机、大型机、小型机、工作站和个人计算机6大类。

巨型机（Super Computer）也称超级计算机，是计算机中功能最强、运算速度最快，存储量最大的一类，多用于国家高科技领域和尖端技术研究，是一个国家科研实力的体现，它对国家安全、经济和社会发展具有举足轻重的意义，现有的超级计算机运算速度可达到每秒一太（Trillion，万亿）次以上，如IBM390系列、银河机等。

小巨型机也称桌上型超级计算机，是20世纪80年代出现的新机种。在技术上采用高性能的微处理器组成并行多处理器系统，使巨型机小型化。

大型机（Mainframe Computer）体积庞大，价格昂贵，能够同时为成百上千的用户处理数据。一般应用于企业或政府部门，能为大量数据提供集中式存储、处理和管理。大型机有比较完善的指令系统和丰富的外部设备，主要用于计算机网络和大型计算中心中，如IBM4300。

小型机（Miniframe Computer）较之大型机成本较低，维护也较容易，小型机用途广泛，现可用于科学计算和数据处理，也可用于生产过程自动控制和数据采集及分析处理等。

微型机（Micro Computer）也称为个人计算机（Personal Computer，PC），采用微处理器、半导体存储器和输入/输出接口等芯片组成，使得它较之小型机体积更小、价格更低、灵活性更好，可靠性更高，使用更加方便。微型机的使用最为普及，而且在微型机上开发的软件也最为丰富。现在微型机已经渗透到家庭和社会的各个领域。

（4）按照其工作模式分类，可分为服务器和工作站两类。

服务器是一种可供网络用户共享的高性能计算机。服务器一般具有大容量的存储设备和丰富的外部设备，其上运行网络操作系统，要求较高的运行速度，服务器上的资源可供网络用户共享。

工作站是高档微型机，它的独到之处就是易于联网，配有大容量主存，大屏幕显示器，特别适合于CAD/CAM和办公自动化。

同步训练1-2： 某企业需要为普通员工每人购置一台计算机，专门用于日常办公，通常选购的机型是（　　）。

A．超级计算机　　　　　　　　　B．大型计算机
C．微型计算机（PC）　　　　　　D．小型计算机

1.2　计算机的发展

1.2.1　计算机的历史

世界上第一台数字式电子计算机诞生于1946年2月，它是美国宾夕法尼亚大学物理学家莫克利（J.Mauchly）和工程师埃克特（J.P.Eckert）等人共同开发的电子数值积分计算机（Electronic Numerical Integrator And Calculator，ENIAC），如图1.1所示。

ENIAC是一个庞然大物，其占地面积为170平方米，总质量达30吨。机器中约有18800只电子管、1500个继电器、70000只电阻及其他各种电气元件，每小时耗电量约为140千瓦。这样一台"巨大"的计算机每秒钟可以进行5000次加减运算，相当于手工计算的20万倍，机

电式计算机的 1000 倍。

图 1.1　第一台数字式电子计算机 ENIAC

ENIAC 虽是第一台正式投入运行的电子计算机，但它不具备现代计算机"存储程序"的思想。1946 年 6 月，冯·诺依曼博士发表了"电子计算机装置逻辑结构初探"论文，并设计出第一台"存储程序"的离散变量自动电子计算机（The Electronic Discrete Variable Automatic Computer，EDVAC），1952 年正式投入运行，其运算速度是 ENIAC 的 240 倍。冯·诺依曼设计的计算机原理要点是：

（1）采用二进制，计算机内的程序和数据均以二进制形式表示。

（2）存储程序：程序和数据都存储在存储器中，计算机能自动、连续地执行程序，无须人工干预。

根据冯·诺依曼的思想，计算机的硬件由运算器、控制器、存储器、输入设备和输出设备 5 个部分组成，这种计算机结构为人们普遍接受，现代计算机仍采用这一体系结构，此计算机结构又称冯·诺依曼型计算机，冯·诺依曼也被誉为"现代电子计算机之父"。

从第一台电子计算机诞生至今，计算机技术以前所未有的速度迅猛发展，人们依据计算机的性能和当时软硬件技术（主要根据所使用的电子器件），将计算机的发展划分成以下 4 个阶段，如表 1.1 所示。

表 1.1　计算机发展的 4 个阶段

阶段划分	时间	主要电子元器件	内存储器	外存储器	处理速度（指令数/s）	代表机型
第一代	1946—1957 年	电子管	汞延迟线	纸带、卡片、磁带和磁鼓	几千至几万条	UNIVAC-1
第二代	1958—1964 年	晶体管	磁芯存储器	磁盘、磁带	几十万条	IBM-7000 系列机
第三代	1965—1970 年	中小规模集成电路	半导体存储器	磁盘、磁带	几百万条	IBM-360 系列机
第四代	1971 年至今	大规模和超大规模集成电路	半导体存储器	磁盘、光盘等大容量存储器	几亿条	IBM4300 系列机、3080 系列机、3090 系列机和 900 系列机

同步训练 1-3：世界上公认的第一台电子计算机诞生在（　　）。

A．中国　　　　　　B．美国　　　　　　C．英国　　　　　　D．日本

同步训练 1-4：在冯·诺依曼型体系结构的计算机中引进了两个重要概念，一个是二进制，另一个是（　　）。

A．内存储器　　　　B．存储程序　　　　C．机器语言　　　　D．ASCII 编码

1.2.2 未来的计算机

随着计算机科学技术的迅猛发展，计算机类型不断分化，这就决定计算机的发展也朝着不同的方向延伸。当今计算机技术正朝着巨型化、微型化、网络化和智能化的方向发展，在未来更有一些新技术会融入到计算机的发展中去。

1. 巨型化

巨型化是指其高速运算、大存储容量和强功能的巨型计算机。其运算能力一般在每秒百亿次以上、内存容量在几百兆字节以上。巨型计算机主要用于尖端科学技术和军事国防系统的研究开发。

巨型计算机的发展集中体现了计算机科学技术的发展水平，推动了计算机系统结构、硬件和软件的理论和技术、计算数学及计算机应用等多个科学分支的发展。

2. 微型化

20 世纪 70 年代以来，由于大规模和超大规模集成电路的飞速发展，微处理器芯片连续更新换代，微型计算机连年降价，加上丰富的软件和外部设备，操作简单，使微型计算机很快普及到社会各个领域并走进了千家万户。

随着微电子技术的进一步发展，微型计算机将发展得更加迅速，其中笔记本型、掌上型等微型计算机必将以更优的性能价格比受到人们的欢迎。

3. 网络化

资源网络化是指利用通信技术和计算机技术，把分布在不同地点的计算机互联起来，按照网络协议相互通信，以达到所有用户都可共享软件、硬件和数据资源的目的。现在，计算机网络在交通、金融、企业管理、教育、邮电、商业等各行各业中得到了广泛的应用。

目前各国都在开发三网合一的系统工程，即将计算机网、电信网、有线电视网合为一体。将来通过网络能更好地传送数据、文本资料、声音、图形和图像，用户可随时随地在全世界范围拨打可视电话或收看任意国家的电视和电影。

4. 智能化

智能化就是要求计算机能模拟人的感觉和思维能力，也是第五代计算机要实现的目标。智能化的研究领域很多，其中最有代表性的领域是专家系统和机器人。目前已研制出的机器人可以代替人从事危险环境的劳动。

展望未来，计算机的发展必然要经历很多新的突破。从目前的发展趋势来看，未来的计算机将是微电子技术、光学技术、超导技术和电子仿生技术相互结合的产物。第一台超高速全光数字计算机，已由欧盟的英国、法国、德国、意大利和比利时等国的 70 多名科学家和工程师合作研制成功，光子计算机的运算速度比电子计算机快 1000 倍。在不久的将来，超导计算机、神经网络计算机等全新的计算机也会诞生。届时计算机将发展到一个更高、更先进的水平。

1.3 计算机结构和工作原理

1.3.1 计算机系统

计算机系统是由硬件系统和软件系统组成的，二者缺一不可。硬件系统是指构成计算机的所有物理部件的集合，是计算机的物质基础，没有硬件就不能称其为计算机；软件系统是一种按照特定顺序组织的计算机数据和指令的集合，是计算机的灵魂，没有软件系统的计算机是无法工作的，也正是因为软件的作用，才能使硬件性能得以发挥。

根据冯·诺依曼结构，计算机硬件系统由运算器、控制器、存储器、输入设备和输出设备 5 个基本部分组成，它们与各类总线共同组成计算机硬件系统，如图 1.2 所示。

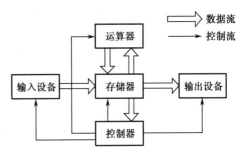

图 1.2 计算机硬件系统逻辑结构

微型计算机系统也由硬件系统和软件系统两大部分组成，其基本组成如图 1.3 所示。

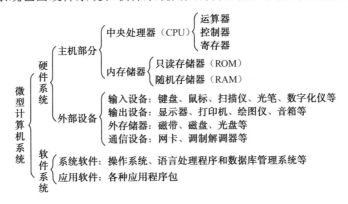

图 1.3 微型计算机系统

同步训练 1-5：一个完整的计算机系统应当包括（　　）。
A．计算机外设　　　　　　　　　　　B．硬件系统与软件系统
C．主机、键盘与显示器　　　　　　　D．系统硬件与系统软件

同步训练 1-6：下列软件中，属于系统软件的是（　　）。
A．用 C 语言编写的求解一元二次方程的程序　　B．工资管理软件
C．用汇编语言编写的一个练习程序　　　　　　D．Windows 操作系统

1.3.2 计算机硬件系统

构成计算机系统的所有物理设备称为计算机硬件系统，尽管各种计算机在性能、用途和规模上有所不同，但其基本结构都遵循冯·诺依曼体系结构，即计算机硬件系统是由机械、光、电、磁器件构成的具有运算、控制、存储、输入和输出功能的实体部件。

1. 中央处理器

中央处理器（Central Processing Unit，CPU）从外表上看是一块采用超大规模集成电路制成的芯片，如图 1.4 所示，它是计算机硬件系统的指挥中心。它包括运算器和控制器两个部件，其中，运算器的功能是负责计算机的算术运算和逻辑运算；控制器的功能是控制计算机各部分协调工作。

图 1.4　中央处理器

CPU 的运行速度通常用主频来表示，主频即 CPU 的时钟频率。一般来说，主频越高 CPU 的速度就越快，性能也就越好。CPU 的主要生产厂商有 Intel 公司和 AMD 公司等。

同步训练 1-7：CPU 的主要性能指标之一的（　　）是用来表示 CPU 内核工作的时钟频率。
A．外频　　　　B．主频　　　　C．位　　　　D．字长

2. 存储器

存储器的主要功能是存放程序和数据。程序是计算机操作的依据，数据是计算机操作的对象。存储器分为内存储器和外存储器两类。内存储器属于主机的一部分，用来存放系统当前正在执行的数据和程序，属于临时存储器；外存储器属于外部设备，用来存放暂时不用的数据和程序，属于永久存储器。

（1）内存储器（Memory）：简称内存，也称主存储器，按照工作方式可以分为随机存储器（Random Access Memory，RAM）和只读存储器（Read Only Memory，ROM）两类。

随机存储器 RAM 是一种在计算机正常工作时可以读/写的存储器。它用来存储当前使用的程序和数据，一旦断电，就会丢失数据并且无法恢复，所以用户在操作计算机的过程中要养成随时存盘的习惯，以免断电时丢失数据。目前微型计算机主流的配置是 8GB。通常人们所说的内存就是指的 RAM，现在的微型计算机主板多采用内存条结构，如图 1.5 所示。

图 1.5　内存储器

只读存储器 ROM 是一种只能读入不能写入的存储器。ROM 中的存储信息是在制造时由厂家用专门的设备一次性写入的，一般用来存放固定的程序和数据，断电后数据不会丢失。典型的 ROM 是主板上的 BIOS ROM 芯片，它固化了基本输出系统 BIOS（Basic Input and Output System）。

（2）外存储器（Storage）：简称外存或辅助存储器。与内存相比，其特点是可以长时间保存数据，存取速度慢，断电后数据不丢失，不能直接和 CPU 交换数据，所以也称为永久性存储器。常用的外存有硬盘、USB 移动存储设备、光盘等。

硬盘：一般固定在主机箱内，是计算机中容量最大、最重要的外部存储设备，如图 1.6 所示，硬盘是计算机系统的数据存储中心，计算机运行时使用的程序和数据绝大部分都存储在硬盘上，无论 CPU 和内存的速度有多快，如果硬盘速度不够快也会影响整机速度。

固态硬盘：简称固盘。固态硬盘在接口的规范和定义、功能及使用方法上与普通硬盘完全相同，在产品外形和尺寸上也完全与普通硬盘一致，如图 1.7 所示。基于闪存的固态硬盘（SSD）采用 FLASH 芯片作为存储介质，这种 SSD 固态硬盘最大的优点就是可以移动，而且数据保护不受电源控制，能适应于各种环境，适合于个人用户使用。

移动硬盘：特点是容量大、便携、使用方便、单位存储成本低、安全、可靠、兼容性好、读写速度快，如图1.8所示。

U盘：即USB盘，也成为Flash存储器，是一种新型的移动存储设备，具有容量大、体积小、存取快捷、携带方便、即插即用等许多传统移动存储设备无法替代的优点，是目前市场上主流的便携式移动存储设备。U盘的容量从几吉字节到几十吉字节不等，如图1.9所示。

图1.6　硬盘　　　　图1.7　固态硬盘　　　图1.8　移动硬盘　　　图1.9　U盘

光盘：20世纪70年代发展起来的一种新型信息存储设备，主要特点是存储容量大、信息保存寿命长、环境要求低、工作稳定可靠。

CD-ROM：只能读出不能写入的光盘，只有一面有数据，在它的表面有一层保护膜，很容易被划伤，常见的CD-ROM存储容量为650MB或700MB。

刻录光盘CD-R：只能写入一次的光盘，光盘的写入必须使用光盘刻录机，光盘刻录完成之后就和一般的CD-ROM没有区别了。

可擦写光盘CD-RW：可以反复读写的光盘。CD-RW刻录机除了能刻录CD-RW光盘之外，也可以刻录一般的CD-R光盘。CD-RW光盘可以重复刻录1000次，对于一些时常更新资料的使用者而言非常方便。

DVD光盘：代替CD的下一代存储媒体，大小和普通的CD-ROM相同。DVD有4种规格：单面单层、单面双层、双面单层和双面双层，存储容量分别为4.7GB、8.5GB、9.4GB和17GB。

同步训练1-8：以下属于内存储器的是（　　）。
A．RAM　　　　B．CDROM　　　　C．硬盘　　　　D．U盘

同步训练1-9：在微型计算机的内存储器中，不能随机修改其存储内容的是（　　）。
A．RAM　　　　B．DRAM　　　　C．ROM　　　　D．SRAM

同步训练1-10：光盘是一种已广泛使用的外存储器，英文缩写CD-ROM指的是（　　）。
A．只读型光盘　　　　　　　　　B．一次写入光盘
C．追记型读写光盘　　　　　　　D．可抹型光盘

3．输入设备

输入/输出（Input/Output，I/O）设备用于人与计算机之间数据的输入和输出。输入设备用于接受用户输入的原始数据和程序，并将它们转变为计算机可以识别的形式存放到内存中。目前常用的输入设备有键盘、鼠标、扫描仪、触摸屏、光笔、数字化仪、麦克风、磁卡读入机、条形码阅读机、数码照相机和视频摄像机等。

（1）键盘：标准输入设备，最基础的计算机硬件之一。对于计算机来说，鼠标可以没有，但键盘是必需的。键盘造型多为直板，也有许多不同的形状和类型，如图1.10所示。

(a) 标准直板键盘　　　　　(b) 人体工程学无线键盘　　　　(c) 笔记本电脑键盘

图 1.10　键盘

(2) 鼠标：也是人机对话的基本输入设备，是随着 Windows 操作系统的出现而出现的计算机输入设备，现在已经成为标准设备。鼠标的造型和所用技术可谓多姿多彩，如图 1.11 所示。

(3) 扫描仪：一种通过捕获图像并将其转换成计算机可以显示、编辑、存储和输出的数字化输入设备。如图 1.12 所示。

(4) 触摸屏：一种附加在显示器上的辅助输入设备，用户和主机交互时只需要用手指轻轻地触碰计算机显示屏即可，主要应用于公共信息的查询、领导办公、工业控制、军事指挥、电子游戏、点歌点菜、多媒体教学、房地产预售等，如图 1.13 所示。

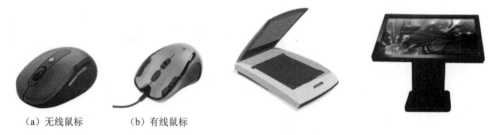

(a) 无线鼠标　　(b) 有线鼠标

图 1.11　鼠标　　　　　　图 1.12　扫描仪　　　　　　图 1.13　触摸屏

(5) 摄像头：用于图像的输入，可生成动态图像或捕捉静止画面。摄像头经常用于视频对话或视频会议等应用环境。摄像头的造型多种多样，有外置式摄像头，也有在笔记本电脑屏幕边缘集成的内置式摄像头，如图 1.14 所示。

(6) 麦克风：也称话筒，用于将声音信息输入计算机，实现语音录入的功能，如图 1.15 所示。

(a) 外置式摄像头　　(b) 内置式摄像头　　　　(a) 与耳机连接在一起的麦克风　　(b) 台式麦克风

图 1.14　摄像头　　　　　　　　　　　　图 1.15　麦克风

同步训练 1-11：下列设备中，可以作为微机输入设备的是（　　　）。

A．打印机　　　　B．显示器　　　　C．鼠标　　　　D．绘图仪

4. 输出设备

输出设备用来将计算机处理之后的结果信息转换成外界能够识别和使用的数字、字符、声音、图像、图形等信息形式。常用的输入设备有显示器、打印机、耳机/音箱、麦克风、摄像头等。

（1）显示器：微型计算机基本的输出设备，显示器按照工作原理分为许多类型，比较常见的有阴极射线管显示器（CRT）、液晶显示器（LED）、等离子体显示器（PDP）、真空荧光显示器（VFD）等，当前家用市场主流是液晶显示器，如图 1.16 所示。

显示效果的好坏除了受显示器技术技能的影响之外，还取决于显示卡的性能。显示卡全称为显示接口卡（Video Card 或 Graphics Card）或显示适配器（Video Adapter），简称为显卡，用来控制计算机的图形输出，将计算机系统所需要的显示信息进行转换，让显示器正确显示，如图 1.17 所示。独立显卡主要分为两类，一类是专门为游戏设计的娱乐显卡；一类是用于绘图和 3D 渲染的专业显卡。如果购买的 CPU 或主板已经集成了显卡，则不需要单独再购买显卡。

图 1.16 液晶显示器

图 1.17 显卡

（2）打印机：办公中常用的标准输出设备，它的作用是把计算机中的信息打印在纸张或其他介质上，目前常见的打印机有针式（机械式）打印机、激光打印机和喷墨打印机等几种，如图 1.18 所示。

（a）针式（机械式）打印机

（b）激光打印机

（c）喷墨打印机

图 1.18 打印机

（3）耳机/音箱：用于将声音文件进行还原以输出声音信息，如图 1.19 所示。声音输出设备需要与声卡联合使用，声卡质量的好坏对声音还原效果有重要影响。

（a）耳机　　　　　　　　　（b）外置式音箱

（c）笔记本电脑内置式音箱

图 1.19 耳机/音箱

同步训练 1-12：下列设备组中，完全属于计算机输出设备的一组是（　　）。
A．喷墨打印机、显示器、键盘　　　　B．激光打印机、键盘、鼠标
C．键盘、鼠标、扫描仪　　　　　　　D．打印机、绘图仪、显示器

5. 主板

主板（Mainboard）是计算机主机中最大的一块集成电路板，是连接 CPU、内存、各种适配器（声卡、显卡等）和外设的中心枢纽。如图 1.20 所示为主板结构，包括 CPU 插槽、内存插槽、主板电源插槽、IDE 插槽、PCI 插槽、PCI-E 插槽、外置接口等的位置。

图 1.20　主板的主要结构

CPU 插槽是安装 CPU 的地方；内存插槽是安装内存条的地方；电源插槽用于连接主机电源，给主板、键盘和所有接口卡（如显卡、声卡、网卡等）供电；IDE 插槽用于连接 IDE 硬盘和 IDE 光驱，需要使用专用的 IDE 连线，一般主板上都有两个 IDE 插槽，分别标注为 IDE1 和 IDE2（也有的主板标注为 Primary 和 Secondary）；PCI（周边设备互连）插槽是安装 PCI 适配卡的地方，一般用于连接声卡、网卡等；PCI-E（显卡）插槽为新一代的显卡专用插槽，专门用于安装 PCI-E 显卡。

主板提供的对外接口也称背板接口，如图 1.21 所示，在移动计算机或更换设备时经常需要将设备正确地连接到机箱的背板接口上。

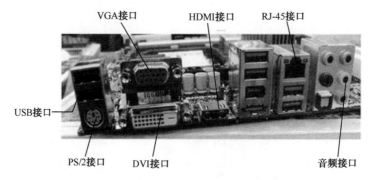

图 1.21　主板提供的对外接口

VGA 接口是计算机最常见的标准视频输出接口，常用来连接显示器或投影仪。
USB 接口是最流行、最常见的计算机用户接口，有很多设备（如 U 盘、移动硬盘、手机、

数码相机、摄像头、扫描仪、打印机等）都采用了 USB 接口，也是很多电子产品的标准充电接口。

PS/2 接口是一种比较老的接口标准，专用于 PS/2 接口的键盘和鼠标（现在的键盘和鼠标基本上采用 USB 接口），连接时用颜色区分，鼠标的接口为绿色，键盘的接口为紫色。该接口虽然接近淘汰，但现在很多主板上至少还保留一个键盘接口。

DVI 接口是数字视频标准接口，用于输出数字视频信号（VGA 是模拟信号）。

HDMI 接口是输出高清视频+音频信号的接口，可将计算机中的音视频信号以很高的清晰度向外输出（如将计算机中的 DVD 电影信号传输到屏幕更大的液晶电视机上），从而达到极好的欣赏效果。

RJ-45 接口是俗称的网线接口，用于连接有线模式网络，接口由网卡提供，网卡是网络适配器的简称。常规的放于台式机箱内部安装在主板上的有线网卡形状如图 1.22 所示。现在的主板上大多数都集成了有线网卡。

音频接口常见的有两个接口，一个用来连接声音输出（耳机或音箱等），另一个用来连接声音信号输入（话筒等），音频接口由声卡提供。

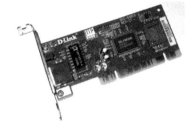

图 1.22　常规有线网卡

同步训练 1-13：HDMI 接口可以外接（　　）。

A．硬盘　　　　　B．打印机　　　　　C．鼠标或键盘　　　　　D．高清电视

6．总线

计算机总线是一组连接各个部件的公共通信线。计算机中的各个部件是通过总线相连的，因此各个部件间的通信关系变成面向总线的单一关系。总线是一组物理导线，根据总线上传送的信息不同，总线可以分为数据总线（Data Bus，DB）、地址总线（Address Bus，AB）和控制总线（Control Bus，CB）。

地址总线传送地址信息。地址是识别信息存放位置的编号，内存的每个存储单元及 I/O 接口中不同的设备都有各自不同的地址。地址总线是 CPU 向内存和 I/O 接口传送地址信息的通道，是从 CPU 向外传输的单向总线。

数据总线传送系统中的数据或指令。数据总线是双向总线，它既可以把 CPU 的数据传送到内存或 I/O 接口等其他部件，也可以将其他部件的数据传送到 CPU。数据总线的宽度与 CPU 的字长有关。

控制总线传送控制信号。控制总线是 CPU 向内存和 I/O 接口发出命令信号的通道，又是外界向 CPU 传送状态信息的通道。

同步训练 1-14：计算机的系统总线是计算机各部件间传递信息的公共通道，它分为（　　）。

A．数据总线和控制总线　　　　　　　B．地址总线和数据总线

C．数据总线、控制总线和地址总线　　D．地址总线和控制总线

1.3.3　计算机性能指标

一台微型计算机功能的强弱或性能的好坏，不是由某项指标来决定的，而是由它的系统结构、指令系统、硬件组成、软件配置等多方面的因素综合决定的。但对于大多数普通用户来说，

可以从以下几个指标来大体评价计算机的性能。

1. 运算速度

运算速度是衡量计算机性能的一项重要指标。通常所说的计算机运算速度（平均运算速度），是指每秒钟所能执行的指令条数，一般用"百万条指令/秒"（Million Instruction Per Second，Mips）来描述。同一台计算机执行不同的运算所需时间可能不同，因而对运算速度的描述常采用不同的方法。常用的有 CPU 时钟频率（主频）、每秒平均执行指令数（ips）等。微型计算机一般采用主频来描述运算速度，如 Intel Core i3-7350K/4.2GHz 的主频是 4.2GHz，Intel Core i5-6200U（2.3GHz/L3 3M）的主频是 2.3GHz。一般来说，主频越高，运算速度就越快。

2. 字长

计算机在同一时间内处理的一组二进制数称为一个计算机的"字"，而这组二进制数的位数就是"字长"。在其他指标相同时，字长越大表示计算机的寻址空间能力越强，计算机处理数据的速度就越快。目前的主流是 64 位机。

3. 内存储器的容量

内存储器，也简称主存，是 CPU 可以直接访问的存储器，需要执行的程序与需要处理的数据都是存放在主存中。内存储器容量的大小反映了计算机即时存储信息的能力。随着操作系统的升级，应用软件的不断丰富及其功能的不断扩展，人们对计算机内存容量的需求也不断提高。目前，运行 Windows 7 或 Windows 10 操作系统至少需要 1GB 的内存容量，内存容量越大，系统功能就越强大，能处理的数据量就越庞大。

4. 外存储器的容量

外存储器容量通常是指硬盘容量（包括内置硬盘和移动硬盘）。外存储器容量越大，可存储的信息就越多，可安装的应用软件就越丰富。目前，硬盘容量一般为 1~2TB，有的甚至已达到 5TB。

以上只是一些主要性能指标。除了上述这些主要性能指标外，微型计算机还有其他一些指标，如所配置外围设备的性能指标及所配置系统软件的情况等。另外，各项指标之间也不是彼此孤立的，在实际应用时，应该把它们综合起来考虑，而且还要遵循"性能价格比"的原则。

同步训练 1-15：CPU 主要技术性能指标有（　　）。

A．字长、主频和运算速度　　　　B．可靠性和精度
C．耗电量和效率　　　　　　　　D．冷却效率

1.3.4　计算机软件系统

计算机软件是指计算机系统中的程序及其文档。程序是计算任务的处理对象和处理规则的描述。计算机软件根据其功能和面向对象分为系统软件和应用软件两大类。

1. 系统软件

系统软件是指控制计算机的运行，管理计算机的各种资源，并为应用软件提供支持和服务的一类软件。常用的系统软件包括操作系统、语言处理系统、数据库管理系统和系统辅助处理程序等。

（1）操作系统（Operating System，OS）：管理计算机硬件与软件资源的程序，同时也是计

算机系统的内核与基础。它是操作现代计算机必不可少的最基本、最核心、最重要的系统软件，其他任何软件都必须在操作系统的支持下才能运行。没有操作系统的计算机被称为裸机，裸机无法向用户提供各项便捷的计算机功能。目前在微型计算机上，常用的操作系统主要有 Windows Server 2003/2008、Windows 7、Windows 8.1、UNIX 和 Linux 等。

（2）语言处理系统：为了让计算机按照人的意图进行工作，人们通过编写程序提交给计算机执行，编写程序的过程称为程序设计，编写程序所采用的语言就是程序设计语言。计算机程序设计语言通常有机器语言、汇编语言和高级语言等几类。

- 机器语言（Machine Language）是计算机唯一能够识别并能直接执行的二进制代码指令，但用机器语言编写的程序十分烦琐，并且可读性很差。
- 汇编语言（Assemble Language）不再使用二进制代码，而是使用比较容易识别和记忆的符号，将汇编语言翻译成机器语言的处理程序称为"汇编程序"。
- 高级语言（Advanced Language）接近于自然语言，不依赖于机器，通用性好。目前常用的高级语言有 C++、Java 等面向对象的语言。用高级语言编写的源程序同汇编语言一样，也需要用翻译的方法把它的源程序翻译成目标程序才可以被计算机直接执行。高级语言翻译成目标程序语言有解释和编译两种。"解释"是将程序逐条翻译成目标代码，翻译一条，执行一条，不产生全部的目标代码，运行速度较慢。"编译"是将程序全部翻译成目标代码后再提交执行，运行速度较快。

（3）数据库管理系统：用于管理数据库的软件系统。DBMS 为各类用户或有关的应用程序提供了访问与使用数据库的方法，其中包括建立数据库、存储、查询、检索、恢复、权限控制、增加、修改、删除、统计、汇总和排序等各种手段。目前流行的 DBMS 有 Sql Server、Oracle、Sybase、DB2 等。

（4）系统辅助处理程序：一些为计算机系统提供服务的工具软件和支撑软件，如调试程序、系统诊断程序、编辑程序等。这些程序的主要作用是维护计算机系统的正常运行，方便用户在软件开发和实施过程中应用。

同步训练 1-16：下面不属于系统软件的是（　　）。
A．杀毒软件　　B．操作系统　　C．编译程序　　D．数据库管理系统
同步训练 1-17：可以将高级语言的源程序翻译成可执行程序的是（　　）。
A．库程序　　B．编译程序　　C．汇编程序　　D．目标程序

2．应用软件

应用软件是指除了系统软件以外的所有软件，它是用户利用计算机及其提供的系统软件为解决各种实际问题而编制的计算机程序。常见的应用程序有各种用于科学计算的程序包、各种文字处理软件、信息管理软件、计算机辅助设计软件、计算机辅助教学软件、实时控制软件和各种图形图像设计软件等。例如，生成文档、完成计算、管理财务、生成图片、创作乐曲、上网浏览、收发邮件、收发传真、休闲娱乐等，人们日常生活、学习、工作中使用最多的就是这类软件，而且为了提高工作效率，人们也会自行开发设计一些满足个人需要的应用软件。

同步训练 1-18：以下软件中属于计算机应用软件的是（　　）。
A．iOS　　B．Android　　C．Linux　　D．QQ
同步训练 1-19：软件按功能可以分为应用软件、系统软件和支撑软件（或工具软件）。下面属于应用软件的是（　　）。

A．学生成绩管理系统 B．C 语言编译程序
C．UNIX 操作系统 D．数据库管理系统

1.3.5 计算机工作原理

1946 年美籍匈牙利数学家冯·诺依曼提出"存储程序控制"原理确立了现代计算机的基本组成的工作方式，直到现在，计算机的设计与制造依然沿用冯·诺依曼体系结构。

1．存储程序控制原理的基本内容

（1）采用二进制形式表示数据和指令。

（2）将程序（数据和指令序列）预先存放在主存储器，使计算机在工作时能够自动高速地从存储器中取出指令并加以执行（程序控制）。

（3）由运算器、控制器、存储器、输入设备、输出设备 5 大基本部件组成计算机硬件体系结构。

2．计算机工作过程

（1）将程序和数据通过输入设备送入存储器。

（2）启动运行后，计算机从存储器中取出程序指令送到控制器去识别，分析该指令要做什么事情。

（3）控制器根据指令的含义发出相应的命令，将存储单元中存放的操作数据取出送往运算器进行计算，再把运算结果送回存储器指定的单元中。

（4）当运算任务完成后，就可以根据指令将结果通过输出设备输出。

同步训练 1-20：在控制器的控制下，接收数据并完成程序指令指定的基于二进制数的算数运算或逻辑运算的部件是（　　）。

A．鼠标 B．运算器 C．显示器 D．存储器

1.3.6 计算机应用中要注意的问题

计算机应用中要注意的事项很多，常见的有以下三方面。

1．开关机

计算机设备一定要正确关闭电源，否则会影响其工作寿命，也是一些故障的罪魁祸首。

2．计算机设备的安全

（1）计算机设备不宜放在灰尘较多、较潮湿的地方，特别注意主机箱的散热，避免阳光直接照射到计算机上。

（2）计算机专用电源插座上应严禁再使用其他电器。

（3）不能在计算机工作的时候搬动计算机。

（4）切勿在计算机工作的时候插拔设备，频繁地开关机器，会容易烧毁接口卡或造成集成块的损坏。

（5）防静电、防灰尘，不能让键盘、鼠标等设备进水。

（6）定期对数据进行备份并整理磁盘。

（7）发现问题要及时报修。

（8）预防计算机病毒，装杀毒软件，定期升级并且查杀病毒。

3. 使用中注意的问题

（1）上网时，不懂的东西不要乱点，尤其是一些色情类的图片、广告等，不要点击它。

（2）不要随便下载和安装互联网上的一些小的软件或程序。

（3）收到陌生人的电子函件，尤其是那些标题很具诱惑力，如一则笑话或一封情书等，不要打开。

（4）定期用防病毒软件检测系统查杀病毒。

1.4 信息的表示与存储

计算机是信息处理的工具，我们获取信息之后需要将信息输入计算机进行处理，任何信息必须先转换成二进制形式的数据之后才能由计算机进行处理、存储和传输。

1.4.1 常用的数制

数制也称计数制，是指用一组固定的符号和统一的规则来表示数值的方法。在日常生活中，最常用的是十进制数，也有十二进制如"一打"表示 12 个；六十进制如 1 分钟等于 60 秒等。在计算机中存储和处理的都是"二进制"数，为了方便处理这些二进制数，还引入了八进制和十六进制。不管是哪种进制，都包含了数位、基数和位权三个要素。

- 数位：数码在一个数中所处的位置。
- 基数：在某种进位计数制中，每个数位上所能使用的数码的个数。例如，二进制数基数是 2，每个数位上所能使用的数码为 0 和 1。
- 位权：对于多位数，处在某一位上的"1"所表示的数值的大小称为该位的位权。例如，十进制数第 2 位的位权为 10，第 3 位的位权为 100。

计算机中常用的进制数是二进制数、八进制数、十进制数、十六进制数。为了区分不同进制的数，在书写时可以使用两种不同的方法。一种是将数字用括号括起来，在括号的右下角写上基数表示不同的数值，如（1001）$_2$ 表示二进制，（45）$_8$ 表示八进制；另一种是在数的后面加上不同的字母表示进制：B（二进制）、D（十进制）、O（八进制）、H（十六进制），如 1001B、45O、3AH 分别表示二进制、八进制和十六进制。

1. 十进制

十进制计数制具有 10 个不同的数码符号 0、1、2、3、4、5、6、7、8、9，其基数为 10；遵循"逢十进一"的原则。例如：

$$(1011.1)_{10}=1\times10^3+0\times10^2+1\times10^1+1\times10^0+1\times10^{-1}$$

2. 二进制

二进制计数制具有两个不同的数码符号 0、1，其基数为 2；遵循"逢二进一"的原则。例如：

$$(1011.1)_2=1\times2^3+0\times2^2+1\times2^1+1\times2^0+1\times2^{-1}$$

3. 八进制

八进位计数制具有 8 个不同的数码符号 0、1、2、3、4、5、6、7，其基数为 8；遵循"逢八进一"的原则。例如：

$$(1011.1)_8 = 1×8^3 + 0×8^2 + 1×8^1 + 1×8^0 + 1×8^{-1}$$

4. 十六进制

十六进位计数制具有 16 个不同的数码符号 0、1、2、3、4、5、6、7、8、9、A、B、C、D、E、F，其基数为 16；遵循"逢十六进一"的原则，其中，A、B、C、D、E 分别表示 10、11、12、13、14、15。例如：

$$(1011.1)_{16} = 1×16^3 + 0×16^2 + 1×16^1 + 1×16^0 + 1×16^{-1}$$

同步训练 1-21：下列各进制的整数中，值最小的是（　　）。
A．十进制数 11　　B．八进制数 11　　C．十六进制数 11　　D．二进制数 11

同步训练 1-22：计算机中所有的信息的存储都采用（　　）。
A．二进制　　　　　　　　　　　　B．八进制
C．十进制　　　　　　　　　　　　D．十六进制

1.4.2 数制转换

用计算机处理十进制的数，必须先转化成二进制数才可以被计算机所接受，同样计算出结果之后需要将二进制数转换成人们习惯的十进制数。这就产生了不同进制数之间的转换问题。

1. 十进制数转换为 N 进制数（N=2、8、16）

将十进制整数转换为其他进制整数的方法如图 1.23 所示。

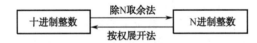

图 1.23　十进制整数与 N 进制整数的转换

十进制整数转换成非十进制整数的方法是"除 N 取余，从下向上读数"（N=2、8、16）。如将十进制整数（123）$_{10}$ 转换成其他进制整数。

```
2 | 123
2 | 61  …… 1
2 | 30  …… 1
2 | 15  …… 0
2 | 7   …… 1
2 | 3   …… 1
2 | 1   …… 1
    0   …… 1

(123)₁₀ = (1111011)₂
```

```
8 | 123
8 | 15  …… 3
8 | 1   …… 7
    0   …… 1

(123)₁₀ = (173)₈
```

```
16 | 123
16 | 7   …… 11
     0   …… 7

(123)₁₀ = (7B)₁₆
```

十进制小数转换成其他进制小数的方法是"乘 N 取整"（N=2、8、16）：将十进制小数连续乘以 N，选取进位整数，直到满足精度要求为止。如将十进制小数（0.6875）$_{10}$ 转换为其他进制小数：

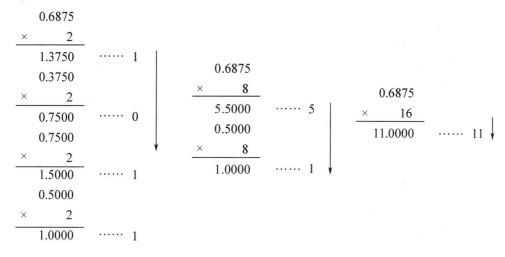

$(0.6875)_{10}=(0.1011)_2$ $(0.6875)_{10}=(0.51)_8$ $(0.6875)_{10}=(0.B)_{16}$

同步训练 1-23：将十进制数 357 转换成二进制数、八进制数和十六进制数。

2. 将 N 进制数转换为十进制数（N=2、8、16）

将其他进制数转换成十进制数时把各位数按位权展开求和即可，如 $(11011101.1101)_2$ 转换成十进制数：

$(11011101.11)_2=1×2^7+1×2^6+0×2^5+1×2^4+1×2^3+1×2^2+0×2^1+1×2^0+1×2^{-1}+1×2^{-2}=128+64+16+8+4+1+0.5+0.25=(221.75)_{10}$

将八进制数 $(123.123)_8$ 转换成十进制数：

$(123.123)_8=1×8^2+2×8^1+3×8^0+1×8^{-1}+2×8^{-2}+3×8^{-3}≈(83.143)_{10}$

将十六进制数 $(12CF.12)_{16}$ 转换成十进制数：

$(12CF.12)_{16}=1×16^3+2×16^2+12×16^0+1×16^{-1}+2×16^{-2}≈(4815.633)_{10}$

同步训练 1-24：将二进制数 1010.01、八进制数 2567、十六进制数 2EAF 转换成十进制数。

3. 二进制数和 N 进制数（N=8、16）的相互转换

二进制数和 N 进制数（N=8、16）的转换关系如图 1.24 所示。

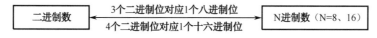

图 1.24　二进制数和 N 进制数的转换关系

将二进制数转换成八进制数（或十六进制数）的方法是，从小数点开始，整数部分从右向左 3 位（4 位）一组，小数部分从左向右 3 位（4 位）一组，不足 3 位（4 位）用 0 补足即可。

将二进制数 $(11101010111.1101)_2$ 转换成八进制数和十六进制数：

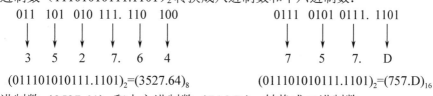

$(011101010111.1101)_2=(3527.64)_8$ $(011101010111.1101)_2=(757.D)_{16}$

将八进制数 $(3527.64)_8$ 和十六进制数 $(7A3.D)_{16}$ 转换成二进制数：

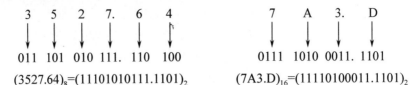

$(3527.64)_8=(11101010111.1101)_2$ $(7A3.D)_{16}=(11110100011.1101)_2$

同步训练 1-25：将八进制数 731、十六进制数 521B 转换成二进制数。

同步训练 1-26：将二进制数 10110101011 转换成八进制数和十六进制数。

1.4.3 字符信息的表示

字符包括西文字符和中文字符。在计算机系统中，对非数值的文字和其他符号是以数值方式处理的，即用二进制编码表示文字和符号。对西文和中文字符，由于形式不同采用不同的编码。

1. 西文字符

目前计算机中普遍采用的西文字符编码是 ASCII（American Standard Code for Information Interchange，美国信息交换标准代码）字符编码。ASCII 码用于在不同计算机硬件和软件系统中实现数据传输标准化，在大多数的小型机和微型计算机都使用此码。ASCII 码有 7 位和 8 位码两种版本，国际通用的 ASCII 码是 7 位，即使用 7 位二进制数表示一个字符的编码，共有 $2^7=128$ 个不同的字符，如表 1.2 所示。

表 1.2　ASC II 码

$d_3d_2d_1d_0$ \ $d_6d_5d_4$	000	001	010	011	100	101	110	111
0000	NUL	DEL	SP	0	@	P	、	p
0001	SOH	DC1	!	1	A	Q	a	q
0010	STX	DC2	"	2	B	R	b	r
0011	EXT	DC3	#	3	C	S	c	s
0100	EOT	DC4	$	4	D	T	d	t
0101	ENQ	NAK	%	5	E	U	e	u
0110	ACK	SYN	&	6	F	V	f	v
0111	BEL	ETB	'	7	G	W	g	w
1000	BS	CAN	(	8	H	X	h	x
1001	HT	EM	)	9	I	Y	i	y
1010	LF	SUB	*	:	J	Z	j	z
1011	VT	ESC	+	;	K	[	k	{
1100	FF	FS	,	<	L	\	l	|
1101	CR	GS	-	=	M	]	m	}
1110	SO	RS	.	>	N	↑	n	~
1111	SI	US	/	?	O	↓	o	DEL

ASCII 字符集中，ASCII 码的大小关系为：控制字符（DEL 除外）<空格<数字字符<大写字母<小写字母,数字字符的 ASCII 码是按照 0～9 逐一递增的，字母的 ASCII 码是按照 A(a)～

Z（z）逐一递增的，大写字母 A 的 ASCII 码是 65，可以计算出大写字母 C 的 ASCII 码是 67；小写字母比相应的大写字母的 ASCII 码大 32，可以计算出 a 的 ASCII 码是 97（65+32=97）。

虽然标准 ASCII 码是 7 位编码，但由于计算机基本处理单位为字节（Byte），所以一般以一个字节来存放 ASCII 字符，每个字节中多余出来的一位（最高位）在计算机内部通常保持为 0。

同步训练 1-27：下列关于 ASCII 编码的叙述中，正确的是（　　）。
A．标准的 ASCII 表有 256 个不同的字符编码
B．一个字符的标准 ASCII 码占一个字符，其最高二进制位总是 1
C．所有大写的英文字母的 ASCII 值都大于小写英文字母"a"的 ASCII 值
D．所有大写的英文字母的 ASCII 值都小于小写英文字母"a"的 ASCII 值

2．汉字字符

ASCII 码只对英文字母、数字、标点符号进行了编码，汉字也需要被编码才能存入计算机。这些编码主要包括汉字输入码、内码、字形码、地址码和信息交换码等。

（1）输入码。汉字输入码是人们通过键盘输入汉字时所输入的内容，也称为外码。根据输入法的不同，一个汉字的输入码也不同，如"中"字的全拼输入码是"zhong"，五笔输入码是"kh"。

（2）国标码。我国于 1980 年颁布国家汉字编码标准 GB 2312—1980《信息交换用汉字编码字符集——基本集》，简称 GB 码或国标码。国标码的字符集中收录了 6763 个常用汉字和 682 个非汉字字符，其中，一级汉字 3755 个，按照汉语拼音进行排列；二级汉字 3008 个，按照偏旁部首进行排列。

国家标准 GB 2312—1980 规定，所有的国标汉字与符号组成一个 94×94 的矩阵，在此方阵中，每一行称为一个"区"，区号为 01～94，每一列称为一个"位"，位号为 01～94，该方阵组成了一个 94 区，每个区有 94 位的汉字字符集，每个汉字或符号在码表中都有一个唯一的位置编码，称为该字符的区位码。区位码也可以作为汉字输入方法，优点是无重码（一码一字），缺点是难以记忆。

（3）机内码。汉字的机内码是计算机系统内部对汉字进行存储、处理、传输的汉字代码，也称为汉字内码。目前对于国标码，一个汉字的内码用两个字节存储，并把每个字节的二进制最高位 1 作为汉字内码的标识，以免与单字节的 ASCII 码混淆。如果用十六进制来表示，就是把汉字国标码的每个字节加上 80H（1000 0000）$_2$，所以两个字节的汉字国标码和内码存在以下关系：

$$汉字的内码 = 汉字的国标码 + 8080H$$

（4）字形码。字形码是存放汉字字形信息的编码，通过字形码将汉字在计算机屏幕上显示出来或通过打印机打印出来，分为点阵字形和矢量表示方式两种，字形码和内码一一对应。

（5）地址码。汉字地址码是每个汉字字形码在汉字字库中的相对位移地址，需要向输出设备输出汉字时必须通过地址码才能在汉字字库中找到所需要的字形码，在输出设备上形成可见的汉字字形。

同步训练 1-28：汉字的国标码与其内码存在的关系是：汉字的内码=汉字的国标码+（　　）。
A．1010H　　　　B．8081H　　　　C．8080H　　　　D．8180H

同步训练 1-29：计算机对汉字信息的处理过程实际上是各种汉字编码间的转换过程，这些编码不包括（　　）。

A．汉字输入码　　B．汉字内码　　C．汉字字形码　　D．汉字状态码

1.4.4　信息存储单位

信息存储单位用于表示各种信息所占用的存储容量的大小，计算机中常用的信息存储单位有位、字节和字。

计算机中数据的最小单位是二进制的一个数位（bit），简称**位**，也称比特，1位上的数据只能表示0或1。

字节（Byte，B）是计算机中表示存储空间大小的基本单位，一个"字节"由8个"位"组成。计算机内存、磁盘的存储容量等都是以字节为单位来表示的。除了用字节为单位表示存储容量之外，还可以用千字节（KB）、兆字节（MB）、吉字节（GB）和太字节（TB）来表示存储容量，它们之间存在以下换算关系：

$1KB = 1024B = 2^{10}B$　　　　　　　　$1MB = 1024KB = 2^{20}B$
$1GB = 1024MB = 2^{30}B$　　　　　　　$1TB = 1024GB = 2^{40}B$

将计算机一次能够并行处理的二进制数位数称为该机器的字长，也称计算机的一个"字"。计算机的字长通常是字节的整数倍，是计算机进行数据存储和处理的运算单位，将计算机按照字长进行分类，可以分为8位机、16位机、32位机和64位机等，字长越长，计算机所表示数的范围就越大，处理能力也就越强，运算精度也就越高。

同步训练1-30：计算机中数据存储容量的基本单位是（　　）。

A．位　　　　　B．字　　　　　C．字节　　　　　D．字符

同步训练1-31：1GB的准确值是（　　）。

A．1024×1024 Bytes　　　　　　B．1024KB
C．1024MB　　　　　　　　　　D．1000×1000KB

现如今，随着互联网的盛行，大数据时代的到来，人们存储数据量日渐扩大，从前存储数据按KB计算，慢慢到MB、GB和TB等，数据单位越来越大，那么这些存储设备就无法满足人们的存储需要，移动存储设备虽然携带方便，但是如果一旦丢失或损坏，数据将无法修复，从而出现了云存储，云存储将数据存入到云端服务器，可以随时上传下载，想用时只需要找到一个可以联入互联网的设备，即可从云端下载需要的数据，非常方便，也不容易丢失。在大数据时代，TB之后还有PB、EB、ZB、YB、BB来表示，它们之间的关系是：

$1PB = 1024TB = 2^{50}B$　　　　　　　$1EB = 1024PB = 2^{60}B$
$1ZB = 1024EB = 2^{70}B$　　　　　　　$1YB = 1024ZB = 2^{80}B$
$1BB = 1024YB = 2^{90}B$

1.4.5　信息存储常见格式

为了信息存储和利用的方便，每一类信息有相应的技术标准，就有了不同信息的不同存储格式。

计算机常用的信息存储格式有文本格式、图像格式、音频格式、视频格式、动画格式等。

1. 文本

文本是以文字和各种专用符号表达的信息形式，它是现实生活中使用得最多的一种信息存储和传递方式，常用的文本文件格式有纯文本文件格式（*.txt）、写字板文件格式（*.wri）、Word

文件格式（*.doc 或*.docx）、WPS 文件格式（*.wps）、Rich Text Format 文件格式（*.rtf）等。

2. 声音

声音是人们用来传递信息、交流情感的最方便的方式之一。声音是一种模拟信号，计算机需要将声音转换成数字编码的形式才能进行处理。常见的音频格式如表 1.3 所示。

表 1.3 常见的音频格式

音频格式	扩展名	特 点
MP3	.mp3	最常见的音频格式，对声音采取有损压缩方式，音质不如 CD 格式或 WAV 格式的声音文件
CD 音频	.cda	目前音质最好的音频格式，该格式的文件只是一个索引信息，不真正包含声音信息，在计算机上播放时，需要转换成 WAV 格式才能播放
WAV	.wav	微软公司开发，支持多种音频位数、采样频率和声道，文件占用空间较大
WMA	.wma	在压缩比和音质方面超过 MP3，即使在较低的采样频率下也能产生较好的音质，因为出现较晚，不是所有的音频软件都支持 WMA
MID	.mid	记录声音的信息然后由声卡再现音乐的一组指令，在计算机作曲领域应用广泛，音质的好坏与声卡有一定的关系

3. 图形图像

图形是从点、线、面到三维空间的黑白或彩色的几何图形，也称矢量图。图形文件的格式就是一组描述点、线、面等几何元素特征的指令集合。矢量图占用系统空间小，图形显示质量与分辨率无关，适用于标志设计、图案设计、版式设计等场合。

图像是人对视觉感知到的物质的再现，是由称为像素的点构成的矩阵，也称位图。位图中用二进制来记录图中每个像素点的颜色和亮度。常见的图形图像格式如表 1.4 所示。

表 1.4 常见的图形图像格式

图形图像格式	扩展名	特 点
JPEG	.jpeg	最常见的格式之一，与平台无关，支持最高级别的压缩，但有损耗压缩会使原始图片数据质量下降
BMP	.bmp	Windows 位图文件格式，不支持压缩，文件非常大，不支持 Web 浏览器
PNG	.png	支持高级别无损压缩，支持最新的 Web 浏览器，不支持一些图像文件或动画文件
GIF	.gif	广泛支持 Internet 标准，支持无损压缩和透明度，只支持 256 色调色板，详细的图片和写实摄影图像会丢失颜色信息，GIF 动画很流行
PSD	.psd	Photoshop 专用的图像格式，可以保存图片的完整信息，图像文件一般较大

4. 动画

动画是利用人的视觉暂留特性，快速播放一系列连续运动变化的图形图像。常见的动画格式如表 1.5 所示。

表 1.5 常见的动画格式

动画格式	扩展名	特 点
SWF	.swf	Flash 软件的专用格式，是一种支持适量和点阵图形的动画文件格式。它采用了流媒体技术，可以一边下载一边播放，广泛应用于网页设计、动画制作等领域

续表

动画格式	扩展名	特点
GIF	.gif	常见的二维动画格式，GIF 是将多幅图像保存为一个图像文件形成的动画
MAX	.max	3DMAX 软件的文件格式
FLA	.fla	Flash 源文件存放格式，所有的原始素材都保存在 FLA 文件中，可以在 flash 中打开、编辑

5．视频

视频是一组静态图像的连续播放，在多媒体中充当重要角色，常见的视频格式如表 1.6 所示。

表 1.6 常见的视频格式

视频格式	扩展名	特点
3GP	.3gp	手机中最常见的视频格式，是 3G 流媒体的视频编码格式，清晰度较差
ASF	.asf	可以直接在网上观看视频节目的文件压缩格式，图像质量比 VCD 稍差
AVI	.avi	由微软公司发布的视频格式，图像质量好，占内存空间较大
FLV	.flv	流媒体格式，文件小，加载速度快，只能播放对视频质量要求不高的视频
MOV	.mov	美国苹果公司开发的视频格式，跨平台、存储空间小，效果比 AVI 好，文件较大，普通播放器不支持该格式
MP4	.mp4	能适合大部分手机和多媒体工具，图像清晰度一般，画质较差
MPEG	.mpeg	MPEG 不是简单的一种文件格式，而是编码方案，目前主流的为 MPEG-4，有损压缩，会出现轻微的马赛克和色彩斑驳等在 VCD 中常见的问题
RMVB	.rmvb	是由 RM 视频格式升级而延伸出的新型视频格式，可以最大限度地压缩影片的大小，有近乎完美的接近于 DVD 品质的视听效果，不支持多音轨
WMV	.wmv	是微软推出的一种采用独立编码方式并且可以直接在网上实时观看视频节目的文件压缩格式。尺寸大，网上这类视频资源不太多

同步训练 1-32：在声音的数字化过程中，采样时间、采样频率、量化位数和声道数都相同的情况下，所占存储空间最大的声音文件格式是（   ）。

A．WAV 波形文件　　　　　　　　　B．MPEG 音频文件

C．RealAudio 音频文件　　　　　　　D．MIDI 电子乐器数字接口文件

同步训练 1-33：数字媒体已经广泛使用，属于视频文件格式的是（   ）。

A．MP3 格式　　B．WAV 格式　　C．RM 格式　　D．PNG 格式

1.5 考级辅导

1.5.1 考试要求

1．一级考试

基本要求：

（1）具有微型计算机的基础知识（包括计算机病毒的防治常识）。

（2）了解微型计算机系统的组成和各部分的功能。

考试内容：

（1）计算机的发展、类型及其应用领域。

（2）计算机中数据的表示、存储与处理。

（3）多媒体技术的概念与应用。

2. 二级考试

基本要求：

（1）掌握计算机基础知识及计算机系统组成。

（2）掌握多媒体技术基本概念和基本应用。

考试内容：

（1）计算机的发展、类型及其应用领域。

（2）计算机软硬件系统的组成及主要技术指标。

（3）计算机中数据的表示与存储。

（4）多媒体技术的概念与应用。

1.5.2 真题练习

1．1946 年诞生的世界上公认的第一台电子计算机是（　　）。
   A．UNIVAC-1　　　　B．EDVAC　　　　C．ENIAC　　　　D．IBM560

2．第四代计算机的标志是微处理器的出现，微处理器的组成是（　　）。
   A．运算器和存储器　　　　　　　　B．存储器和控制器
   C．运算器和控制器　　　　　　　　D．运算器、控制器和存储器

3．USB 3.0 接口的理论最快传输速率是（　　）。
   A．5.0Gbps　　　　B．3.0Gbps　　　　C．1.0Gbps　　　　D．800Mbps

4．1MB 的存储容量相当于（　　）。
   A．一百万个字节　　　　　　　　　B．2 的 10 次方个字节
   C．2 的 20 次方个字节　　　　　　D．1000KB

5．微机中访问速度最快的存储器是（　　）。
   A．CD-ROM　　　　B．硬盘　　　　C．U 盘　　　　D．内存

6．在计算机内部，大写字母"G"的 ASCII 码是"1000111"，大写字母"K"的 ASCII 码是（　　）。
   A．1001001　　　　B．1001100　　　　C．1001010　　　　D．1001011

7．CPU 的参数如 2800MHz，指的是（　　）。
   A．CPU 的速度　　　B．CPU 的大小　　　C．CPU 的时钟主频　　　D．CPU 的字长

8．描述计算机内存容量的参数，可能是（　　）。
   A．1024dpi　　　　B．4GB　　　　C．1Tpx　　　　D．1600MHz

9．现代计算机普遍采用总线结构，按照信号的性质划分，总线一般分为（　　）。
   A．数据总线、地址总线、控制总线　　　B．电源总线、数据总线、地址总线
   C．控制总线、电源总线、数据总线　　　D．地址总线、控制总线、电源总线

10．拼音输入法中，输入拼音"zhengchang"，其编码属于（　　）。

A．字形码 B．地址码 C．外码 D．内码

11．办公软件中的字体在操作系统中有对应的字体文件，字体文件中存放的汉字编码是（　　）。

A．字形码 B．地址码 C．外码 D．内码

12．下列各组软件中，属于应用软件的一组是（　　）。

A．Windows XP 和管理信息系统　　　B．UNIX 和文字处理程序

C．Linux 和视频播放系统　　　D．Office 2003 和军事指挥程序

13．下列各组设备中，同时包括输入设备、输出设备和存储设备的是（　　）。

A．CRT、CPU、ROM　　　B．绘图仪、鼠标、键盘

C．鼠标、绘图仪、光盘　　　D．磁带、打印机、激光印字机

14．将十进制数 35 转换成二进制数是（　　）。

A．100011B B．100111B C．111001B D．110001B

15．下列不能用作存储容量单位的是（　　）。

A．Byte B．GB C．MIPS D．KB

16．在下列存储器中，访问周期最短的是（　　）。

A．硬盘存储器 B．外存储器 C．内存储器 D．软盘存储器

17．下列都属于计算机低级语言的是（　　）。

A．机器语言和高级语言　　　B．机器语言和汇编语言

C．汇编语言和高级语言　　　D．高级语言和数据库语言

18．在微型计算机中，控制器的基本功能是（　　）。

A．实现算术运算　　　B．存储各种信息

C．控制机器各个部件协调一致工作　　　D．保持各种控制状态

第 2 章 计算机操作系统

操作系统是管理和控制计算机硬件和软件资源的计算机程序，是直接运行在"裸机"上的最基本的系统软件，是操作现代计算机必不可少的最基本、最重要的系统软件，所有的软件都必须在操作系统的支持下才能运行。在操作系统中，通常都设有处理器管理、存储器管理、设备管理、文件管理和作业管理等功能模块，它们相互配合，共同完成操作系统既定的全部功能。

操作系统为人和计算机之间的沟通搭建了桥梁，通过操作系统提供的各种命令和交互功能实现对计算机的各种操作，并为用户提供了一个清晰、简洁、友好、易用的工作界面。

2.1 操作系统和 Windows 基础

2.1.1 认识操作系统

计算机系统由硬件系统和软件系统组成，刚组装成的计算机只有硬件系统，我们称为"裸机"，"裸机"只能识别由 0 和 1 组成的机器代码，用户要直接对裸机进行操作就必须熟悉计算机系统的硬件配置，并且能够使用机器语言编写程序，这是几乎不可能的事情。我们现在使用的计算机都是通过软件系统驱使计算机硬件系统去实现任务，如上网浏览、播放音乐、编辑文档等工作。操作系统就是计算机的一个大管家，它负责管理计算机硬件系统的同时也协调软件系统，提高用户使用计算机的体验。

操作系统是介于硬件和应用软件之间的一组系统程序，直接运行在"裸机"上，是一组程序的集合，它负责管理和控制计算机硬件系统和软件系统，协调他们的运行，是连接用户和计算机之间的一个桥梁。每台计算机都必须安装操作系统才可以正常使用。

操作系统的功能包括进程与处理器管理、作业管理、存储器管理、设备管理、文件管理，通过这 5 大功能调度、分配和管理所有的硬件和软件资源，使它们统一协调地运行，同时保证用户方便地操作计算机实现其需求。操作系统的种类繁多，按照用户界面可以分为命令行操作系统、图形操作系统；按照工作方式可以分为单用户操作系统和多用户操作系统；按照功能和特性可以分为批处理操作系统、分时操作系统、实时操作系统、网络操作系统和手机操作系统。
- 批处理是指用户将一批作业提交给操作系统后就不再干预，由操作系统控制它们自动运行，这种采用批量处理作业技术的操作系统称为批处理操作系统。
- 分时操作系统是使一台计算机采用片轮转的方式同时为几个、几十个甚至几百个用户服务的一种操作系统。
- 网络操作系统是一种能代替操作系统的软件程序，是网络的心脏和灵魂，是向网络计算机提供服务的特殊的操作系统。
- 手机操作系统主要应用在智能手机上。常见的操作系统有DOS操作系统、Windows操作系统、UNIX操作系统、Linux操作系统、MacOS操作系统等。

1. DOS 操作系统

DOS操作系统（Disk Operating System，磁盘操作系统）是由美国微软公司开发的在早期微型计算机上被广泛使用的操作系统，是单用户单任务操作系统，采用命令行界面，依靠输入字符命令进行人机交互控制。

目前一些计算机硬件管理和编程时还会用到DOS命令，用户可以在Windows操作系统的"程序"菜单中"附件"下单击"命令提示符"，或者单击开始菜单中的"运行"来启动DOS。

2. Windows 操作系统

Windows操作系统是目前微型计算机普及率最高的一种操作系统，它是一种图形界面的操作系统，用户界面生动友好、操作方法简单明了、功能强大实用，目前应用广泛的有Windows XP、Windows 7、Windows 8、Windows 10等，还有Windows Server等网络版系列。

3. UNIX 操作系统

UNIX操作系统诞生于美国AT&T公司，是典型的交互式、多用户、多任务操作系统。它支持多种处理器架构，具有开放性、公开源码、易扩充、易移植、易阅读、易改写的特点，可以安装运行在微型机、工作站和大型机上，被广泛应用在金融、保险等行业中。

4. Linux 操作系统

Linux操作系统是一个免费的、源代码开放、自有传播的类似于UNIX的操作系统，它支持多用户、多任务、多线程和多CPU。它是一个领先的操作系统，世界上运算速度最快的超级计算机上运行的都是Linux操作系统，但是Linux兼容性差，图形界面不友好，使用不习惯，代码开源带来的无特定厂商技术支持也阻碍了它的发展和应用。

5. MacOS 操作系统

MacOS操作系统是苹果公司开发设计的专用于苹果机的操作系统，一般无法在普通计算机上安装，是第一个在商业领域的图形用户界面的操作系统，具有很强的图形处理能力，广泛应用于桌面出版和多媒体领域。

6. VxWorks 操作系统

VxWorks操作系统是美国风河公司开发的一种嵌入式实时操作系统,它具有良好的持续发展能力、高性能的内核和友好的用户开发环境，广泛应用在卫星通信、航空航天、军事行业中。

7. IOS 和 Android 操作系统

IOS和Android操作系统都属于智能手机操作系统，被广泛用在智能手机和移动平板电脑上。IOS是由苹果公司为iphone开发的操作系统，主要是用在iPhone、iPod touch及iPad上。Andorid是Google开发的基于Linux平台的开源手机操作系统，它包括操作系统、用户界面和应用程序等移动电话工作所需的全部软件，Google与全球各地的手机制造商和移动运营商合作来推广 Android 操作系统。iOS、Android 和其他智能手机操作系统极大地推动了智能手机和移动终端的发展和普及。

同步训练 2-1：下列软件中，不是操作系统的是（　　）。

A．Linux　　　　B．UNIX　　　　C．MS DOS　　　　D．MS OFFICE

2.1.2　认识 Windows 操作系统

目前使用最为广泛的是 Microsoft 公司的 Windows 系列操作系统，它采用图形化操作界面，支持网络和多媒体、多用户和多任务及多种硬件设置，同时兼容多种应用程序，可满足用户各方面的需要，它的前身是 MS-DOS 操作系统，其发展历程如图 2.1 所示。

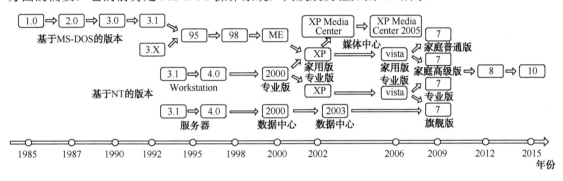

图 2.1　Windows 操作系统发展历程

Windows 7 是由微软公司 2009 年开发的操作系统，具有易用、快捷、简单、节能、支持虚拟内存、支持触摸屏、自由下载驱动软件等功能，适用于家庭及商业环境使用的操作系统，适用于台式机、笔记本电脑、平板电脑。根据用途不同，Windows 7 包含了许多版本，常见的有家庭普通版（Windows 7 Home Basic）、家庭高级版（Windows 7 Home Premium）、专业版（Windows 7 Professional）和旗舰版（Windows 7 Ultimate）。

Windows 7 操作系统对计算机硬件的基本要求如表 2.1 所示。

表 2.1　安装 Windows 7 操作系统对硬件的基本要求

硬　件	基本配置	备　注
CPU	1GHz 及以上	Windows 7 分为 32 位和 64 位两种版本，安装 64 位操作系统必须使用 64 位处理器
内存	512MB 及以上	最低内存是 512MB，小于 512MB 安装时将会提示内存不足
硬盘	7GB 以上可用空间	小于 6GB 将无法安装，8GB 才可以完全安装
显卡	有 WDDM1.0 或更高版驱动的集成显卡 64M 以上	128MB 为打开 Aero 最低配置，若不打开 Aero，64MB 即可

同步训练 2-2：某种操作系统能够支持位于不同终端的多个用户同时使用一台计算机，彼此独立互不干扰，用户感到好像一台计算机全为他所用，这种操作系统属于（　　）。

A．批处理操作系统　　B．分时操作系统　　C．实时操作系统　　D．网络操作系统

同步训练 2-3：从用户的观点看，操作系统是（　　）。

A．用户与计算机之间的接口

B．控制和管理计算机资源的软件
C．合理地组织计算机工作流程的软件
D．由若干层次的程序按照一定结构组成的有机体

2.1.3 安装 Windows 7 操作系统

Windows 7 的安装方式包括正常安装和快速恢复两种。

正常安装操作系统是将光盘中的程序安装到计算机的硬盘中，操作方法如下。

（1）计算机第一次安装系统程序时要首先设置 BIOS 参数，在开机时长按 Del 键可进入 BIOS 参数设置页面，将第一驱动盘（1st Boot Device）设置为光盘（CD-ROM）。

（2）将光盘放入光驱，重启计算机，计算机将进入自动安装界面，默认"C:"分区为激活分区，为当前操作系统的安装分区，也可以选择其他分区安装操作系统。

如果是第一次使用硬盘，系统会自动提示硬盘分区。硬盘分区是将一个硬盘划分为多个逻辑盘，第一逻辑盘将自动命名"C:"，其他逻辑盘按英文字母顺序排列命名为"D:""E:"等。

（3）分区完成之后，计算机将自动提示进行硬盘格式化。

（4）格式化完成之后，Windows 7 操作系统开始安装，系统将自动执行安装程序，在安装向导中，填写姓名和公司等相关信息，设置安装路径及组件；收集相关信息之后，安装向导开始安装文件，除了中间需要用户进行设置和输入信息，安装过程基本不需要手动操作，在安装过程中可能有多次重启。

（5）安装结束后还需要安装驱动程序，可以使用驱动精灵的软件对计算机进行自动检测和识别需要安装什么样的驱动。

如果计算机中已经存在操作系统，升级安装完成之后，原操作系统将升级为新操作系统——Windows 7，在安装界面中选择"升级"选项，安装程序将替换现有的 Windows 系统文件，原来的设置和应用程序被保留下来。

完成正常的安装之后，为了防止在使用计算机的过程中被病毒破坏和人为的修改导致计算机系统无法正常工作，用户可以在第一次安装时创建还原点或安装"一键还原"程序。程序会立即对现有的系统进行自动备份，在以后的使用中，每次开机时用户都可以在计算机上看到"系统自动恢复"的提示信息。用户按照提示按 F9 或 F11 键，备份的系统程序将会覆盖现有的计算机系统。

2.2 操作系统的基本操作

2.2.1 操作系统的启动和退出

当我们开启计算机时就启动了 Windows 7 操作系统，这个过程就是把 Windows 7 的核心程序从硬盘调入内存并执行的过程。

Windows 7 的启动方式有三种：冷启动、热启动和复位启动。
- 冷启动就是计算机在未通电状态下的启动方式，只需要打开电源即可。
- 热启动是计算机在运行过程中由于某些原因（如机器无响应）需要重新启动操作系统，需要同时按下键盘上 Ctrl+Alt+Del 三个键，在弹出的对话框中按提示操作即可。
- 复位启动一般用于系统崩溃无论什么操作计算机都没有反应的情况下，此时可以在主

机箱电源开关附近找到并按下"RESET"按钮，计算机将重新启动操作系统。

在关闭计算机电源之前，用户首先需要退出 Windows 7 操作系统，否则可能会破坏一些没有保存的文件和正在运行的程序。如果直接切断电源，会对 Windows 7 操作系统造成损坏。

Windows 7 的退出有关闭计算机和注销计算机两种。

1. 关机

在 Windows 7 中提供了三种关闭计算机的方式：关闭、待机和重新启动。

- 关闭计算机：需要单击"开始"菜单，单击"关机"按钮就关闭了计算机，如果还有应用程序在运行，系统会给出提示，可以选择关闭程序或由系统强行关闭所有程序。
- 重新启动：相当于执行"关闭"计算机后又开机。
- 待机：计算机系统保持系统当前的运行，处于低功耗状态，当用户再次使用计算机时，单击键盘任意键或是移动鼠标就恢复到原来的运行状态，适合于暂时不使用计算机而又不想关闭计算机的情况。

2. 注销

为了方便不同的用户快速使用计算机，使用 Windows 7 的注销功能可以使用户不重新启动计算机就可以实现多用户登录，单击"开始"菜单，单击"关机"按钮右侧的按钮，在弹出如图 2.2 所示的"关机"菜单中选择。

- 注销：当前用户身份被注销，退出操作系统，计算机回到当前用户登录之前的状态。
- 切换用户：保留当前用户打开的所有程序和数据，可切换到其他用户操作计算机，当切换回前一个用户时仍然能继续操作。
- 锁定：切断除了内存之外的其他设备的供电，没断电的内存保存了系统中运行的数据。
- 睡眠：将系统内存中所有数据保存到硬盘上之后切断除内存之外的其他设备的电源供给，只要按下鼠标键、键盘任意按键或主机的电源按钮，就可以迅速启动计算机，屏幕恢复到睡眠之前的工作状态。

图 2.2 "关机"菜单

2.2.2 Windows 7 的桌面基本操作

桌面是登录到 Windows 7 之后首先看到的主屏幕区域。Windows 7 的桌面组成如图 2.3 所示。

1. 图标

Windows 7 默认的桌面只有一个回收站的图标，如果需要将经常使用的图标放在桌面上，操作方法是：

（1）在桌面空白处右击，在弹出的快捷菜单中选择"个性化"。

（2）在打开的窗口中单击左侧窗格中的"更改桌面图标"选项，弹出"桌面图标设置"对话框。

（3）在"桌面图标设置"对话框中选择经常使用的图标。

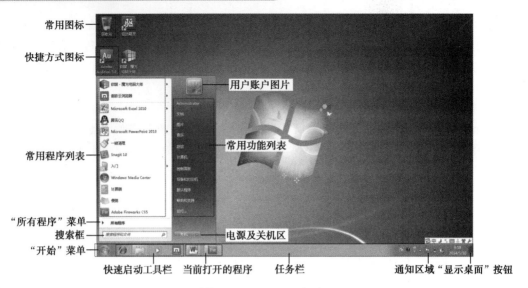

图 2.3　Windows 7 桌面

（4）单击"确定"按钮即可，过程如图 2.4 所示。

图 2.4　设置桌面图标

同步训练 2-4：在桌面上添加"计算机"和"网络"图标。

当桌面上有多个图标时，如果不进行排列就会显得非常凌乱，如果要调整图标位置，右击桌面的空白处，在弹出的快捷菜单中选择"排列方式"，其子菜单中包含了如图 2.5 所示的多种排列方式，可以按照名称、大小、项目类型和修改日期来进行排列。

在弹出的快捷菜单中选择"查看"，其子菜单如图 2.6 所示，选项前有●或√则代表该选项被选中。

- "自动排列图标"被选中，则在图标进行移动时会出现一个选定标志，只能在固定的位置将各个图标进行位置的互换，不能拖动图标到桌面上的任意位置。
- "将图标与网格对齐"被选中，如果调整图标的位置，则图标也只能成行成列排列且不能移动到桌面上的任意位置。
- 若取消选择"显示桌面图标"，桌面上不显示任何标志。

图 2.5 "排序方式"子菜单

图 2.6 "查看"子菜单

2. 任务栏

在桌面最下方有一条长方形的水平区域,这就是任务栏。任务栏的最左侧是"开始"按钮,接着是锁定在任务栏上的快速启动按钮,只要单击任务栏上的快速启动按钮就可以打开软件。

将程序图标锁定到任务栏的方法是:先在所有程序中找到要固定在任务栏上的程序,在程序图标上单击鼠标右键,在弹出的快捷菜单中选择"锁定到任务栏"命令。

任务栏的最右侧是通知区域,包含一些小图标告知用户当前系统、外围设备或程序的运行情况。如果进行插入 U 盘、连接手机等操作,通知区域还会主动弹出提示气泡告知用户要采取什么行动。

时钟 、音量 、操作中心 、网络 ,这几个图标会固定显示。单击这些图标可以直接调整它们的设置。单击"时钟"图标可以更改日期、时间;单击"音量"图标可以调整声音的大小。通知区域除了固定显示的图标外,其他的通知或信息在"显示隐藏的图标"按钮 中,如图 2.7 所示。在通知区域的最右侧有个"显示桌面"按钮。

图 2.7 通知区域

同步训练 2-5:将文件夹锁定到任务栏。

3. 窗口

应用程序窗口和文档窗口的操作主要有移动、缩放、切换、排列、最大化、还原、关闭等。单击"开始"按钮,选择"文档"命令打开如图 2.8 所示的窗口。

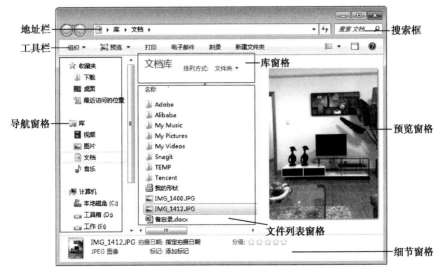

图 2.8 窗口组成

窗口的主要组成部分如表 2.2 所示。

表 2.2 窗口的主要组成

名 称	说 明
地址栏	让用户切换到不同的文件夹浏览文件
搜索框	输入字符串，可以在当前文件夹中查找文件或子文件夹
工具栏	根据当前所在的文件夹及所选择的文件类型，显示相关的功能按钮，方便执行任务。如果选择文本文档，工具栏就会出现"打开""打印"等按钮；如果选择音乐文件，工具栏就会出现"播放"按钮
导航窗格	包含"收藏夹""库""计算机"和"网络"4 个项目，可以让用户从这 4 个项目中浏览文件夹和文件
库窗格	只有打开"文档""音乐""视频"和"图片"这 4 个库文件夹时才会出现此窗格，说明了当前显示的文件分别来自哪些文件夹，也可以选择不同的排列方式来排列文件
文件列表窗格	显示当前所在的文件夹内容，包括子文件夹和文件
细节窗格	显示和编辑当前文件的数据属性等信息
预览窗格	可以预览文件的部分内容

同步训练 2-6：设置窗口颜色为色调 85、饱和度 123、亮度 205。

步骤 1．右键单击桌面空白处，在弹出的菜单中选择"个性化"选项，打开"个性化"窗口。

步骤 2．在"个性化"窗口中单击"窗口颜色"，弹出"窗口颜色和外观"窗口。

步骤 3．在窗口中单击"高级外观设置"，弹出"窗口颜色和外观"对话框。

步骤 4．在对话框的"项目"下拉列表中选择"窗口"，在"颜色"下拉列表中选择"其他"。

步骤 5．在弹出的"颜色"对话框中，输入色调 85、饱和度 123、亮度 205。

步骤 6．单击"添加到自定义颜色"按钮，然后单击"确定"按钮，最后单击"保存修改"按钮。

2.2.3 应用程序的管理

应用程序是为完成某项或多项特定工作的计算机程序，它运行在用户模式，可以和用户进行交互，具有可视的用户界面，通常把这类文件称为可执行文件（扩展名为.exe）。

在 Windows 7 中，"开始"按钮可以管理程序，把各种类型的"快捷方式"分门别类地存放在"开始"菜单"所有程序"项目中的不同文件夹内。

1. 启动应用程序

在 Windows 7 中，启动应用程序有多种方法，如单击"开始"按钮，选择"所有程序"选项，在"所有程序"中找到应用程序并单击其名称即可启动应用程序；或者在资源管理器或计算机窗口中，找到需要启动的应用程序的执行文件，双击文件名称也可以启动应用程序；若在桌面上有应用程序的快捷方式图标，也可以双击桌面上的相应快捷方式快速启动应用程序。

2. 退出应用程序

退出应用程序常见的方法是单击应用程序窗口右上角的"关闭"按钮，也可以选择应用程序"文件"菜单中的"退出"选项，或者按 Alt+F4 键也可退出当前应用程序。

3. 应用程序间的切换

Windows 可以同时运行多个应用程序，每打开一个应用程序，任务栏上就会出现一个对应的任务按钮，在一个时刻只有一个应用程序处于当前应用程序，其窗口处于最前面，标题栏高亮显示。如果需要切换当前应用程序，可以单击任务栏中对应的图标按钮，也可以按住 Alt 键不放，不断按 Tab 键，选中之后释放按钮，可在任务栏中不同的任务窗口之间进行切换操作。

4．安装和删除应用程序

应用软件（如办公软件 Office、聊天工具 QQ 等）并不包含在 Windows 操作系统内，要使用它们必须先进行安装。如果安装文件是在光盘上，首先将光盘放入光驱，一般会有程序安装向导，按照提示进行安装即可；如果安装程序是从网络下载的，双击软件所在文件夹中的"Setup"或"Install"程序（后缀名为.exe）进行安装。为了安全，从网络上下载安装程序时要确保该程序的发布者及提供程序的网站是值得信任的，并在安装之前使用杀毒软件对安装文件进行扫描。

应用程序不再需要的时候可以从系统中进行卸载，以节省系统资源。在 Windows 7 中，卸载软件可以单击"开始"按钮，在"开始"菜单中选择"控制面板"，在弹出的"控制面板"窗口中选择"程序"的"卸载程序"选项，将弹出如图 2.9 所示的"程序和功能"窗口。

图 2.9 "程序和功能"窗口

在"程序和功能"窗口中列出了已在 Windows 系统中安装的大部分应用程序，选定要卸载的程序名称，选择"卸载"命令，在弹出的卸载确认框中单击"是"按钮，根据系统提示完成程序的卸载。

除了使用 Windows 7 系统自带的程序卸载功能之外，也可以使用第三方工具进行卸载，如 QQ 管家、360 软件管家等。使用系统自带的卸载功能，一般不会删除注册表中的残留信息，而使用第三方软件进行卸载会将注册表等信息直接清理。

在 Windows 中删除应用程序时，不能只删除应用程序的文件夹或快捷方式，因为许多程序安装时会在操作系统的文件夹中加入程序的连接文件，不使用正确的删除方法将会导致删除不彻底。

2.2.4 使用 Windows 应用程序

Windows 7 系统有许多实用的应用程序，如记事本、便笺、截图工具、画图等，它们都位于"开始"菜单的"所有程序"中的"附件"选项中。

1．记事本

记事本是一个用来创建简单文档的文本编辑器，常用来查看或编辑文本文件，它的文件默认扩展名为.txt；也可以在"开始"菜单的"运行"命令中输入"notepad"来打开记事本程序。

2. 便笺

在便笺上可以记录需要提醒自己的事情，不但可以增加、删除便笺，还能改变便笺的大小和颜色，比纸做的便笺更好用，而且更环保，如图2.10所示。

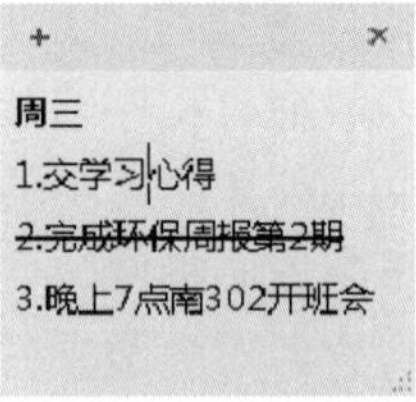

在"附件"中选择"便笺"，桌面上就会出现一张空白的便笺让用户输入内容，便笺的内容不需要保存，只要不将其删除，即使关机以后再打开，仍然会显示在桌面上。

如果要强调文字可以应用粗体样式，选择文字后按"Ctrl+B"快捷键，对于已完成的事项，可以选择文字后按"Ctrl+T"快捷键，为文字应用删除线样式。

图2.10 便笺

3. 计算器

Windows 7自带的计算器包括标准计算器、科学计算器、程序员计算器和统计计算器。标准计算器可以进行加、减、乘、除、开方、倒数等运算，科学计算器添加了比较常用的数学函数；程序员计算器可以进行数制之间的转换；统计计算器可以计算各种统计数据。

同步训练2-7：用Windows 7自带的计算器将二进制数11010111转换成十进制。

步骤1．打开"计算器"窗口。

步骤2．选择"查看"菜单中的"程序员"命令。

步骤3．在"程序员计算器"窗口中选择"二进制"单选按钮。

步骤4．输入11010111后再选择"十进制"单选按钮即可转换。

同步训练2-8：计算sin30°。

步骤1．打开"计算器"窗口。

步骤2．选择"查看"菜单中的"科学型"命令。

步骤3．在"科学计算器"窗口中输入"30"。

步骤4．单击"sin"键即可计算出sin30的值。

同步训练2-9：计算目前距离明年元旦还有多少天。

步骤1．打开"计算器"窗口。

步骤2．选择"查看"菜单中的"统计信息"和"日期计算"命令。

步骤3．从右侧"选择所需的日期计算"下拉列表中选择"计算两个日期之差"。

步骤4．设置从当前日期到明年1月1日的日期差，单击"计算"按钮。

4. 截图工具

利用截图工具将屏幕或操作画面抓取下来保存为图片，还可以标示出说明，可以保存或共享图像。

（1）在"附件"中选择"截图工具"命令，弹出"截图工具"窗口。

（2）单击"新建"按钮右侧的 选择抓图方式，如图2.11所示。

（3）在要截取的区域，按下鼠标左键，用十字形的指针拖曳，松开鼠标左键后图片会显示在"截图工具"的编辑窗口中。

（4）可以利用荧光笔、画笔等工具来标示位置，添加说明，如图2.12所示，操作完成后可以保存或发送。

同步训练2-10：利用截图工具将当前桌面截图。

5. 画图

利用画图可以绘制、调色和编辑图片。可以使用画图编辑绘制简单图形和进行创意设计，也可以添加文本或图案到其他图片中，使用画图工具编辑的图片格式默认为.bmp。

图 2.11 "截图工具"窗口

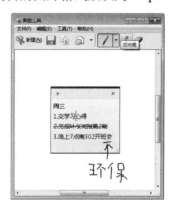

图 2.12 "截图工具"的编辑窗口

（1）按下键盘上的复制屏幕键（"Print Screen"键或是该单词的缩写）将整个桌面复制到剪贴板，如果只复制当前活动窗口，必须同时按下"Alt"键。

（2）在"附件"中选择"画图"命令，打开"画图"窗口。

（3）按"Ctrl+V"组合键将图片粘贴到工作区内。

（4）可以利用"画图"中的工具对图片进行修改，单击"文件"菜单中的"保存"或"另存为"命令，设置文件名并指定要保存的路径，单击"确定"按钮即可。

同步训练 2-11：将刚才的截图用"画图"工具打开，在空白处添加姓名、学号，并在左上角添加一个五角星形状。

2.2.5 任务管理器

Windows 任务管理器提供了有关计算机性能的信息，并显示了计算机上所运行的程序和进程的详细信息；如果连接到网络，那么还可以查看网络状态并迅速了解网络是如何工作的，通常用来结束一些程序和服务。

启动 Windows 任务管理器的操作方法是：右键单击任务栏的空白处，在弹出的快捷菜单中选择"启动任务管理器"命令，打开"Windows 任务管理器"窗口；也可以按"Ctrl+Alt+Delete"组合键，选择"启动任务管理器"，打开"Windows 任务管理器"窗口，如图 2.13 所示。

它的用户界面提供了文件、选项、查看、帮助 4 个菜单项，其下还有应用程序、进程、服务、性能、联网、用户 6 个选项卡，窗口底部则是状态栏，显示当前系统的进程数、CPU 使用比率、物理内存等数据，默认设置下系统每隔两秒钟对数据进行一次自动更新，也可以单击"查看"菜单下的"更新速度"命令重新设置。

在使用计算机的过程中，应用程序出现没有反应的状态、计算机突然变得很慢而无法操作时，可以强制结束进程。在"Windows 任务管理器"窗口的"进程"选项卡中显示了当前运行的进程及与进程相关的信息，如果发现某个进程占用过多的 CPU 或内存，选择这个进程，单击"结束进程"按钮，但这个方法可能会导致工作数据的丢失。

在删除文件或文件夹时遇到删除不掉的情况，是因为文件或文件夹被某个程序正在使用，使用 Windows 任务管理器即可解决这一问题。操作方法如下：

图 2.13 "Windows 任务管理器"窗口

（1）启动"Windows 任务管理器"，在"Windows 任务管理器"窗口中切换到"性能"选项卡，如图 2.14 所示。

（2）单击"资源监视器"按钮，弹出如图 2.15 所示的"资源监视器"窗口。切换到 CPU 选项卡，输入删不掉的文件名或文件夹以查找正在使用的程序。

（3）逐个右键单击程序，在弹出的快捷菜单中选择"结束进程"命令来关闭该程序。

（4）删除正在使用的文件程序后，就可以成功删除文件了。

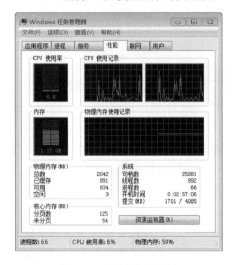

图 2.14 "性能"选项卡

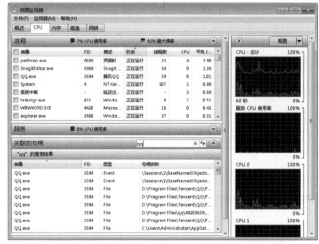

图 2.15 "资源监视器"窗口

2.3 文件和磁盘管理

2.3.1 文件和文件夹的管理

文件和文件夹的管理是操作系统的基本功能之一，包含文件和文件夹的新建、复制、移动、删除、重命名、属性、快捷方式、搜索等操作。在 Windows 7 中，文件和文件夹的操作主要是通过"计算机"和"资源管理器"来完成的。

1. 文件和文件夹的浏览

Windows 7 是以树状结构来显示计算机中的所有文件夹的，在导航窗格中，当文件夹名称前显示▷标记，就表示文件夹内还有下一层文件夹，在▷标记上单击可以展开下一层文件夹，直到文件夹中只显示文件为止。在导航窗格的文件夹名称上单击，表示切换到该文件夹中，此时右侧的文件列表窗格就会显示该文件夹的内容，如图 2.16 所示。

图 2.16 切换文件夹

2. 文件和文件夹的路径

路径就是文件或文件夹的地址，通过路径可以知道要到哪里去找需要的文件或文件夹。路径的表示如图 2.17 所示。

图 2.17 文件夹的路径 1

单击地址栏的空白处，会出现如图 2.18 所示的路径表示，可以直接在地址栏中输入路径来切换文件夹。

图 2.18 文件夹的路径 2

3. 文件的命名

文件夹是用来存放文件的地方，要新增一个文件夹或文件时，需要将其命名，以方便管理。文件的命名结构为"主文件名.扩展文件名"。主文件名一般使用有意义的文字命名，扩展名用来区分不同的文件类型。在文件列表窗格中，如果系统能够识别扩展名的文件类型，将显示对应的图标；如果无法识别，将显示扩展名。例如，PDF文件，需要安装PDF阅读器才会出现PDF文件对应的图标。

命名文件时需要注意以下几个问题：
- 名字长度不可超过255个字符。
- 在同一文件夹目录下不可出现相同名称的文件夹或文件。
- 名称中不能包含"\ : * ? " < > |"等半角特殊字符。
- 使用英文命名时，英文没有大小写之分，只有全半角之分，如"abc"和"ABC"是一样的。

默认情况下，系统会将已知文件的扩展名隐藏，如果要显示文件扩展名，操作方法如下：

（1）打开"计算机"窗口，单击"组织"下拉菜单，选择"文件夹和搜索选项"命令，弹出"文件夹选项"对话框，如图2.19所示。

（2）切换到"查看"选项卡，使"隐藏已知文件类型的扩展名"的复选框不被选中，单击"确定"按钮。

此时不管已知或未知文件类型的扩展名都会显示出来。

4. 新建文件和文件夹

一般可以通过启动应用程序来新建文件，也可以右键单击资源管理器的文件列表窗格中的空白区域，在弹出的快捷菜单中选择"新建"命令，从级联菜单中选择一个要新建的项目，然后为新文件或文件夹命名即可，如图2.20所示。

图2.19 "文件夹选项"对话框

图2.20 新建文件或文件夹

5. 重命名文件和文件夹

重命名文件和文件夹就是给文件或文件夹命名一个新的名称。操作方法如下：

（1）选择要重命名的文件或文件夹，在名称上单击鼠标右键，在弹出的快捷菜单中选择"重命名"命令。

这时被选择的文件或文件夹名称高亮显示，并且在名称的末尾出现闪烁的插入点。

（2）输入新的名称，按"Enter"键确认。

也可以在选择要重命名的文件或文件夹之后，再次单击文件或文件夹名称或按"F2"键，输入要修改的文件名即可。

6. 选择文件和文件夹

在管理文件和文件夹的过程中，需要首先选择操作对象再执行操作命令。选择文件或文件夹的操作方法如下：

（1）选择单个文件：单击文件，在文件上出现蓝色的透明框，表示已选中。

（2）选择连续多个文件：直接拖曳鼠标框选或先选择第一个文件，然后按住"Shift"键再选择最后一个文件。

（3）选择不连续的多个文件：按住"Ctrl"键，再逐一单击要选择的文件。

（4）选择文件夹中所有的文件：单击"工具栏"中的"组织"按钮，再选择"全选"命令；或者按"Ctrl+A"快捷键进行全部选择。

文件夹的选择方法和文件的选择方法一致。

7. 移动文件和文件夹

在整理文件时，常常要将文件移动到合适的文件夹中，如果移动的对象是文件夹，方法也是一致的。

方法1：选择要移动的文件，单击鼠标右键，在弹出的快捷菜单中选择"剪切"命令；或者选择要移动的文件，按"Ctrl+X"快捷键。然后在目标文件夹中单击鼠标右键，在弹出的快捷菜单中选择"粘贴"命令；或者在目标文件夹中按"Ctrl+V"快捷键。

方法2：选择要移动的文件，在任意一个选中的文件上按住鼠标左键不放，拖曳到目标文件夹中，会弹出一个如图2.21所示的提示框，松开鼠标左键完成移动。

如果在目标文件夹中已经有一个相同名称的文件，会弹出如图2.22所示的对话框，提示用户如何处理文件，可以按照日期、文件大小来判断要保留的文件。

图 2.21 "移动文件"提示框

图 2.22 "移动文件"对话框

同步训练 2-12：将素材文件夹下的 HGACYL 文件夹中的 RLQM.MEM 文件移动到 XEPO

文件夹中，并改名为 PLAY.MEM。

8. 复制文件和文件夹

在操作过程中，为防止原有文件内容被破坏或意外丢失，可以将原有的文件复制到另一个地方进行备份，操作方法如下。

方法1：选择要复制的文件，单击鼠标右键，在弹出的快捷菜单中选择"复制"命令；或者选择要复制的文件，按"Ctrl+C"快捷键。然后在目标文件夹中单击鼠标右键，在弹出的快捷菜单中选择"粘贴"命令；或者在目标文件夹中按"Ctrl+V"快捷键。

方法2：选择要复制的文件或文件夹，在任意一个选中的文件上，按住鼠标左键不放，按住"Ctrl"键，拖曳到目标文件夹中，会弹出一个类似"文件将复制到此文件夹"的提示框，松开鼠标左键，再释放"Ctrl"键完成文件复制。

复制文件夹的方法和复制文件的方法类似，在复制文件夹时，该文件夹中包含的子文件夹和文件也会被同时复制。

同步训练 2-13：将素材文件夹下 BNPA 文件夹中的 RONGHE.COM 文件复制到素材文件夹下的 EDZK 文件夹中，文件名改为 SHAN.COM。

9. 删除、恢复文件和文件夹

删除文件也是文件管理的一部分，要及时删除不需要的文件、文件夹，以释放硬盘空间。删除文件或文件夹的操作方法如下：

（1）选择要删除的文件。

（2）按"Delete"键或右键单击要删除的对象，在弹出的快捷菜单中选择"删除"命令，弹出"删除文件"对话框，如图 2.23 所示。

（3）在对话框中单击"是"按钮。

此时文件被放入"回收站"中了，打开"回收站"可以看到被删除的文件，如图 2.24 所示；也可以用鼠标选中文件之后将文件拖曳到"回收站"中，如图 2.25 所示。

图 2.23 "删除文件"对话框

图 2.24 "回收站"中的文件

彻底删除"回收站"中的某个文件的操作方法是，打开"回收站"文件夹，右键单击要删除的项目，在弹出的快捷菜单中选择"删除"命令。

彻底删除"回收站"中的所有文件的操作方法是，单击"回收站"工具栏中的"清空回收站"按钮。

 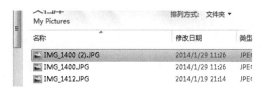

图 2.25 将文件拖曳到"回收站"

恢复误删除的对象的操作方法是,在打开"回收站"窗口之后选中要恢复的对象,单击"回收站"工具栏中的"还原此项目"按钮,就可以将文件还原到原来的位置。

同步训练 2-14:将素材文件夹下 NAOM 文件夹中的 TRAVEL.DBF 文件删除。

> **学习提示**
> 清空"回收站"之后,删除的文件或文件夹就无法被恢复了。

10. 设置文件或文件夹属性

对文件或文件夹属性的设置包括隐藏、显示和设置文件或文件夹为只读。属性设置均需要右键单击目标文件或文件夹,在弹出的快捷菜单中选择"属性"命令,在弹出如图 2.26 所示的文件或文件夹"属性"对话框中进行设置。

(1)隐藏文件或文件夹

在文件或文件夹"属性"对话框的"常规"选项卡"属性"栏中勾选"隐藏"复选框,单击"确定"按钮,在弹出如图 2.27 所示的"确认属性更改"对话框中单击"确定"按钮,文件或文件夹将会被隐藏起来。

 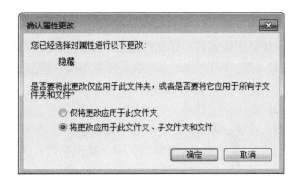

图 2.26 "属性"对话框   图 2.27 "确认属性更改"对话框

(2)显示文件或文件夹

在"开始"菜单中选择"控制面板",在"控制面板"窗口中选择 文件夹选项,在弹出的如图 2.28 所示的"文件夹选项"对话框中的"查看"选项卡"高级设置"列表框中选中"显示隐藏的文件、文件夹和驱动器"单选按钮,单击"确定"按钮,目标文件或文件夹将显示出来。

在目标文件或文件夹的"属性"对话框"常规"选项卡"属性"栏中取消"隐藏"复选框的勾选状态,单击"确定"按钮即可将隐藏的文件或文件夹又显示出来。

(3)将文件或文件夹设置为只读

在目标文件或文件夹"属性"对话框"常规"选项卡的"属性"栏中勾选"只读"复选框,单击"确定"按钮之后弹出"确认属性更改"对话框,单击"确认"按钮即可将文件或文件夹设置为只读。

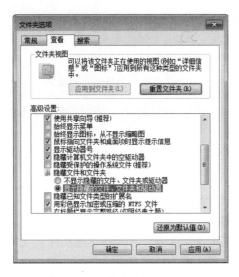

图 2.28 "文件夹选项"对话框

同步训练 2-15： 在素材文件夹下 WUE 文件夹中创建名为 PB6.TXT 的文件，并设置属性为只读。

11. 压缩与解压缩文件

计算机中一些不常用但是又不想删除的文件，可以将文件压缩起来，以免占用太多的硬盘空间；解压缩是压缩的反过程，是将一个通过软件压缩的文档、文件等各种东西恢复到压缩之前的样子。

常见的压缩包的后缀名为.zip、.rar、.7z、.cab、.iso 等，压缩/解压缩工具有 WinRAR、好压等，使用压缩工具压缩文件或文件夹的操作方法如下：

（1）右键单击文件或文件夹，在弹出的快捷菜单中选择"添加到压缩文件"命令，弹出"压缩文件"对话框，如图 2.29 所示。

（2）给压缩文件命名、设置好文件格式等选项后，单击"确定"按钮。

（3）出现如图 2.30 所示的"正在创建压缩文件"对话框，将会显示压缩进度及时间等信息，压缩完成后该对话框自动关闭，被压缩后的文件如图 2.31 所示。

图 2.29 "压缩文件"对话框　　图 2.30 "正在创建压缩文件"对话框　　图 2.31 压缩后的文件

好压可以直接打开相关联的文件类型，只需双击压缩文件就可以使用好压将其打开，操作方法如下：

（1）双击压缩文件，启动 WinRAR 解压缩界面，如图 2.32 所示。

（2）选择压缩文件中要释放的文件，然后单击"解压到"按钮，打开如图 2.33 所示的"从压缩文件中解压"对话框。

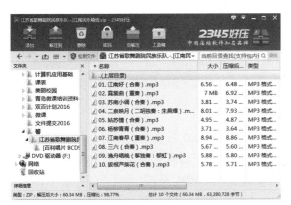

图 2.32　WinRAR 解压缩界面

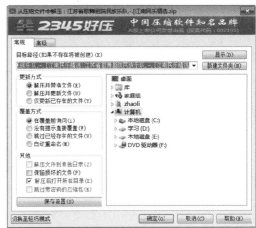

图 2.33　"从压缩文件中解压"对话框

（3）在对话框右侧的列表框中选择解压后文件存放的位置，单击"确定"按钮执行解压缩操作，如图 2.34 所示。

图 2.34　执行解压缩操作

12．搜索文件

如果需要查看某个文件或文件夹的内容，却忘记该文件或文件夹存放的位置或名称，可以使用 Windows 7 提供的搜索文件或文件夹功能来查找。

单击"开始"按钮，在"搜索"框中输入字词或字词的一部分开始搜索，将搜索基于文件名中的文本、文件中的文本、标记及其他文件属性，系统将搜索的结果显示在当前对话框中，双击搜索后显示的文件或文件夹名称就可以打开相应的文件或文件夹。

如果已经知道要查找的文件位于某个特定的文件夹中，先打开那个文件夹，在窗口顶部的搜索框中输入文件信息，系统就会在当前的文件夹及子文件夹中搜索文件。

同步训练 2-16：搜索素材文件夹下的 AUTOE.BAT 文件，然后将其删除。

操作技巧

在输入搜索条件时,可以使用通配符"?"和"*"。如果只记得部分文件名,可以用"*"来代表 0 至多个字符,用"?"代表 1 个字符,如果只想找出某一类别的文件,还可以输入文件的扩展名。例如,搜索所有的 jpeg 照片,在搜索框中输入"*.jpeg"。

2.3.2 磁盘管理

通过 Windows 资源管理器可以实现对磁盘的管理,主要包括格式化磁盘、查看磁盘信息等。

1. 查看磁盘信息

查看磁盘信息的操作方法如下:

(1)在"计算机"窗口中右键单击某磁盘图标,如"D:"。
(2)在右键菜单中选择"属性",弹出磁盘"属性"对话框,如图 2.35 所示。
(3)在对话框中选择"常规"选项卡,在最上面的文本框中输入磁盘的卷标。
"常规"选项卡中显示了该磁盘的类型、文件系统、已用空间及可用空间等信息。
(4)单击"磁盘清理"按钮 磁盘清理(D) 可对磁盘进行清理,单击"应用"按钮可应用该选项卡中更改的位置。

2. 磁盘查错

对磁盘进行查错的操作方法如下:

(1)选择要进行查错的磁盘,打开磁盘"属性"对话框。
(2)在对话框中选择"工具"选项卡,如图 2.36 所示,单击"查错"选项组中的"开始检查"按钮 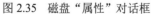,将弹出如图 2.37 所示的"检查磁盘"对话框。

图 2.35 磁盘"属性"对话框

图 2.36 "工具"选项卡

(3)选择"自动修复文件系统错误"和"扫描并尝试恢复坏扇区"复选框,单击"开始"按钮对磁盘进行查错。

单击"碎片整理"选项组中的"立即进行碎片整理"按钮可运行磁盘碎片整理程序。

3. 磁盘格式化

磁盘格式化是指对磁盘进行初始化的一种操作，这种操作通常会导致现有的磁盘中所有的文件被清除。在 Windows 7 中，对磁盘格式化的操作方法如下：

（1）右键单击某个磁盘，从弹出的快捷菜单中选择"格式化"，弹出如图 2.38 所示的"格式化"对话框。

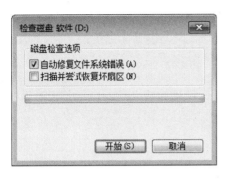

图 2.37 "检查磁盘"对话框

图 2.38 "格式化"对话框

（2）单击"开始"按钮弹出如图 2.39 所示"格式化"确认对话框，单击"确定"按钮开始格式化磁盘，格式化完成之后会弹出如图 2.40 所示的"格式化完毕"提示框。

（3）单击"确定"按钮，返回格式化窗口，单击"关闭"按钮关闭"格式化"对话框。

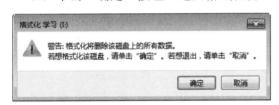

图 2.39 "格式化"确认对话框

图 2.40 "格式化完毕"提示框

4. 磁盘清理

磁盘清理可清除硬盘内的不必要的暂存文档，从而使 Windows 的运作更畅顺。磁盘清理的操作方法如下：

（1）单击"开始"按钮，在如图 2.41 所示"所有程序"中"附件"的"系统工具"子菜单中选择"磁盘清理"选项，弹出如图 2.42 所示的"磁盘清理：驱动器选择"对话框。

（2）在对话框中选择要清理的驱动器，然后单击"确定"按钮，弹出该驱动器的"磁盘清理"对话框，如图 2.43 所示。

（3）在对话框中选择"磁盘清理"选项卡，单击"确定"按钮弹出如图 2.44 所示的"磁盘清理"确认框。

"磁盘清理"选项卡的"要删除的文件（F）："列表框中列出了可删除的文件类型及其所占用的磁盘空间的大小，选中某文件类型前的复选框，在进行清理时就可以将其删除，在"占用磁盘空间总数"选项组中显示了删除所有选中复选框的文件类型后可得到磁盘空间总数，在"描述"文本框中显示了当前选择的文件类型的描述信息。

图 2.41 "系统工具"子菜单

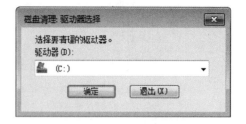

图 2.42 "磁盘清理：驱动器选择"对话框

（4）单击"删除文件"按钮对磁盘进行清理，清理完成之后将自动关闭对话框。

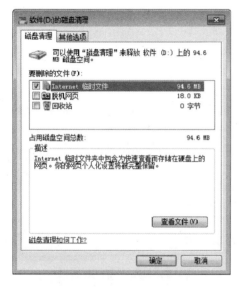

图 2.43 "磁盘清理"对话框

图 2.44 "磁盘清理"确认对话框

5. 磁盘碎片整理

磁盘碎片整理就是对计算机磁盘在长期使用过程中产生的碎片和凌乱文件重新整理，可提高计算机的整体性能和运行速度。磁盘碎片整理的操作方法如下：

（1）在"所有程序"的"附件"中选择"系统工具"子菜单中的"磁盘碎片整理程序"选项，弹出如图 2.45 所示的"磁盘碎片整理程序"对话框。

在"磁盘碎片整理程序"对话框中显示了磁盘的一些状态和系统信息。

（2）选择磁盘单击"分析磁盘"按钮，系统就可分析该磁盘中是否需要进行磁盘整理，并弹出是否需要进行磁盘碎片整理的对话框。

（3）单击"磁盘碎片整理"按钮即可对磁盘碎片进行整理。

同步训练 2-17：查看是否要对 D 盘进行磁盘碎片整理，如果需要则对其进行整理。

图 2.45 "磁盘碎片整理程序"对话框

2.4 系统设置

2.4.1 Windows 7 的控制面板

Windows 中的控制面板主要用于管理系统硬件和软件,使用控制面板是用户进行计算机日常管理的重要手段。控制面板可以形象地称为 Windows 7 的工具箱。在这个工具箱中,用户可以设置 Windows 7 的相关属性,如更改桌面背景、添加或删除用户账户、卸载程序及调整日期和时间等。

通过"开始"菜单可以打开"控制面板"的界面,如图 2.46 所示。在控制面板中默认以"类别"的形式来显示功能菜单,分为系统和安全,用户账户和家庭安全,网络和 Internet,外观和个性化,硬件和声音,时钟、语言和区域,程序,轻松访问等类别,每个类别下会显示该类的具体功能选项。单击任意类别都可以查看更多该类别的任务。

除了类别,控制面板还提供了"大图标"和"小图标"的查看方式,只需单击控制面板右上角"查看方式"旁边的小箭头,从中选择一种查看方式。

图 2.46 "控制面板"界面

2.4.2 调整日期和时间

不同的国家和地区使用不同的日期、时间、语言和区域标识,可以根据所在的国家及地区对日期、时间进行正确设置。手动调整日期和时间的操作方法如下:

(1)打开"控制面板",选择"时钟、语言和区域"选项,弹出"时钟、语言和区域"窗口。

(2)单击"时间和日期"链接,弹出"日期和时间"对话框,如图 2.47 所示。

在"日期和时间"对话框中有三个选项卡,其中:"日期和时间"选项卡可以设置系统日期、时间及时区;"附加时钟"选项卡可以设置其他时区的时间;"Internet 时间"选项卡可以设置计算机时钟与 Internet 时间服务器同步,选择这项设置必须使计算机连接到 Internet。

(3)设置时区、日期和时间之后,单击"确定"按钮,即可完成设置。

设置时钟显示的格式是在"控制面板"中选择"时钟、语言和区域"后选择"区域和语言"选项,在打开的"区域和语言"对话框中进行设置,如图 2.48 所示。

> **学习提示**
>
> "区域和语言"对话框中有 4 个选项卡,其中:
> - "格式"选项卡可以设置数字、货币、日期和时间等数据的显示方式。
> - "位置"选项卡可以设置用户所在的准确位置。
> - "键盘和语言"选项卡主要用于更改键盘或输入语言。
> - "管理"选项卡包含两个选项,"更改系统区域设置"选项可以设置不同程序中文本显示所使用的语言;"复制设置"选项可以将所做设置复制到所选的账户中。

同步训练 2-18:将系统日期显示设置为年-月-日的短日期形式,时间显示设置为 24 小时制。

图 2.47 "日期和时间"对话框

图 2.48 "区域和语言"对话框

2.4.3 账户设置

Windows 7 是一个多用户、多任务的操作系统，允许多个用户共同使用一台计算机，每个用户的个人设置和配置文件会有所不同，每个用户在使用公共系统资源时可以设置富有个性的工作空间。切换用户时，只要在"用户账号"窗口更改用户登录和注销方式中进行切换，当不同用户用不同身份登录时，系统应用该用户身份的设置，不会影响其他用户的设置。

Windows 7 有三种类型的用户账户，分别是标准账户、管理员账户和来宾账户，不同的账户类型可为计算机提供不同的控制级别。

- 标准账户：允许使用计算机的大多数功能，如果进行的更改可能会影响计算机的其他用户或安全，需要管理员的认可。
- 管理员账户：允许进行可能影响其他用户的更改操作的用户账户，具有对计算机最高的控制权限，可以更改安全设置、安装软件和硬件、访问计算机上所有的文件，还可以对其他用户账户进行更改。
- 来宾账户：允许使用计算机，但是没有访问个人文件的权限，无法安装软件或硬件，不能更改计算机的设置，不能创建密码。

1. 创建账户

用户可以为其他特殊的用户添加一个新账户，也可以随时将多余的账户进行删除，其操作方法如下：

（1）打开"控制面板"，在"用户账户和家庭安全"功能区中单击"添加或删除用户账户"选项。

（2）弹出如图 2.49 所示的"管理账户"窗口，单击"创建一个新账户"选项按钮。

图 2.49 "管理账户"窗口

（3）出现"命名账户并选择账户类型"操作界面，在该界面中填写新账户名并选择相应的账户类型。

（4）填写完成后单击"创建账户"按钮即可完成操作。

同步训练 2-19：添加一个标准用户，用户名为 user。

2. 更改账户

管理员账户可以对已经存在的账户进行更改账户的操作，其操作方法如下：

（1）打开"控制面板"，选择"用户账户和家庭安全"，在打开的"用户账户和家庭安全"窗口中选择"用户账户"。

（2）在"用户账户"窗口中选择"更改用户账户"中的"管理其他账户"选项，打开"管理账户"窗口。

（3）单击要更改账户的名称，弹出"更改账户"窗口，如图 2.50 所示。

（4）选择该账户要更改的项目进行更改。

同步训练 2-20：为 user 账户设置密码为 123，账户图片为招财猫。

步骤 1．在"管理账户"窗口中单击"user"账户，弹出"更改账户"窗口，如图 2.50 所示。

步骤 2．在窗口左侧选择"创建密码"项，弹出"创建密码"窗口，输入并确认账户密码"123"，单击"创建密码"按钮，如图 2.51 所示。

步骤 3．在"更改账户"窗口左侧选择"更改图片"项，在"选择图片"窗口中选择招财猫的图片，单击"更改图片"按钮。

图 2.50 "更改账户"窗口

图 2.51 "创建密码"窗口

3. 打开或关闭"用户账户控制"

"用户账户控制"可以防止对计算机进行未授权的更改，打开或关闭"用户账户控制"的操作方法如下：

（1）使用管理员账户登录计算机，打开"控制面板"，选择"用户账户和家庭安全"。

（2）选择"用户账户"选项，在"更改用户账户"窗口中单击"更改用户账户控制设置"选项。

（3）在如图 2.52 所示的"用户账户控制设置"窗口中进行设置。

同步训练 2-21：设置账户 user 的上网时间为周五至周日的 18:00～24:00。

步骤 1．在"管理账户"窗口左侧选择"设置家长控制"项，在弹出的"家长控制"窗口中选择用户"user"。

步骤 2．在"管理账户"窗口左侧选择"家长控制"项。

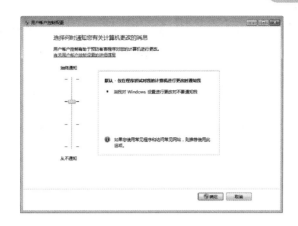

图 2.52 "用户账户控制设置"窗口

步骤 3. "设置 user 使用计算机的方式"的"家长控制"中选中"启用,应用当前设置"单选按钮,如图 2.53 所示。

步骤 4. 在"Windows 设置"组中选择"时间限制",在时间限制窗口中设置"user"用户的上网时间为周五至周日的 18:00～24:00,如图 2.54 所示。

图 2.53 家长控制

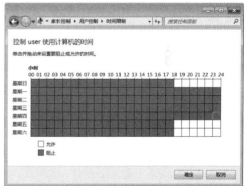

图 2.54 设置用户使用计算机的时间

4. 删除账户

删除账户 user 的操作方法是,在"管理账户"窗口左侧选择"删除账户"项,弹出"是否保留 user 的文件"对话框,选择"删除文件",再单击"删除账户"按钮。

2.4.4 硬件和声音设置

硬件是计算机的基础,如果需要查看计算机中的硬件设备信息,可以单击控制面板中的"系统和安全"下的"系统",也可以右击计算机桌面,从弹出的快捷菜单中选择"属性",出现如图 2.55 所示的查看计算机基本信息的窗口,从中可以查看 CPU、内存、操作系统等信息。

要查看设备信息,可单击控制面板中"系统和安全"下的"设备管理器",弹出如图 2.56 所示的"设备管理器"窗口,显示了计算机中的主要硬件设备。单击某设备左侧的三角形,可以查看该设备的型号,还可以将鼠标移到某设备名称处,通过右击设备名称来查看、更新或卸载设备。

图 2.55　查看计算机的基本信息窗口　　　　　图 2.56　"设备管理器"窗口

在对系统进行设置时，如果要执行添加或删除打印机和其他硬件、更新设备驱动程序等操作，需要对控制面板的硬件和声音来进行设置。

在"控制面板"中选择"硬件和声音"，打开"硬件和声音"窗口，如图 2.57 所示。

1. 设置鼠标

在"控制面板"中选择"硬件和声音"类别，在"设备和打印机"下选择"鼠标"选项，打开"鼠标 属性"对话框，如图 2.58 所示。通过此对话框可以查看及修改鼠标的常用属性，如设置鼠标移动速度、设置鼠标滑轮滑动时屏幕滚动的行数、设置鼠标指针形状等。

图 2.57　"硬件和声音"窗口　　　　　图 2.58　"鼠标 属性"对话框

2. 声音

在"控制面板"中的"硬件和声音"类别中选择"声音"选项，打开"声音"对话框。在"声音"选项卡的"声音方案"下拉列表中有系统自带的一些声音，如图 2.59 所示。选择"声音方案"之后可以在"声音"下进行测试。

3. 添加打印机

在"控制面板"中选择"硬件和声音"，再单击"设备和打印机"中的"添加打印机"选项，打开"添加打印机"窗口，如图 2.60 所示。根据系统提示进行打印机的安装。

图 2.59 "声音方案"下拉列表　　　　图 2.60 "添加打印机"窗口

2.4.5 设置个性化的显示界面

1. 设置桌面背景

桌面是我们的工作场所，一成不变的图片桌面看起来很枯燥，因此可以换上自己的照片来当桌面背景，还可以变换不同的布景主题来打造个性化的工作环境。

Windows 提供了多组现成的布景主题，有风景、动漫人物、建筑和自然等，它是一组桌面背景、窗口颜色和声音，可以套用系统内置的布景主题。设置个性化桌面的操作方法如下：

（1）右键单击桌面的空白处，在弹出的快捷菜单中选择"个性化"菜单命令，打开如图 2.61 所示的"个性化"窗口。

图 2.61 "个性化"窗口

（2）单击主题缩略图即可套用主题，如选择"人物"主题，此时桌面图案立刻进行了更换。
（3）单击"个性化"窗口右上角的 按钮关闭窗口。
用其他位置的图片设置桌面的操作方法如下：
（1）单击"个性化"窗口中的"桌面背景"按钮，打开"桌面背景"窗口。
（2）单击"图片位置"右侧的"浏览"按钮，弹出如图 2.62 所示的"浏览文件夹"对话框，找到要作为图片文件的存储位置，并单击该文件夹，单击"确定"按钮，返回"桌面背景"窗口，此时该文件夹的图片文件已经显示在列表中，并且会选中所有的图片，如图 2.63 所示。

（3）单击"全部清除"按钮，然后在照片缩略图的左上角逐一挑选要播放的照片。
（4）在"图片位置"列表框中设置图片的位置及每张照片轮播的时间。
（5）单击"保存修改"按钮即可完成。

图 2.62　"浏览文件夹"对话框

图 2.63　显示并选中"浏览文件夹"中的图片

同步训练 2-22：设置桌面背景为动物图片。

2. 分辨率、刷新频率和颜色设置

Windows 根据监视器选择最佳的显示设置，包括屏幕分辨率、刷新频率和颜色深度。这些设置根据所用监视器的类型、大小、性能和显卡的不同而不同。调整分辨率的操作方法如下：

（1）右击桌面空白处，在弹出的快捷菜单中选择"屏幕分辨率"，打开如图 2.64 所示的"屏幕分辨率"窗口。

（2）在"分辨率"右侧的下拉列表框中，通过下拉按钮调整计算机分辨率，分辨率越高，在屏幕上显示的信息越多，画面越逼真，在"方向"下拉列表框中可选择屏幕显示的方向。

在"屏幕分辨率"窗口中选择"高级设置"，打开"通用即插即用监视器"属性对话框，在"监视器"选项卡中可以设置屏幕刷新频率及颜色。

同步训练 2-23：将屏幕分辨率修改为 1280×720。

3. 个性化任务栏

任务栏通常位于屏幕底部，可以根据需要将其放在屏幕上、下、左、右的任意方位。将鼠标移至任务栏的空白处，右击鼠标，在弹出的快捷菜单中取消"锁定任务栏"项的勾选状态，然后按住鼠标左键不放，拖曳任务栏至所需位置。

右击任务栏的空白处，在快捷菜单中选择"属性"，打开如图 2.65 所示的"任务栏和开始菜单属性"对话框，在"任务栏"选项卡对任务栏进行设置，在"开始菜单"选项卡中单击"自定义"按钮，弹出如图 2.66 所示的"自定义开始菜单"对话框，对开始菜单进行设置。

同步训练 2-24：把任务栏移动到桌面左侧，并锁定任务栏。

4. 使用桌面小工具

Windows 7 中的"小工具"的小程序可以提供即时信息及可以轻松访问常用工具的途径。可以将计算机上安装的任何小工具添加到桌面上，右击桌面空白处，在弹出的快捷菜单中选择"小工具"命令，打开如图 2.67 所示的小工具窗口。

双击小工具图标或直接拖动小工具图标到桌面上，可以根据需要调整位置、大小、选项前端显示或暂时隐藏等。

图 2.64 "屏幕分辨率"对话框

图 2.65 "任务栏和开始菜单属性"对话框

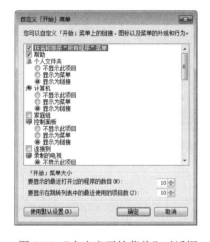

图 2.66 "自定义开始菜单"对话框

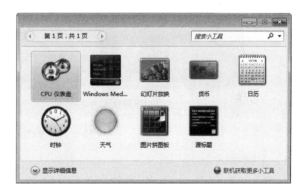

图 2.67 小工具窗口

同步训练 2-25：在桌面上添加日历和时钟小工具，要求显示时钟的秒针。

完成效果

步骤 1．在小工具窗口中，双击要添加的小工具"日历"和"时钟"。

步骤 2．将光标移至时钟上，在右侧出现的图标中单击"选项"按钮，选中"显示秒针"复选框。

操作技巧

如果要删除桌面上的小工具，可右击要删除的小工具图标，在弹出的快捷菜单中选择"删除小工具"选项；如果要卸载小工具，在小工具窗口中右击要卸载的小工具名称，在弹出的快捷菜单中选择"卸载"选项。

2.5 录入文字

2.5.1 认识键盘

键盘是最常用的输入设备，用户向计算机发出的命令、编写的程序等都要通过键盘输入到计算机中，使计算机能够按照用户发出的指令来操作，实现人机对话。

按照键盘的功能和特性，可将键盘分为 104 键键盘、多媒体键盘、手写键盘、人体工程学键盘和红外线遥感键盘等。

根据键盘中按键的功能，可将键盘划分成主键盘区、功能键区、编辑控制键区、数字键区和状态指示灯区，如图 2.68 所示。

图 2.68 键盘的布局

1. 主键盘区

主键盘区共有 61 个键，包括数字及符号键 22 个、字母键 26 个、控制键 13 个。它的按键数目及排列顺序与标准英文打字机基本一致，通过主键盘区可以输入各种命令。在主键盘区中，除了数字和字母键外，还有控制键，各控制键及功能如表 2.3 所示。

表 2.3 主键盘区控制键

名 称	说 明
Tab 制表键	单击此键可输入制表符，一般一个制表符相当于 8 个空格
Caps Lock 大写锁定键	对应此键有一个指示灯在键盘的右上角。这个键是反复键，单击一下此键，指示灯亮，此时输入的字母为大写；再单击一下此键，指示灯灭，输入状态变为小写
Shift 换挡键	在主键盘区的下方左右各有一个 Shift 键。使用方法是按住"Shift"键，再按有双字符的键（或字母键），即可输入该键上方的字符（或大小写转换输入）
Ctrl 控制键	与其他键同时使用，用来实现应用程序中定义的功能
Alt 辅助键	与其他键组合成复合控制键
Enter 回车键	通常被定义为结束命令行、文字编辑中的回车换行等
空格键	用来输入一个空格，并使光标向右移动一个字符的位置
Windows 徽标键	显示或隐藏"开始"菜单

2. 功能键区

功能键区是位于键盘上部的一排按键，共有 16 个，按键及功能如表 2.4 所示。

表 2.4 功能键区按键及功能

名称	说明
Esc	用来撤销某项操作，一般起退出或取消的作用
F1～F12	一般是用作"快捷键"。用户可以根据自己的需要来定义它的功能，F1 通常用作帮助键
Print Screen	在 DOS 环境下的功能是打印整个屏幕信息；在 Windows 7 环境下，其功能是把屏幕的显示作为图形保存到内存中，以供处理
Scroll Lock	在某些环境下可以锁定滚动条，在右边有一盏 Scroll Lock 指示灯，亮着表示锁定
Pause/Break	用以暂停程序或命令的执行

3. 编辑控制键区

编辑控制键区共有 10 个键，主要用于控制光标的移动。编辑控制键区包含了 4 个方向键和 6 个控制键。其中，6 个控制键的功能如表 2.5 所示。

表 2.5 编辑控制键区按键及功能

名称	说明
PageUp	按此键光标翻到上一页
PageDown	按此键光标移到下一页
Home	用来将光标移到当前行的行首
End	用来将光标移到当前行最后一个字符的右边
Delete	删除键，用来删除当前光标右边的字符
Insert	用来切换插入与改写状态

4. 数字键区

数字键区是为提高数字输入的速度而增设的，由主键盘区和编辑控制键区中最常用的一些键组合而成，一般被编制成适合右手单独操作的布局，共有 17 个键。只有一个 Num Lock 键是特别的，它是数字输入和编辑控制状态之间的切换键。在它正上方的 Num Lock 指示灯就是指示所处的状态的,当指示灯亮着时表示数字键区正处于数字输入状态；反之则正处于编辑控制状态。

5. 状态指示灯区

状态指示灯区位于数字键区的上方，它包括三个指示灯，分别是数字锁定、大小写转换和屏幕锁定，如表 2.6 所示。

表 2.6 状态指示灯说明

名称	功能	说明
数字锁定指示灯	指示小键盘区的状态	按下小键盘区的"Num Lock"键，指示灯变亮，表明此时小键盘数字区处于数字状态；再次按下"Num Lock"键，指示灯灭，说明此时处于光标控制状态
大小写转换指示灯	指示字母键区的状态	按下"Caps Lock"键，指示灯变亮，表明此时处于大写状态，通过主键盘区的字母键输入的字母均为大写状态；再次按下"Caps Lock"键，指示灯灭，此时通过主键盘区的字母键输入的字母均为小写状态

续表

名 称	功 能	说 明
屏幕锁定指示灯	指示屏幕的状态	按下"Scroll Lock"键,此时该指示灯亮,表明此时屏幕已经停止滚动;再次按下"Scroll Lock"键,该指示灯灭,表明此时屏幕已经解除锁定

2.5.2 语言栏的操作

在 Windows 7 桌面的右下角或任务栏的右侧可以看到 Windows 输入法的语言栏。

移动鼠标在语言栏左部,鼠标指针变成带箭头的"十"字架时,如图 2.69 所示,可以通过鼠标将它拖曳到桌面的任何位置,或者单击语言栏上最小化按钮,将它最小化到任务栏上,如图 2.70 所示。

图 2.69 拖曳语言栏

图 2.70 最小化语言栏

如果桌面和任务栏上都找不到语言栏,可能语言栏已被隐藏,可以通过控制面板将语言栏显示出来,操作方法如下:

(1)在"控制面板"中选择"时钟、语言和区域"选项下的"更改键盘或其他输入法"命令。

(2)打开"区域和语言"对话框,切换到"键盘和语言"选项卡,单击"更改键盘"按钮,如图 2.71 所示。

(3)打开"文本服务和输入语言"对话框,在"语言栏"选项卡中选择"悬浮于桌面上"单选按钮,如图 2.72 所示,再单击"确定"按钮即可。

图 2.71 "键盘和语言"选项卡

图 2.72 "语言栏"选项卡

2.5.3 安装、切换和删除输入法

目前流行的中文输入法有搜狗、谷歌、极品五笔、万能五笔、QQ 输入法等,可以根据个

人喜好选择合适的输入法。

1. 输入法的安装

安装 Windows 7 系统提供的输入法的操作方法如下：

（1）右键单击语言栏，在弹出的快捷菜单中选择"设置"命令，如图 2.73 所示。

（2）在打开的"文本服务和输入语言"对话框中单击"添加"按钮，如图 2.74 所示。

图 2.73　"语言栏"菜单　　　　　图 2.74　"文本服务和输入语言"对话框

（3）在"添加输入语言"对话框中勾选要添加的输入法，如"微软拼音-简捷 2010"，单击"确定"按钮，如图 2.75 所示，返回"文本服务和输入语言"对话框。

（4）单击"确定"按钮完成设置。

此时单击任务栏的输入法图标可以看到安装好的"微软拼音-简捷 2010"输入法，如图 2.76 所示。

图 2.75　"添加输入语言"对话框　　　图 2.76　添加的"微软拼音-简捷 2010"输入法

安装非 Windows 7 提供的中文输入法的操作方法如下：

（1）从网上下载输入法的安装包，如极品五笔官方下载地址：http://www.jpwb.net/。

（2）在计算机中找到下载的极品五笔输入法的安装程序，双击即可安装此输入法，如图 2.77 所示。

（3）单击"下一步"直到完成。

在安装过程中，注意可能会有捆绑软件，如图 2.78 所示。如果不希望安装，取消选中复选框即可进行下一步操作。安装完毕后，单击任务栏的输入法图标就可以看到安装好的极品五笔输入法，如图 2.79 所示。

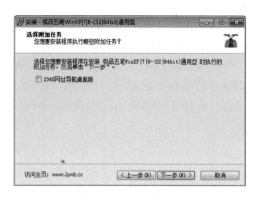

图 2.77　安装开始　　　　　　　　　　　　　图 2.78　捆绑软件选择

2. 输入法的切换

在计算机中一般会安装多种输入法，使用的时候会遇到多种输入法互相切换的问题，此时可以使用鼠标单击语言栏选择要使用的输入法，也可以使用"Ctrl+Shift"组合键快速切换，每按一次快捷键，就会切换一种输入法，顺序循环显示。

3. 删除输入法

某种输入法不常用时可以删除它，打开"文本服务和输入语言"对话框，选中要删除的输入法，单击"删除"按钮，再单击"确定"按钮，如图 2.80 所示。如图 2.81 所示为删除了微软拼音-新体验 2010 输入法。

图 2.79　新安装的极品五笔输入法　　　图 2.80　删除输入法　　　图 2.81　删除输入法后的效果

2.5.4　切换输入模式

1. 切换中/英文输入模式

语言栏的默认设置为英文输入模式，要切换到中文输入模式可以使用"Ctrl+Space"组合键进行中/英文的切换。先按住"Ctrl"键不放，再按一下"Space"键，之后再依次松开"Space"键和"Ctrl"键。

如果是在编辑中文过程中有英文字母要输入，可以在中文输入模式下按"Shift"键切换到英文输入模式，此时标点符号也会变成英文状态；再按一次"Shift"键可以切换到中文输入模式，如图 2.82 所示。

2. 切换全/半角输入模式

在中文输入模式下语言栏会显示一个"全/半角"按钮，按"Shift+Space"组合键可以切换半角和全角的输入模式，如图 2.83 所示。

图 2.82　临时切换中/英文输入模式

图 2.83　切换全/半角输入模式

在半角模式下输入的符号、英文、数字的宽度是中文汉字的一半，为了使文字对齐，可以切换到全角模式下输入，使符号、英文、数字的宽度和汉字一样。全/半角输入模式效果如表 2.7 所示。

表 2.7　全/半角输入模式效果

中文全角	ＡＢＣＤａｂｃｄ１２３４？！、《》
英文全角	ＡＢＣＤａｂｃｄ１２３４？！/＜＞
中文半角	ABCDabcd1234?！、《》
英文半角	ABCDabcd1234?!/<>

2.5.5　使用搜狗拼音输入法

搜狗拼音输入法是一种使用比较广泛、输入速度快、无须记忆并且有智能组词的输入法。从网上下载安装程序后进行安装即可使用。

1. 全拼输入

全拼输入是拼音输入法中最基本的输入方式，如图 2.84 所示。只要使用"Ctrl+Shift"组合键切换到搜狗输入法，在输入窗口输入拼音，依次选择所要的字词即可。可以用翻页键"+""-"或","" 。"进行翻页。

图 2.84　全拼输入

2. 简拼输入

简拼输入是对声母或声母首字母进行输入的一种输入方法，利用简拼可以提高输入的效率。搜狗输入法支持的是声母简拼和声母的首字母简拼，如输入"hbzhb"或"hbzb"都可以输入"环保周报"；搜狗拼音输入法支持简拼和全拼的混合输入，如输入"hbao"或"huanb"都可以输入"环保"。

在候选词比较多的情况下可以选择简拼和全拼混用的模式，这样能够利用最少的输入字母达到最准确的输入效率。打字熟练的人会经常使用全拼和简拼混用的方式。

3. 模糊音设置

模糊音是专门为某些音节容易混淆的人设置的。在某些方言中，有很多音节是与普通话不同的，而这在打字时就造成了很多不便。设置模糊音可以大幅度地提高自己的打字速度。搜狗支持的模糊音如下。

声母模糊音：s ⟷ sh，c ⟷ ch，z ⟷ zh，l ⟷ n，f ⟷ h，r ⟷ l。
韵母模糊音：an ⟷ ang，en ⟷ eng，in ⟷ ing，ian ⟷ iang，uan ⟷ uang。
启用模糊音后，如 z ⟷ zh，无论输入"zong"或"zhong"都可以得到"总、中……"。

4. 使用自定义短语

在输入的过程中，有一些短语会反复出现，搜狗输入法提供了自定义短语的功能，用几个简单的字母能够轻松地输入短语。例如，要将"hniu"定义为"湖南信息职业技术学院"，具体操作方法如下：

（1）单击搜狗状态栏右侧的工具按钮，在弹出的快捷菜单中选择"设置属性"命令，如图 2.85 所示。打开"搜狗拼音输入法设置"对话框，如图 2.86 所示。

图 2.85 "设置属性"命令

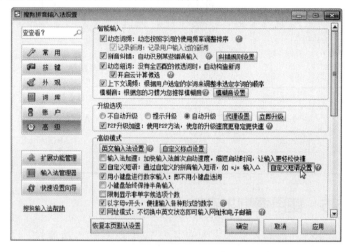
图 2.86 "搜狗拼音输入法设置"对话框

（2）在"高级"选项卡中单击"自定义短语设置"按钮，打开如图 2.87 所示的"搜狗拼音输入法-自定义短语设置"对话框。

（3）单击"添加新定义"按钮，打开如图 2.88 所示的"搜狗拼音输入法-添加自定义短语"对话框，在"缩写"文本框中输入"hniu"，在"短语"文本框中输入"湖南信息职业技术学院"。

图 2.87 "搜狗拼音输入法-自定义短语设置"对话框

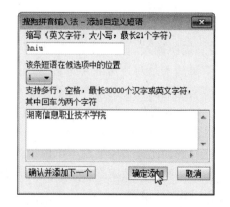
图 2.88 "搜狗拼音输入法-添加自定义短语"对话框

(4) 单击"确定添加"按钮完成设置。

设置完成后，输入"hniu"就会出现"湖南信息职业技术学院"的候选词了。

同步训练 2-26：使用打字软件测试打字速度，速度每分钟 80 个英文字符或 45 个汉字为达标。

2.6 考级辅导

2.6.1 考试要求

1. 一级考试

基本要求：了解操作系统的基本功能和作用，掌握 Windows 的基本操作和应用。

考试内容：

（1）计算机软、硬件系统的组成及主要技术指标。

（2）操作系统的基本概念、功能、组成及分类。

（3）Windows 操作系统的基本概念和常用术语，如文件、文件夹、库等。

（4）Windows 操作系统的基本操作和应用。

（5）桌面外观的设置，基本的网络配置。

（6）熟练掌握资源管理器的操作与应用。

（7）掌握文件、磁盘、显示属性的查看、设置等操作。

（8）中文输入法的安装、删除和选用。

（9）掌握检索文件、查询程序的方法。

（10）了解软、硬件的基本系统工具。

2. 二级考试

基本要求：掌握计算机基础知识及计算机系统组成。

考试内容：

（1）公共基础知识部分的单项选择题。

（2）计算机的操作与应用。

2.6.2 真题练习

1. 在 Windows 7 操作系统中，磁盘维护包括硬盘的检查、清理和碎片整理等功能，碎片整理的目的是（   ）。

　　A．删除磁盘小文件　　　　　　　　B．获得更多磁盘可用空间

　　C．优化磁盘文件存储　　　　　　　D．改善磁盘的清洁度

2. 为了保证独立的微机能够正常工作，必须安装的软件是（   ）。

　　A．操作系统　　B．网站开发工具　　C．高级程序开发语言　　D．办公应用软件

3. 某台微机安装的是 64 位操作系统，"64 位"指的是（   ）。

　　A．CPU 的运算速度，即 CPU 每秒钟能计算 64 位二进制数据

　　B．CPU 的字长，即 CPU 每次能处理 64 位二进制数据

C. CPU 的时钟主频

D. CPU 的型号

4. 计算机操作系统常具备的 5 大功能是（   ）。

A. CPU 管理、显示器管理、键盘管理、打印机管理和鼠标器管理

B. 启动、打印、显示、文件存取和关机

C. 硬盘管理、U 盘管理、CPU 的管理、显示器管理和键盘管理

D. 处理器（CPU）管理、存储器管理、文件管理、设备管理和作业管理

5. Windows 7 是（   ）。

A. 单用户单任务操作系统　　　　　　B. 多用户多任务操作系统

C. 单用户多任务操作系统　　　　　　D. 多用户单任务操作系统

6. 按下列哪个组合键可以实现中文与英文输入方式的切换（   ）。

A. Shift+空格　　B. Shift+Tab　　C. Ctrl+空格　　D. Alt+F6

7. 回收站是以下哪项的一块区域（   ）。

A. 内存　　　　　B. 软盘　　　　　C. 硬盘　　　　　D. CPU

8. 下列关于 Windows 文件名的叙述，错误的是（   ）。

A. 文件名中允许使用竖线"|"　　　　B. 文件名中允许使用空格

C. 文件名中允许使用汉字　　　　　　D. 文件名中允许使用多个圆点分隔符

9. 在 Windows 操作系统中以下说法正确的是（   ）。

A. 在不同的文件夹中不允许建立两个同名的文件或文件夹

B. 在同一文件夹中不允许建立两个同名的文件或文件夹

C. 在根目录下允许建立多个同名的文件或文件夹

D. 同一文件夹中可以建立两个同名的文件或文件夹

10. 在搜索文件或文件夹时，如果输入"*.*"，则将搜索（   ）。

A. 所有含有*的文件　　　　　　　　B. 所有扩展名中含有*的文件

C. 所有文件　　　　　　　　　　　　D. 以上都不对

11. 直接删除文件，不送入回收站的快捷键是（   ）。

A. Alt+Del　　B. Del　　C. Shift+Del　　D. Ctrl+Del

12. 在 Windows 中，文件夹是指（   ）。

A. 文档　　　　　B. 程序　　　　　C. 磁盘　　　　　D. 目录

13. 当 Windows 应用程序被最小化后表示该程序（   ）。

A. 停止运行　　　B. 后台运行　　　C. 不能打开　　　D. 不能关闭

14. 按住（   ）键的同时用鼠标拖动一个文件，可以复制此文件。

A. Ctrl　　　　　B. Alt　　　　　　C. Shift　　　　　D. Home

15. 控制面板的作用是（   ）。

A. 安装管理硬件设备　　　　　　　　B. 进行系统管理和系统设置

C. 改变桌面屏幕设置　　　　　　　　D. 添加/删除应用程序

16. 对话框允许用户（   ）。

A. 最大化　　　　B. 最小化　　　　C. 移动位置　　　D. 改变大小

第3章

网络技术与信息安全

计算机网络是计算机和网络通信技术的结合,随着计算机及通信技术的发展,计算机网络应用已经遍布工作、生活的各个角落,给人们的生活带来极大的方便,如网上银行、网上订票、网上查询、网上购物、收发电子邮件、享受远程医疗和远程教育等。目前,上网的方式有很多种,主要的联网方式有宽带上网和无线上网。通过本章的学习,大家可以走进 Internet 的世界,体验网上冲浪的乐趣,畅游 Internet。

3.1 网络的认识

3.1.1 网络基础

Internet 最早起源于美国国防部高级研究计划署 DARPA(Defence Advanced Research Projects Agency)的前身 ARPAnet,该网于 1969 年投入使用。由此,ARPAnet 成为现代计算机网络诞生的标志。

互联网给全世界带来了非同寻常的机遇。人类经历了农业社会、工业社会,当前正在迈进信息社会。信息作为继材料、能源之后的又一重要战略资源,它的有效开发和充分利用,已经成为社会和经济发展的重要推动力和取得经济发展的重要生产要素,它正在改变着人们的生产方式、工作方式、生活方式和学习方式。

1. 计算机网络的概念

计算机网络(Computer Networks)是指分布在不同地理位置上的具有独立功能的一群计算机,通过通信设备和通信线路相互连接起来,在通信软件的支持下实现数据传输和资源共享的系统。计算机网络不仅可以传输数据,还可以传输图像、声音、视频等多种媒体形式的信息。目前计算机网络已经广泛应用于政治、经济、军事、科学及社会生活的方方面面。

2. 计算机网络的功能

计算机网络的功能主要表现在以下几方面:

（1）数据通信。数据通信是计算机网络最基本的功能。利用这一功能，分处不同地域的人们可以方便地进行数据传递和信息交换。

（2）资源共享。"资源"指的是网络中所有的软件、硬件和数据资源。"共享"指的是网络中的用户都能够部分或全部地享受这些资源。通过资源共享，人们可以互通有无，从而大大提高了资源的利用率。

（3）分布处理。当某台计算机负担过重时，或者该计算机正在处理某项工作时，网络可将新任务转交给空闲的计算机来完成，这样处理能均衡各计算机的负载，提高处理问题的实时性；对大型综合性问题，可将问题各部分交给不同的计算机分头处理，充分利用网络资源，扩大计算机的处理能力，即增强实用性。对于处理复杂问题，多台计算机联合使用并构成高性能的计算机体系，这种协同工作、并行处理要比单独购置高性能的大型计算机便宜得多。

3. **计算机网络的分类**

计算机网络有多种分类方法。按照网络中所使用的传输技术可以分为广播式网络和点到点网络；按照网络的覆盖范围可以分为局域网、城域网、广域网；按照网络拓扑结构可以分为环型网、星型网、总线型网等。计算机网络通常是按覆盖范围来分类的。

（1）局域网（Local Area Network，LAN），又称局部地区网，通信距离通常是几百米到几千米，是目前大多数计算机组网的主要方式。机关网、企业网和校园网都属于局域网。

（2）城域网（Metropolitan Area Network，MAN），是一种介于局域网和广域网之间的高速网络，通信距离一般为几千米到几十千米，传输速率一般在 50Mbps 左右，使用者多为需要在城市内进行高速通信的较大单位和公司等。

（3）广域网（Wide Area Network，WAN），又称远程网，通信距离为几十千米到几千千米，可跨越城市和地区，覆盖全国甚至全世界。广域网常借用现有的公共传输信道进行计算机之间的信息传递，如电话线、微波、卫星或组合信道，互联网就是一种广域网。

4. **计算机网络的拓扑结构**

在计算机网络中，将节点抽象为点，将通信线路抽象为线，就成了点、线组成的几何图形，从而抽象出了网络共同特征的结构图形，这种结构图形就是所谓的网络拓扑结构。网络的基本拓扑结构有总线结构、星状结构、环状结构、树状结构和网状结构。

（1）总线结构：将所有的计算机和打印机等网络资源都连接到一条主干线（总线）上，如图 3.1 所示。总线结构具有布线和连接简单，扩充和删除节点容易，投资少，节点故障不会影响整个网络等优点。但是传送速度比较慢，而且总线本身的故障对系统的破坏是毁灭性的，一旦总线损坏，整个网络都将不可用。

（2）星状结构：所有主机和其他设备均通过一个中央连接单元或集线器（Hub）连接在一起，如图 3.2 所示。星状结构易于管理和维护，安全性好，如果某台计算机损坏不会影响整个网络的运转，但是若集线器遭到破坏，整个网络也会瘫痪。

（3）环状结构：全部的计算机连接成一个逻辑环，数据沿着环传输，从而通过每台计算机，如图 3.3 所示。环状结构的优点在于网络数据传输不会出现冲突和堵塞情况，适于高速、长距离通信。但同时也存在物理链路资源浪费多，且环路构架脆弱，环路中任何一台主机故障都会导致整个环路崩溃的缺陷。

（4）树状结构：节点按层次进行连接，像树一样，有分支、根节点、叶子节点等，信息交换主要在上、下节点之间进行，适用于汇集信息的应用要求，如图 3.4 所示。树状结构具有容易扩展、故障容易分离处理的优点。但是整个网络对根的依赖性很大，一旦发生故障，整个系统将不能正常工作。

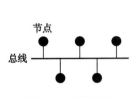
图 3.1　总线结构

图 3.2　星状结构

图 3.3　环状结构

（5）网状结构：节点的连接是任意的、没有规律的，如图 3.5 所示。网状结构的可靠性高，资源共享方便，局部的故障不会影响整个网络的正常运行，扩充灵活简单。但是其网络响应时间短，结构复杂，不易于组网。广域网中基本都采用网状结构。

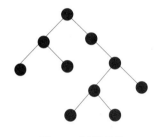
图 3.4　树状结构

图 3.5　网状结构

同步训练 3-1：计算机网络是一个（　　）。
A．在协议控制下的多机互联系统　　　　B．网上购物系统
C．编译系统　　　　　　　　　　　　　D．管理信息系统

同步训练 3-2：某企业需要在一个办公室构建适用于 20 多人的小型办公网络环境，这样的网络环境属于（　　）。
A．城域网　　　　B．局域网　　　　C．广域网　　　　D．互联网

3.1.2　计算机网络的体系结构

一个功能完备的计算机网络需要制定一整套复杂的协议集合，而计算机网络协议就是按照层次结构模型来组织的。我们把网络层次结构模型与各层协议的集合称为计算机网络体系结构。

1．OSI 模型

国际标准化组织（International Organization for Standardization，ISO）于 1978 年提出了开放系统互连（Open System Interconnect，OSI）模型。OSI 模型将网络结构划分为 7 层，并规定了每个层次的具体功能及通信协议。如果一个计算机网络按照 7 层协议进行通信，这个网络就成为所谓的"开放系统"，就可以跟其他遵守同样协议的"开放系统"进行通信，实现不同的网络之间的互联。

如图 3.6 所示为相互通信的两个节点（主机 A 和主机 B）及它们通信时使用的 7 层协议。数据从 A 端到 B 端通信时，先由 A 端的第 7 层开始，经过下面各层间的接口，到达底层——物理层，再经过物理层下的传输介质（如同轴电缆）及中间节点的交换，传到 B 端的物理层，穿过 B 端各层直到 B 端的最高层——应用层。各个高层之间并没有实际的介质连接，只存在着

虚拟逻辑上的连接，即逻辑上的信道。

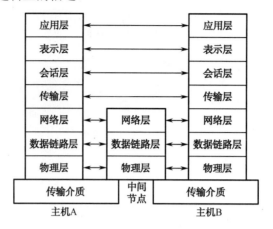

图 3.6　OSI 模型

在 OSI 模型中，每层协议都建立在下一层的基础上，并向上一层提供服务。第 1~3 层属于通信子网层，提供通信功能；第 5~7 层属于资源子网层，提供资源共享功能；第 4 层（传输层）起着衔接上下三层的作用。每层的主要功能如表 3.1 所示。

表 3.1　OSI 模型各层功能

分　　层	功　　能
应用层	提供与用户应用有关的功能
表示层	解决数据格式转换
会话层	进行两个应用进程之间的通信控制
传输层	保证数据可靠地从发送节点到达目标节点
网络层	解决多节点传送时的可靠传输通路
数据链路层	进行二进制数据流的传输
物理层	组成物理通路

2．TCP/IP 网络体系结构

OSI 参考模型从理论上来说是一个试图达到理想标准的网络体系结构，一直到 20 世纪 90 年代初，整套标准才指定完善。尽管 OSI 参考模型层次清晰、便于论述，得到了计算机网络理论界的推崇，但是符合该模型标准的网络却从来没有被实现过。TCP/IP 网络体系结构成为事实上的国际标准，并沿用至今。

TCP/IP 参考模型将不同的通信功能集成到不同的网络层次，形成了一个具有 4 个层次的体系结构，从高层到低层依次是应用层、传输层、网际互联层和网络接口层，TCP/IP 的体系结构与 OSI 参考模型的对应关系如图 3.7 所示。

TCP/IP 提供了一整套数据通信协议，该协议由传输控制协议（Transmission Control Protocol，TCP）和网际协议（Internet Protocol，IP）组成，简单地说，TCP 提供传输层服务，负责发现传输的问题，一有问题就发出信号，要求重新传输，直到所有数据安全正确地传输到目的地；而 IP 提供网络层服务，给 Internet 的每一台联网设备规定一个地址。

第3章 网络技术与信息安全

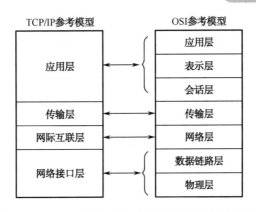

图 3.7 TCP/IP 体系结构与 OSI 参考模型的对应关系

同步训练 3-3：Internet 的 4 层结构分别是（　　）。
A．应用层、传输层、通信子网层和物理层
B．应用层、表示层、传输层和网络层
C．物理层、数据链路层、网络层和传输层
D．应用层、传输层、网际互联层和网络接口层

3.1.3 网络硬件

网络通信可以分为有线通信和无线通信。有线通信所需的传输介质有双绞线、同轴电缆和光纤等。无线通信主要包括微波、红外线等。现在比较流行的使用方式是局域网由双绞线连接到桌面，光纤作为通信干线，卫星通信用于国界传输。

1．计算机网络的传输介质

传输介质是信号传输的媒体，常用的介质如下。

（1）双绞线。双绞线由几对绝缘的导线扭绞而成，然后接入水晶头，如图 3.8 所示。导线成对地扭绞在一起可以降低相互之间的电磁干扰。双绞线价格低廉、安装容易，但抗干扰性差，其传输距离约为 130m。

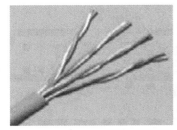
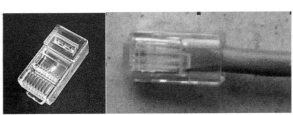

图 3.8 双绞线及水晶头

（2）同轴电缆。同轴电缆中的材料是共轴的，同轴电缆的内导体是圆形的铜质实心线，外导体是一个由金属丝编织而成的柱形网，内外导体之间填充绝缘介质，如图 3.9 所示。同轴电缆的带宽只有 10Mbps，且只适用于构建总线型网络，不能灵活组网。目前，局域网的组网一般都不使用同轴电缆。

（3）光纤。光纤由芯线、包层玻璃、吸收层三部分加上一个保护套组成，如图 3.10 所示。

光纤上传输的是光信号,不受电磁干扰,不易被窃听,安全性好;传输频带宽,传输速率高,损耗低,传输距离大,适用于中、远距离传输数据。但其也有质地脆、机械强度低和安装链接技术要求高等缺点。

图 3.9　同轴电缆　　　　　　　　图 3.10　光纤

(4) 无线传输介质。无线传输使用不同频率的电磁波,采用包括无线电传输、地面微波通信、卫星通信、红外线和激光通信等方式。其中,地面微波通信和卫星通信使用的主要波段是微波波段,因此卫星通信也称为卫星微波通信。

2. 网络互联设备

要把若干台计算机组成小局域网且与其他网络连接,需要一些特殊的网络硬件设备。

(1) 网卡(Network Interface Card):也称网络适配器,通常安装在计算机的扩展槽上,用于计算机和通信电缆的连接,使计算机之间进行高速数据传输。

(2) 集线器(Hub):计算机网络中连接多个计算机或其他设备的连接设备。在局域网中使用集线器是为了提供多个接口,将多台计算机连接在一起,从而构成一个星型结构的局域网。

(3) 交换机(Switch):在局域网中主要用于连接工作站、集成器和服务器。它不仅有集线器的"分线盒"功能,还可以克服网络阻塞的弊病,数据传输效率更高。

(4) 路由器(Router):负责不同广域网中各局域网之间的地址查找(建立路由)、信息包翻译和交换,实现计算机网络设备与通信设备的连接和信息传递,是实现局域网与广域网互联的主要设备。

(5) 网桥(Bridge):用于实现相同类型局域网之间的互联,达到扩大局域网覆盖范围和保证各局域子网安全的目的。

(6) 调制解调器(MODEM):能把计算机的数字信号翻译成可沿普通电话线传送的脉冲信号,而这些脉冲信号又可被线路另一端的另一个调制解调器接收,并译成计算机懂得的语言,从而完成两台计算机之间的通信。它是计算机通过电话线接入 Internet 的必备设备。

(7) 无线 AP(Access Point):也称无线访问点或无线桥接器,任何一台装有无线网卡的主机通过无线 AP 都可以连接到有线局域网络。工作原理是将网络信号通过双绞线传送过来,转换成无线电信号发送出去,形成无线网的覆盖。一般无线 AP 的最大覆盖距离可达 300m。

部分网络互联设备如图 3.11 所示。

同步训练 3-4: 某企业为了构建网络办公环境,每位员工使用的计算机上应当具备(　　)设备。

　　A.网卡　　　　　　B.摄像头　　　　　　C.无线鼠标　　　　　　D.双显示器

同步训练 3-5: 某家庭采用 ADSL 宽带接入方式连接 Internet,ADSL 调制解调器连接一个无线路由器,家中的计算机、手机、电视机、PAD 等设备均可通过 WIFI 实现无线上网,该网络拓扑结构是(　　)。

　　A.环状结构　　　　B.总线结构　　　　C.网状结构　　　　D.星状结构

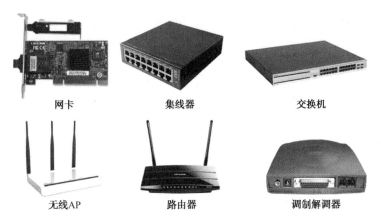

图 3.11 部分网络互联设备

3.2 Internet 的认识和接入

3.2.1 认识 Internet

Internet 是一个全球性的计算机网络系统，它连接了成千上万、各种各样的计算机系统和网络，包括个人计算机、各种局域网和广域网及大型系统工作站。这些计算机系统和网络可以位于世界任何角落，不管是家庭、学校或企业，也不管在中国、美国或加拿大，只要连入 Internet，就可以享用网上所有的信息资源和网络服务，也可以将自己的信息资源放在 Internet 上，与其他人共享和交流。Internet 提供了电子邮件、文件传输、远程登录、万维网交互式信息浏览和其他服务（网络论坛、电子商务、文件查询等）。

1. IP 地址

在 Internet 中，要准确地在计算机之间进行通信，就必须对计算机在网络上的位置进行唯一标识，这种标识就是 IP 地址，也称网际协议地址。IPv4 中规定 IP 地址是一个 32 位的二进制数，即 IP 地址占 4 个字节，为了方便用户理解与记忆，通常采用"点分十进制"表示法，其方法是，每 8 位二进制数为一组，每组用 1 个十进制数表示（0～255），每组之间用小数点"."隔开。例如，01110101 01100101 00101101 01101111，用"点分十进制"表示为 117.101.45.111。

一个 IP 地址由网络号和主机号两部分组成，其中网络号的长度决定整个 Internet 中能包含多少个网络；主机号长度则决定每个网络能容纳多少台主机，如图 3.12 所示。

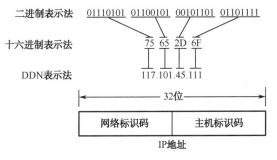

图 3.12 IP 地址及组成

为了给不同规模的网络提供必要的灵活性，IP地址的设计者将IP地址空间划分为5个不同的地址类别，如图3.13所示。其中A类、B类和C类地址是用户使用的地址；D类地址称为组播（Multicast）地址；E类地址尚未使用，保留给将来的特殊用途。

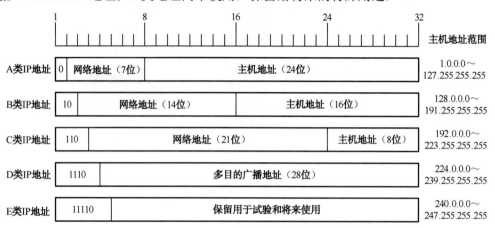

图3.13　IP地址分类

IP地址的分配主要有静态分配和动态分配两种方法。
- 静态分配：指定固定的IP地址，配置操作需要在每台主机上进行，缺点是配置和修改工作量大，不便统一管理。
- 动态分配：自动获取由动态主机配置协议（DHCP）服务器分配的IP地址，且IP地址不固定，优点是配置和修改工作量小，便于统一管理。

服务器必须使用静态地址。此外，在网络设置中还经常提到"默认网关"，它是指与主机连在同一个子网对的路由器IP地址，也称为默认路由。

> **学习提示**
> IPv4是互联网协议（Internet Protocol，IP）的第四版，也是第一个被广泛使用，构成现今互联网技术的基石的协议。传统的TCP/IP协议基于IPv4属于第二代互联网技术，核心技术属于美国。它的最大问题是网络地址资源有限，从理论上讲，编址1600万个网络、40亿台主机。但采用A、B、C三类编址方式后，可用的网络地址和主机地址的数目大打折扣，以至IP地址已经枯竭。
> IPv6是Internet Protocol Version 6的缩写，其中Internet Protocol译为"互联网协议"。IPv6是IETF（Internet Engineering Task Force，互联网工程任务组）设计的用于替代现行版本IP协议（IPv4）的下一代IP协议。

2．域名

使用数字的IP地址很难让人记住，而且从IP地址本身也得不到更多的信息。域名是互联网中用于解决地址对应问题的一种方法。域名的功能是映射互联网上服务器的IP地址，从而使人们能够与这些服务器连通。每个域名对应一个IP地址，而且在全球是唯一的。域名和IP地址的关系就像一个人的姓名和身份证号码之间的关系，显然，记忆人的姓名比记忆身份证号码要容易。

按照DNS的规定，入网的计算机都采用层次结构的域名，从左向右分别为：

主机名.三级域名.二级域名.顶级域名

主机名.机构名.网络名.顶级域名

域名一般为英文字母、汉语拼音、数字或其他字符。各级域名之间用"."分隔，从右到左各部分之间是上层对下层的包含关系。例如，湖南信息职业技术学院的域名是 www.hniu.cn，cn 是第一级域名，代表中国的计算机网络，hniu 是主机名，采用的是湖南信息职业技术学院的英文缩写。

在国际上，第一级域名采用通用的标准代码，分为组织机构和地址模式两类。除美国以外的国家都用主机所在的国家和地区名称作为第一级域名，如 cn（中国）、jp（日本）、kr（韩国）、uk（英国）等。我国的第一级域名是 cn，第二级域名也分为类别域名和地区域名，其中地区域名有 bj（北京）、sh（上海）、cs（长沙）等。常见的类别域名如表 3.2 所示。

表 3.2 常见的类别域名

域 名 缩 写	组织/机构类型	域 名 缩 写	组织/机构类型
com	商业机构	edu	教育机构
gov	政府机构	mil	军事机构
net	网络服务提供组织	org	非营利性组织
int	国际性机构		

关于域名需要注意以下几点：
- 域名不区分大小写。
- 整个域名的长度不可超过 255 个字符。
- 一台计算机一般只能拥有一个 IP 地址，但可以拥有多个域名地址。
- IP 地址与域名间转换由域名服务器 DNS 完成。

3. DNS

域名和 IP 地址都表示主机的地址，实际上是一件事物的不同表示。当用域名访问网络上某个资源地址时，必须获得与这个域名相匹配的真正的 IP 地址，域名解析服务器（Domain Name Server，DNS）可以实现 IP 地址与域名的相互转换。用户可以将希望转换的域名放在一个 DNS 请求信息中，并将这个请求发送给 DNS 服务器，DNS 从请求中取出域名，将它转换为对应的 IP 地址，然后在应答中将结果地址返回给用户。

同步训练 3-6：以下所列的正确的 IP 地址是（   ）。
A．202.112.111.1   B．202.202.5   C．202.258.14.12   D．202.3.3.256

同步训练 3-7：有一域名为 bit.edu.cn，根据域名代码的规定，此域名表示（   ）。
A．教育机构   B．商业组织   C．军事部门   D．政府机关

3.2.2 Internet 的接入

要使用 Internet 首先得接入 Internet，Internet 的接入方式有：电话线接入，如 ASDL；专线接入即通过 Internet 服务提供商（ISP）接入；无线连接；局域网连接。目前 ISDN（综合业务数字网，又称为"一线通"）可以实现上网通话两不误。

1. ASDL 宽带上网

用电话线接入的 Internet 的主流技术是 ADSL（非对称数字用户线路）。采用 ADSL 接入互联网，除了需要一台带有网卡的计算机和一条直拨电话线外，还需要向一个合适的 Internet 服

务提供商 ISP（Internet Service Provider）提出申请，如中国移动、中国联通、中国电信等。ISP 一般提供分配 IP 地址、网关、DNS、联网软件、各种 Internet 服务和接入服务等。例如，向电信部门申请 ADSL 业务，由相关服务部门负责安装话音分离器、ADSL 调制解调器和拨号软件。

2. 局域网连接

同一局域网内的几台计算机，通过非屏蔽的五类双绞线连接在一起，共用一个账号连入 Internet，这就是局域网共享 Internet 的基本思想。这种方法适用于家庭中有两台以上计算机的用户，以及各高校校园寝室内部局域网和中小企业内部局域网。

3. 通过无线网卡无线上网

要想通过无线网络上网，每台要使用无线网络的计算机必须安装无线网卡。一般在购买个人计算机时不会配备无线网卡，需要额外购买安装；而笔记本电脑大多已内置无线网络功能，无须再购买安装无线网卡即可使用。

同步训练 3-8： 用"ISDN"接入 Internet 的优点是上网通话两不误，它的中文名称是（   ）。
A．综合数字网　　　　　　　　　B．综合数字电话网
C．业务数字网　　　　　　　　　D．综合业务数字网

3.2.3　局域网组建

多台安装了 Windows 7 操作系统的计算机需要组网共享，或者联机游戏和办公，就需要使用 Windows 7 的"家庭组"的家庭网络辅助功能来实现计算机互联，直接共享文档、照片、音乐等各种资源，还可以对打印机进行更方便的共享。

1. 检查计算机网络硬件设备的状态

（1）右击"计算机"图标，在弹出的快捷菜单中选择"管理"命令，打开"计算机管理"窗口。

（2）选择窗口左侧的"设备管理器"选项，在右侧的"设备管理器"区域单击"网络适配器"，可以查看当前计算机中网卡的情况。如图 3.14 所示显示当前计算机安装了一块网卡，正确安装了驱动程序，处于可工作状态。

2. 为网卡配置正确的网络参数

为计算机设置 IP 地址"172.16.83.10"、子网掩码"255.255.255.0"、网关"172.16.83.254"、DNS"222.246.129.80"的操作方法如下：

（1）单击任务栏右侧通知区域的"网络"图标 ，在弹出的快捷菜单中选择"打开网络和共享中心"选项，弹出如图 3.15 所示的"网络和共享中心"窗口。

（2）窗口的右侧显示了本计算机的基本网络设置信息。选择窗口左侧的"更改适配器设置"选项，选择需要配置网络连接，单击右键，在弹出的快捷菜单中选择"属性"命令，弹出如图 3.16 所示的"本地连接 属性"对话框。

（3）在"此连接使用下列项目"列表框中选择"Internet 协议版本 4（TCP/IPv4）"选项，单击"属性"按钮，打开如图 3.17 所示的"Internet 协议版本 4（TCP/IPv4）属性"对话框。

（4）选择"使用下面的 IP 地址"，在"IP 地址"中输入"172.16.83.10"、"子网掩码"中输入"255.255.255.0"、"默认网关"中输入"172.16.83.254"，选中"使用下面的 DNS 服务器地址"单选按钮，在"首选 DNS 服务器"中输入"222.246.129.80"，单击"确定"按钮，如图 3.16 所示。

图 3.14 "计算机管理"窗口

图 3.15 "网络和共享中心"窗口

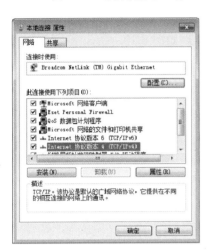
图 3.16 "本地连接 属性"对话框

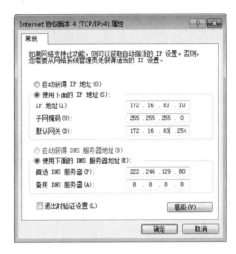
图 3.17 "Internet 协议版本 4（TCP/IPv4）属性"对话框

学习提示

在一个局域网内，每个 IP 地址只能赋予一台主机，否则会造成地址冲突。如果选中"自动获取 IP 地址"单选按钮，计算机将自动从网络的 DHCP（Dynamic Host Configuration Protocol，动态主机配置协议）服务器上获取 IP 地址、子网掩码及网关等信息。

3. 在 Windows 7 中创建家庭组

创建家庭组的计算机必须安装 Windows 7 家庭高级版、Windows 7 专业版或 Windows 7 旗舰版。安装 Windows 7 家庭普通版的计算机可以加入家庭网，但是不能作为创建网络的主机使用。

（1）在 Windows 7 系统的控制面板上选择"网络和 Internet"组，单击其中的"选择家庭组和共享选项"，就可以在界面中看到家庭组的设置区域，单击"创建家庭组"选项弹出如图 3.18 所示的"创建家庭组"窗口，就可以开始创建一个全新的家庭局域网。

如果当前网络不是家庭网络，需要在"网络和共享中心"窗口中单击活动网络下的网络位置（工作网络或公用网络），在弹出的如图 3.19 所示的"设置网络位置"窗口中修改为家庭网络。

图 3.18 "创建家庭组"窗口　　　　　　图 3.19 "设置网络位置"窗口

（2）单击"立即加入"按钮打开创建家庭网向导，选择要与家庭网络共享的文件类型，默认共享的内容是图片、音乐、视频、文档和打印机 5 个选项，如图 3.20 所示。除了打印机之外，其他 4 个选项分别对应系统中默认存在的几个共享文件。

（3）单击"下一步"按钮，Windows 7 家庭组创建向导会自动生成一串密码，其他计算机通过 Windows 家庭组连接进来时必须输入该密码，密码也可以在后面的设置中进行修改，如图 3.21 所示。

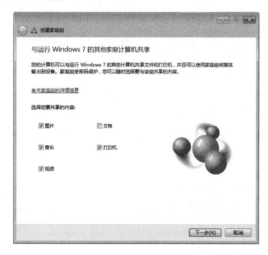 

图 3.20　创建家庭组向导　　　　　　图 3.21　查看并打印家庭组密码

（4）单击"完成"按钮完成家庭组的创建。

4．设置文件夹的共享

（1）在计算机窗口中，右击要共享的文件夹，在弹出的快捷菜单中选择"属性"命令，弹出如图 3.22 所示的"属性"对话框，选择"共享"选项卡。

（2）单击"共享"按钮，弹出如图 3.23 所示的"文件共享"对话框，键入名称处的下拉列表中选择"everyone"，单击"添加"按钮。

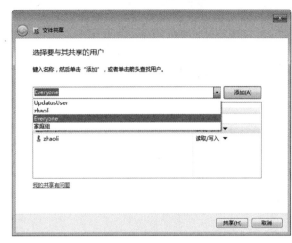

图 3.22 文件夹 "属性" 对话框　　　　图 3.23 "文件共享" 对话框

（3）如果需要设置该文件夹的用户权限，可再单击对应的"权限级别"下拉按钮，设置权限为"读取""读/写"或"删除"，如图 3.24 所示。

（4）单击"共享"按钮，再单击"完成"按钮，完成对共享文件夹的设定。

5. 使用共享的文件夹

（1）在"控制面板"窗口中单击"网络和共享中心"组的"查看网络计算机和设备"选项，打开如图 3.25 所示的"网络"窗口，窗口中显示了联网的计算机名称，双击含有共享驱动器或文件夹的计算机，即可显示共享的驱动器或文件夹。

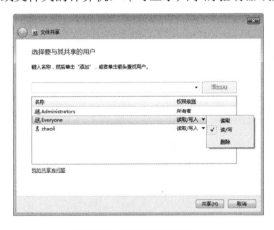

图 3.24 设置共享权限　　　　图 3.25 "网络"窗口

（2）双击该窗口下的某一共享文件夹，就可以看到该共享文件夹下的所有共享信息，这时用户可以访问该共享文件夹的所有文件。

6. 设置打印机共享

打印机是最常用的办公设备之一，可以在局域网内设置共享打印机，步骤如下。

（1）打开"开始"菜单，选择"设备和打印机"命令，打开"设备和打印机"窗口，右击打印机图标，在弹出的快捷菜单中选择"打印机属性"命令，如图 3.26 所示。

图 3.26 "设备和打印机"窗口

(2)在弹出的打印机"属性"对话框中选择"共享"选项卡,勾选"共享这台打印机"复选框,然后在"共享名"文本框中输入共享的打印机名称,如图 3.27 所示。

(3)单击"确定"按钮完成打印机的共享设置。

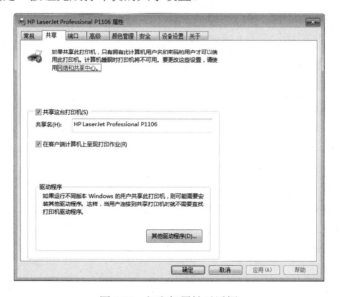

图 3.27 打印机属性对话框

同步训练:3-9:为计算机设置 IP 地址"10.1.2.173"、子网掩码"255.255.0.0",网关设置为"10.1.0.1",DNS 设置为"58.20.127.170"。

3.3 Internet 的应用

3.3.1 浏览网页

要浏览网页，就必须在计算机上安装一个浏览器，浏览器是 Web 服务的客户端浏览程序，可向 Web 服务器发送各种请求，并对从服务器发来的超文本信息和各种多媒体数据格式进行解释、显示和播放。目前，主流的浏览器主要包括 Chrome、Safari、Firefox、Internet Explorer、Opera、傲游等。

1. 万维网

WWW 是环球信息网（World Wide Web）的缩写，也可以简称为 Web，中文名字为万维网。WWW 可以将各种各样的信息有机地结合起来，方便用户阅读和查找。例如，在网上浏览新闻的时候，如果鼠标停留在网页上某处（可能是图片、文字或其他）时出现 ，说明这里包含一个有关新闻的"链接"，单击后可以浏览，这个链接就叫"超级链接"（Hyperlink）。这种不仅包含文本信息，还包含声音、图像和视频等多媒体信息的超级链接的文件称为"超文本"（Hypertext）。超文本包含可以链接到其他位置或文档的链接，允许从当前阅读位置直接切换到超文本链接所指向的位置。

浏览 WWW 就是浏览存放在 WWW 服务器上的超文本文件——网页（Web 页），它们一般由超文本标记语言（HTML）编写而成，并在超文本传输协议（HTTP）支持下运行。一个网站通常包含许多网页，其中网站的第一个网页称为首页（主页），它主要体现该网站的特点和服务项目，起到目录的作用。WWW 中的每个网页都对应唯一的地址，用 URL 来表示。

2. URL

URL 是统一资源定位器（Uniform Resource Locator，URL），就是把 Internet 网络中的每个资源文件都统一命名的机制，也叫网址，用来描述 Web 页的地址和访问它所使用的协议。URL 包括所使用的传输协议、服务器名称和完整的文件路径名。例如，在浏览器中输入 URL 如下：http://www.hniu.cn/374_717.html，浏览器就会明白需要使用 HTTP 协议，然后从域名 hniu.cn 的 WWW 服务器中寻找 374_717.html 超文本文件。

3. 浏览器的使用

Windows 7 操作系统的默认浏览器为 Internet Explorer 9（简称 IE9），它的基本使用方法如下。

（1）IE 浏览器的启动。

方法 1：单击"开始"→"所有程序"→"Internet Explorer"命令启动 IE。

方法 2：单击快速启动栏中的"启动 IE 浏览器"按钮 可启动 IE。

方法 3：双击桌面上的 IE 图标 。

（2）IE 浏览器的关闭。

方法 1：单击窗口的 按钮。

方法 2：通过任务栏关闭，单击任务栏上的 IE 图标，在弹出的缩略图中单击 按钮，如图 3.28 所示。

图 3.28　通过任务栏关闭 IE

方法 3：按"Alt+F4"组合键。

（3）IE 浏览器窗口的组成。

IE 浏览器窗口的组成如图 3.29 所示。

图 3.29　IE 浏览器窗口的组成

IE 浏览器窗口的各部分功能如表 3.3 所示。

表 3.3　IE 浏览器窗口组成及功能

IE 浏览器窗口组成	功　　能
"后退"按钮	返回到前一个显示页
"前进"按钮	转到下一显示页，如果没有使用"后退"按钮，那么"前进"按钮则处于非激活状态
"搜索"按钮	打开 Internet 搜索工具，提供搜索功能
"刷新/停止"按钮	重新启动当前网页/停止当前显示操作
"最小化、最大化/还原、关闭"按钮	实现 IE 窗口的最小化、最大化/还原和关闭 IE 窗口
"收藏夹"按钮	列出用户收藏的网页链接，也可将当前网页添加到收藏夹
"工具"按钮	设置打印、缩放、全屏浏览等内容
"主页"按钮	把当前网页转换成主页（启动 Internet Explorer 显示的第一个网页）
地址栏	在地址栏键入网页地址（URL）或文档路径以访问网页，地址栏显示的是当前网页地址
菜单栏	包括一系列控制 IE 操作的菜单命令和附加信息
标题栏	显示当前正在浏览的 Web 页面的标题
状态栏	位于 IE 窗口的底部，显示关于当前页面及浏览器的一些状态信息

续表

IE 浏览器窗口组成	功　能
页面浏览窗口	页面浏览窗口显示的是超文本文件的正文，它可以显示文本、图像、动画和视频等信息。网页中有链接的文字或图片会显示不同的颜色或有下画线，将鼠标移动到这些文字或图片处时，鼠标指针会变成"小手"的形状，单击该链接，IE 就会转向打开链接的网页
右键菜单	在 IE 工具栏的空白区域单击鼠标右键时会弹出，可以设置工具栏的显示内容，如是否显示菜单栏、是否将选项卡单独一行显示出来
"更改缩放级别"下拉列表	展开更改缩放级别下拉列表，可以选择放大或缩小页面显示，也可以使用 Ctrl+鼠标滚轮实现

（4）查找页面内容。

要在 Web 页浏览指定内容可以使用 IE 提供的在当前页面查找的功能。单击"编辑"菜单的"在此页上查找（F）"菜单命令，或者直接按"Ctrl+F"组合键，打开"查找"对话框，如图 3.30 所示。在"查找"文本框中输入要查找的关键字，单击"下一个"按钮，IE 浏览器窗口会自动滚到与关键字匹配的部分，并反色高亮显示关键字。若此部分内容不是想浏览的内容，再次单击"下一个"按钮。

图 3.30 "查找"对话框

同步训练 3-10：IE 浏览器收藏夹的作用是（　　）。
A．收集感兴趣的页面地址　　　　B．记忆感兴趣的页面内容
C．收集感兴趣的文件内容　　　　D．收集感兴趣的文件名

同步训练 3-11：打开"网易新闻"网页，地址是 http://news.163.com，打开任意一条新闻的页面进行浏览，并将页面以文本文件方式保存到指定文件夹下。

步骤 1．打开浏览器，在地址栏中输入 http://news.163.com。

步骤 2．单击"搜索"按钮，或者按"Enter"键，浏览新闻。

步骤 3．单击新闻标题进入新闻页面，在"文件"中选择"另存为（A）"菜单命令，打开"保存网页"对话框，如图 3.31 所示。

图 3.31 "保存网页"对话框

步骤 4．在对话框中选择保存路径，输入文件名，保存类型选择"文本文件（.txt）"，然后单击"保存"按钮。

3.3.2 电子邮件的使用

随着计算机的发展与普及，电子邮件已成为一种广泛的现代化通信手段。通过 Internet 的电子邮件系统，人们可以向世界任何一个角落的朋友发送信息，不仅可以发送文字信息，还可以发送各种声音、图像和影像等多媒体信息。

1．电子邮件地址

E-mail 要在 Internet 上传递，并准确无误地到达收件人手中，对方必须有一个全世界唯一的地址，这个地址就是电子邮件地址。电子邮件地址是由一串英文字母和特殊符号组成的，如 Username@hostname，其中"Username"是用户申请的账号，即用户名；符号"@"读作"at"，表示"在"的意思；"hostname"是邮件服务器的域名，即主机名，用来标识服务器在 Internet 中的位置，格式一般为"邮件服务器名.域名"，如 hniujsj@163.com 就是合法的邮件地址名称。

2．电子邮件的格式

电子邮件由信头和信体两部分组成。

（1）信头相当于信封，包括如下内容。

发送人：发送者的 E-mail 地址。

收件人：收件人的 E-mail 地址，多个收件人地址用分号（;）或逗号（,）隔开。

抄送：表示发送给收件人的同时也可以发送到其他人的 E-mail 地址，可以是多个地址。

主题：信件的标题。

（2）信体相当于信件的内容，可以是单纯的文字，也可以是超文本，还可以包含附件。

3．传递电子邮件的方式

电子邮件系统采用"存储转发"的方式传递邮件。用户不能把电子邮件直接发到收件人的计算机中，而是发送到一个相当于"邮局"的 ISP 服务器中，这是因为收件人的计算机并不总是处于开启或处于与 Internet 连接的状态，而 ISP 服务器每时每刻都在运行，管理着众多用户的电子信箱。ISP 在服务器的硬盘上为每个注册用户开辟了一定容量的磁盘空间作为"电子邮箱"，当有新邮件到来时，就暂时存放在电子邮箱中，用户可以不定期地从自己的电子邮箱中下载邮件。

同步训练 3-12：下列几项中，合法的电子邮件地址是（　　）。

A．Hu-em.163.com.cn　　　　　　B．em.163.com,cn-Hu

C．em.163.com.cn@Hu　　　　　　D．Hu@163.com

同步训练 3-13：关于电子邮件，下列说法错误的是（　　）。

A．发件人必须有自己的 E-mail 账户　　B．必须知道收件人的 E-mail 地址

C．收件人必须有自己的邮政编码　　　　D．可以使用 Outlook 管理联系人信息

3.3.3 搜索引擎查询资料

Internet 发展到今天，不仅改变了人类的通信方式，而且形成了一个上至天文、下至地理、无所不包的信息资源库，学会使用搜索引擎是充分利用网络资源所必需的。

通过搜索引擎，只需要给出查询条件，它就能把符合查询条件的资料信息从数据库中搜索

出来，并列出这些 Web 页的地址列表，只要链接这些地址就可以找到所需要的信息。

Internet 上有许多世界知名的搜索引擎站点，如众所周知的谷歌（www.google.com）、必应（www.bing.com）等，同样 Internet 在我国发展到今天，也产生了许多有影响的中文搜索引擎站点，如百度（www.baidu.com）、搜狗（www.sogou.com）、有道（www.youdao.com）等。

在进行搜索之前要做好三项准备工作：选定搜索引擎、选定搜索功能、了解所选搜索引擎的搜索方法；确定搜索概念或意图，选择描述这些概念的关键字及其同义词或近义词；建立搜索表达式，使用符合该搜索引擎语法的正确表达式之后开始搜索。以下搜索结果均基于必应搜索引擎。

1. 双引号

说明：把搜索词放在双引号中，代表完全匹配搜索，也就是说搜索结果返回的页面包含双引号中出现的所有的词，连顺序也必须完全匹配。

搜索："搜索引擎技巧"

结果：有 2500 条包含"搜索引擎技巧"的查询结果。

2. 减号

说明：减号代表搜索不包含减号后面的词的页面。使用这个指令时减号前面必须是空格，减号后面没有空格，紧跟着需要排除的词。

搜索：搜索 -引擎

结果：约有 51500000 条包含"搜索"却不包含"引擎"这个词的页面结果。

3. inurl

说明：用于搜索查询词出现在 url 中的页面。inurl 指令支持中文和英文。

搜索：inurl：搜索引擎优化

结果：约有 23900 条网址 url 中包含"搜索引擎优化"的结果。

4. intitle

说明：指令返回的是页面 title 中包含关键词的页面。

搜索：intitle：搜索引擎

结果：约有 33300 条符合 intitle：搜索引擎的查询结果。

5. filetype

说明：用于搜索特定文件格式。

搜索：搜索引擎 filetype：pdf

结果：约有 13200 条包含"搜索引擎"这个关键词的 pdf 文件。

6. site

说明：用于搜索某个域名下的所有文件，即对搜索的网站进行限制。

搜索：搜索引擎技巧 site:www.edu.cn

结果：中文教育科研网站 www.edu.cn 上约有 62000 项符合搜索引擎技巧的查询结果。

学习提示

如果返回的结果是"没有找到匹配的网页"或"返回 0 个页面"，这时一般要检查关键字中有没有错别字、语法错误或换用不同的关键词重新搜索；也可能是有的搜索表达式所设定的范围太窄了，可以将原关键词拆成几个关键词进行搜索，词和词之间用空格隔开。

如果返回的结果很多，而且许多结果与需要的主题无关，这时一般需要排除含有某些词语的资料以利于缩小查询范围；大家可以通过高级查询使搜索功能更完善、信息检索更准确。

同步训练 3-14：在网上搜索关于"大学生创新创业"的资料。

3.4 网络安全

3.4.1 认识计算机病毒

广义上讲，凡能够引起计算机故障、破坏计算机数据的程序都应称为计算机病毒。1994年我国正式颁布实施的《中华人民共和国计算机信息系统安全保护条例》第二十八条中明确指出："计算机病毒，是指编制或在计算机程序中插入的破坏计算机功能或毁坏数据，影响计算机使用，并能自我复制的一组计算机指令或程序代码。"

"计算机病毒"，为什么叫作病毒（Virus）？原因在于"计算机病毒"与生物医学上的"病毒"同样有传染和破坏的特性，因此这一名词是由生物医学上的"病毒"概念引申和借鉴而来的。与医学上的"病毒"不同，它不是天然存在的，是某些人利用计算机软、硬件所固有的脆弱性，编制的具有特殊功能的程序。

1. 计算机病毒的特点

计算机病毒通常具有以下特点：

（1）寄生性。计算机病毒寄生在其他程序之中，当执行这个程序时，病毒就起破坏作用，而在未启动这个程序之前，它不易被人发觉。

（2）传染性。传染性是计算机病毒的最重要特征。计算机病毒可从一个文件传染到另一个文件，从一台计算机传染到另一台计算机，可在计算机网络中寄生并广泛传播。

（3）潜伏性。计算机病毒在传染给一台计算机后，只有满足一定条件才能执行（发作），在条件未满足前，一直潜伏着。

（4）隐蔽性。计算机病毒程序编制得都比较"巧妙"，并常以分散、多处隐蔽的方式隐藏在可执行文件或数据中，未发起攻击时不易被人发觉。

（5）激发性。计算机病毒感染了一台计算机系统后，就时刻监视系统的运行，一旦满足一定的条件，便立刻被激活并发起攻击，这称为激发性。例如，黑色星期五病毒只在 13 日正好是星期五时发作。

2. 计算机病毒的分类

计算机病毒的数量现仍在不断增加，但世界上究竟有多少种病毒，说法不一，分类也不统一。按传染方式可分为引导型病毒、文件型病毒和混合型病毒等。

（1）引导型病毒：寄生在磁盘引导区或主引导区的计算机病毒。此种病毒利用系统引导时，不对主引导区的内容正确与否进行判别的缺点，在引导型系统的过程中侵入系统，驻留内存，监视系统运行，待机传染和破坏。

（2）文件型病毒：主要通过感染计算机中的可执行文件（.exe）和命令文件（.com）。文件型病毒是对计算机的源文件进行修改，使其成为新的带毒文件，一旦计算机运行该文件就会被感染，从而达到传播的目的。

（3）混合型病毒：具有引导型病毒和文件型病毒寄生方式的计算机病毒。

3. 计算机病毒的症状

不同的计算机病毒有不同的破坏行为，其中有代表性的症状包括：

(1) 攻击系统数据区。

(2) 攻击文件：删除文件、修改文件名称、替换文件内容、删除部分程序代码等。

(3) 攻击内存：攻击方式主要有占用大量内存、改变内存总量、禁止分配内存等。

(4) 干扰系统运行：不执行用户指令、干扰指令的运行、内部栈溢出、占用特殊数据区、时钟倒转、自动重新启动计算机、死机等。

(5) 速度下降：不少病毒在时钟中纳入了时间的循环计数，迫使计算机空转，计算机速度明显下降。

(6) 攻击磁盘：攻击磁盘数据、不写盘、写盘时丢字节、提示一些不相干的话等。

(7) 扰乱屏幕：显示字符显示错乱、跌落、环绕、倒置、光标下跌、滚屏、抖动、吃字符等。

(8) 攻击键盘：响铃、封锁键盘、换字、抹掉缓存区字符、重复输入。

(9) 攻击喇叭：发出各种不同的声音，如演奏曲子、警笛声、炸弹噪声、鸣叫、咔咔声、嘀嗒声等。

(10) 干扰打印机：间断性打印、更换字符等。

4. 感染病毒之后的操作

如果计算机感染了病毒，可以采用下面几个办法：

(1) 在解毒之前，要先备份重要的数据文件。

(2) 启动反病毒软件，并对整个硬盘进行扫描。

(3) 发现病毒后，一般应利用反病毒软件清除文件中的病毒。

(4) 某些病毒无法完全清除，应采用事先准备的干净的系统引导盘引导系统，运行相关杀毒软件进行清除。

5. 计算机病毒的防范

无论防病毒措施多么理想，系统仍存在被新病毒入侵并中断业务的可能。因此，切实可行的方法是对系统本身、单机及邮件服务器进行全方位保护，这样才能将病毒带来的危险降至最低。对计算机病毒的防范措施主要有：

(1) 安装最新版本的防毒软件。

(2) 下载时要当心，要到专业的站点去下载。

(3) 备份好有用的文件。

(4) 小心使用磁盘和光盘等。

同步训练 3-15：从本质上讲，计算机病毒是一种（　　）。

A．细菌　　　　　　B．文本　　　　　　C．程序　　　　　　D．微生物

同步训练 3-16：下列关于计算机病毒的叙述中，正确的选项是（　　）。

A．计算机病毒只感染.exe 或.com 文件

B．计算机病毒可以通过读写软件、光盘或 Internet 网络进行传播

C．计算机病毒是通过电力网进行传播的

D．计算机病毒是由于软件安装盘表面不清洁而造成的

3.4.2 构建安全的网络环境

人们在网上进行电子商务活动涉及资金流、信息流，这需要安全、可靠的网络安全防护，

计算机网络安全也成为需要高度重视的问题。网络安全主要是指网络系统的硬件、软件及其系统中的数据受到保护，不因偶然的或恶意的原因而遭到破坏、更改、泄露，系统连续可靠正常地运行，网络服务不中断。

1. 防火墙

防火墙是指设置在不同网络或网络安全域之间的一系列部件的组合，它是不同网络或网络安全域之间信息的唯一出入口，能根据企业的安全政策控制（允许、拒绝、检测）出入网络的信息流，且本身具有较强的抗攻击能力。在逻辑上，防火墙是一个分离器、一个限制器，也是一个分析器，有效地监控了内部网和 Internet 之间的任何活动，保证了内部网络的安全。

在 Windows 中进行防火墙设置的操作方法如下：

（1）在控制面板中单击"Windows 防火墙"项，打开如图 3.32 所示的 Windows 防火墙控制台。

图 3.32　Windows 防火墙控制台

（2）单击窗口左侧"打开和关闭 Windows 防火墙"，弹出如图 3.33 所示的"自定义设置"窗口，即可打开 Windows 防火墙控制台。

图 3.33　打开和关闭 Windows 防火墙

（3）如果要把防火墙恢复到默认设置，可以单击"Windows 防火墙"窗口左侧的还原默认设置。

（4）如果单击"Windows 防火墙"窗口左侧的"运行程序或功能通过 Windows 防火墙"，可以针对不同的网络设置是否允许某个应用程序通过防火墙，如图 3.34 所示。

如果列表中没有某程序，可以单击"允许运行另外一个程序"增加需要的程序运行规则。

图 3.34　允许程序通过 Windows 防火墙

2. 个人上网的安全措施

（1）安装杀毒软件，并及时更新。检查和清除计算机病毒的一种有效方法是使用各种防治计算机病毒的软件，在我国市场上比较流行的杀毒软件有瑞星、金山毒霸、诺顿、卡巴斯基等。

（2）分类设置密码并使密码尽可能复杂。在不同场合使用不同的密码，如网上银行、电子邮件等设置不同的密码，设置密码时要尽量避免使用有意义的英文单词、姓名缩写及生日、电话号码等容易泄露的字符作为密码，最好采用字符与数字混合的密码，并定期更换密码。

（3）不打开来源不明的邮件及附件。对于电子邮件中的文档附件，可以先另存为保存到本地磁盘，用杀毒软件检查无毒之后才可以打开使用。对于扩展名为.com、.exe 等的文件、不认识的文件扩展名的文件，或者是带有脚本文件如扩展名为.vbs、.shs 等的文件，一定不要直接打开，可以删除包含这些附件的电子邮件以保证计算机系统不受计算机病毒的侵害。

（4）不下载来源不明的程序及软件。下载软件到正规的软件下载站点，避免遭到计算机病毒的侵扰。将下载的软件及程序集中放在非引导分区的某个目录，在使用前最好用杀毒软件查杀病毒。有一些软件中可能携带"流氓"插件，在安装过程中一定要仔细查看安装选项，了解软件发布者是否捆绑了其他软件。

（5）防范间谍软件。间谍软件是一种能够在用户不知情的情况下偷偷安装，并悄悄把截获的信息发送给第三者的软件。间谍软件的主要用途是跟踪用户上网习惯，或者记录用户的键盘操作、捕捉并传送屏幕图像，一般与其他程序捆绑在一起安装，且用户很难发现，一旦间谍软件进入计算机系统将很难彻底清除。

（6）关闭文件共享。在不需要共享文件时，不要设置文件夹共享，如果确实需要共享文件夹，那么就需要将文件夹设置为只读，而且共享设定"访问类型"不要选择"完全"选项，因为完全共享会导致共享文件夹的人员都可以将所有内容进行修改或删除。

（7）定期备份重要数据。为了避免由于计算机病毒破坏、黑客入侵、认为误操作、人为恶意破坏、系统不稳定、存储介质损坏等原因造成重要数据丢失，可以将数据保存在存储设备上进行备份。通常要备份的数据包括文档、电子邮件、收藏夹、聊天记录、驱动程序等。

（8）修改计算机安全的相关设置。还可以通过修改计算机安全的相关设置如管理系统账户、创建密码、权限管理、禁用 Guest 账户、禁用远程功能、关闭不需要的服务、修改 IE 浏览器的相关设置等操作来完成。

同步训练 3-17：下列选项属于"计算机安全设置"的是（　　）。
A．定期备份重要数据　　　　　　B．不下载来路不明的软件及程序
C．停掉 Guest 账号　　　　　　　D．安装杀（防）毒软件

3.5 考级辅导

3.5.1 考试要求

1．一级考试

基本要求：了解计算机网络的基本概念和因特网（Internet）的初步知识，掌握 IE 浏览器软件和 Outlook Express 软件的基本操作和使用。

考试内容：

（1）了解计算机网络的基本概念和因特网的基础知识，主要包括网络硬件和软件，TCP/IP 协议的工作原理，以及网络应用中常见的概念，如域名、IP 地址、DNS 服务等。

（2）能够熟练掌握浏览器、电子邮件的使用和操作。

2．二级考试

基本要求：了解计算机网络的基本概念和基本原理，掌握因特网网络服务和应用。

考试内容：

（1）计算机病毒的概念、特征、分类与防治。

（2）计算机网络的概念、组成和分类；计算机与网络信息安全的概念和防控。

（3）因特网网络服务的概念、原理和应用。

3.5.2 真题练习

1．在 Internet 中实现信息浏览查询服务的是（　　）。
A．DNS　　　　　　B．FTP　　　　　　C．WWW　　　　　　D．ADSL
2．不是计算机病毒预防的方法是（　　）。
A．及时更新系统补丁　　　　　　B．定期升级杀毒软件
C．开启 Windows 7 防火墙　　　　D．清理磁盘碎片
3．某企业为了建设一个可供客户在互联网上浏览的网站，需要申请一个（　　）。
A．密码　　　　　　B．邮编　　　　　　C．门牌号　　　　　　D．域名
4．为了保证公司网络的安全运行，预防计算机病毒的破坏，可以在计算机上采取以下哪种方法（　　）。
A．磁盘扫描　　　　　　　　　　B．安装浏览器加载项

C．开启防病毒软件 D．修改注册表

5．某家庭采用 ADSL 宽带接入方式连接 Internet，ADSL 调制解调器连接一个 4 口的路由器，路由器再连接 4 台计算机实现上网的共享，这种家庭网络的拓扑结构为（　　）。

A．环状结构 B．总线结构 C．网状结构 D．星状结构

6．计算机病毒是指"能够侵入计算机系统并在计算机系统中潜伏、传播、破坏系统正常工作的一种具有繁殖能力的（　　）"。

A．特殊程序 B．源程序 C．特殊微生物 D．流行性感冒病毒

7．以下不属于计算机网络的主要功能的是（　　）。

A．专家系统 B．数据通信 C．分布式信息处理 D．资源共享

8．在 Internet 中完成从域名到 IP 地址或从 IP 地址到域名转换服务的是（　　）。

A．DNS B．FTP C．WWW D．ADSL

9．计算机染上病毒后可能出现的现象是（　　）。

A．系统出现异常启动或经常"死机" B．程序或数据突然丢失
C．磁盘空间突然变小 D．以上都是

10．计算机网络最突出的优点是（　　）。

A．提高可靠性 B．提高计算机的存储容量
C．运算速度快 D．实现资源共享和快速通信

第4章 Word 2010 处理电子文档

Microsoft Word 2010 是微软公司开发的 Office 2010 系列办公组件之一。Word 2010 是一款文字处理软件，具有丰富的文字处理功能，可以实现文字、图形、表格混排及对长文档进行排版和特殊版式的编排等操作，一般用来创建、编辑各种图文并茂的文档，如宣传单、海报、各类合同、行政公文等。

Word 的用户界面、操作方法和使用技巧与后面要学习的电子表格 Excel、演示文稿 Powerpoint 有很多相同之处。Word 文档制作的一般流程为：

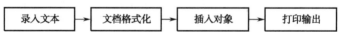

4.1 认识 Word 2010 和文档基本操作

Word 2010 是 Microsoft Office 2010 办公系列软件的一个重要组成部分，主要应用于日常办公和文字处理，使用它能够轻松、快捷地创建精美的文档。

4.1.1 Word 2010 的工作界面

Word 2010 的工作界面主要由选项卡、快速访问工具栏、标题栏、功能区命令按钮、文档编辑区和状态栏等部分组成，如图 4.1 所示。

1. "文件"选项卡

在 Word 2010 的工作界面中，"文件"选项卡位于 Word 窗口的左上角，包含了"保存""另存为""打开""关闭""信息"等命令，同时也提供了关于文档的信息及最近使用的文档信息等，如图 4.2 所示。

第4章　Word 2010处理电子文档

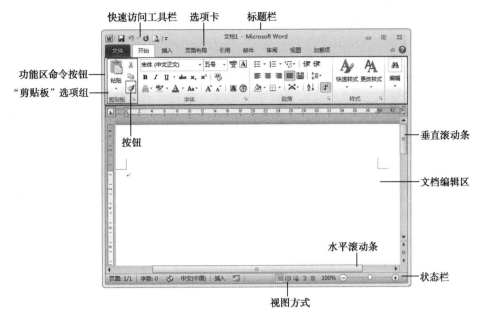

图 4.1　Word 2010 的工作界面

图 4.2　"文件"选项卡

2. 快速访问工具栏

快速访问工具栏在 Word 窗口顶部标题栏的左侧，为了使用方便，把一些命令按钮单独列出。用户可以使用快速访问工具栏快速使用常用的功能，如保存、撤销、恢复、打印预览和打印等功能，如图 4.3 所示。快速访问工具栏的左侧是 Word 控制图标，单击 Word 控制图标可以打开窗口控制菜单，可通过菜单选项操作窗口，如还原、移动、大小、最小化、最大化和关闭等，如图 4.4 所示。

93

图 4.3　快速访问工具栏　　　　　　图 4.4　窗口控制菜单

3．标题栏

标题栏在窗口的顶端，可显示当前文件的文件名和应用程序名，如"文档 1-Microsoft Word"。在标题栏的右侧有三个窗口控制按钮，分别为"最小化"按钮、"最大化"按钮和"关闭"按钮。另外，用户还可以在标题栏上用鼠标右键单击，打开窗口控制菜单。

4．选项卡与功能区命令按钮

Word 2010 的功能区由各种选项卡和包含在选项卡中的各种命令按钮组成，功能区基本包含了 Word 2010 中的各种操作需要用到的命令。利用它可以轻松地查找以前隐藏在复杂菜单或

工具栏中的命令和选项，给用户提供了很大的方便，默认选择的选项卡为"开始"选项卡。使用时，可以通过单击来选择需要的选项卡。每个选项卡中包括多个选项组，如"开始"选项卡中包括"剪贴板""字体"等选项组；每个选项组中又包含若干相关的命令按钮，如"剪贴板"选项组中的命令按钮，如图 4.1 所示。

选项组右下角的图标是对话框启动器，单击此图标可以打开相关的对话框。例如，单击"字体"选项组右下角的图标，可以打开"字体"对话框，如图 4.5 所示。

某些选项卡只在需要使用时才显示出来。例如，在文档中插入图片并选择图片后，就会出现"格式"选项卡，如图 4.6 所示。"格式"选项卡包括"调整""图片样式""排列"和"大小"4 个选项组，这些选项组为插入图片后的操作提供了更多适合的命令。

图 4.5　"字体"对话框

图 4.6　"格式"选项卡

5. 文档编辑区

文档编辑区位于 Word 窗口的中央,用来实现文档的编辑和显示。

6. 状态栏

状态栏位于窗口底部,提供了页面、字数统计、拼音、语法检查、改写、视图方式、显示比例和缩放滑块等辅助功能,以显示当前文档的各种编辑状态,方便用户查看文档的内容。可以在状态栏上单击鼠标右键,在弹出的快捷菜单中选择需要显示的选项来自定义状态栏。

7. 滚动条

滚动条分为水平滚动条和垂直滚动条,使用滚动条中的滑块或按钮可以滚动文档编辑区中的文档内容。

8. 文档视图工具栏

视图就是查看文档的方式,Word 中有 5 种不同的视图,包括页面视图、阅读版式视图、Web 版式视图、大纲视图和草稿视图等。

(1)页面视图。页面视图是 Word 文档的默认视图方式,适用于概览整个文章的总体效果。它可以显示出页面的大小、布局,编辑页眉和页脚,查看、调整页边距,处理分栏及图形对象。在页面视图下,文档按照与实际打印效果一样的方式显示。

(2)阅读版式视图。阅读版式视图方式适合阅读长篇文章。它隐藏功能区和选项卡,并在屏幕的右上角显示"视图选项"按钮和"关闭"按钮。单击"视图选项"按钮将显示阅读版式视图菜单,如图 4.7 所示,从中可以选择显示页数等;单击"关闭"按钮将退出阅读版式视图。在该视图下,按"Enter"键和"Space"键都可以翻页,方便用户阅读。

(3)Web 版式视图。使用 Web 版式视图可以预览具有网页效果的文本,在这种方式下,原来需要换行显示的文本,重新排列后在一行中全部显示出来了。使用 Web 版式可以快速预览当前文本在浏览器中的显示效果,以便进行调整。

(4)大纲视图。在大纲视图中,能查看文档的结构,可以通过拖曳标题来移动、复制和重新组织文本,还可以通过折叠文档来查看主要标题,或者展开文档查看所有标题和正文。大纲视图中同样不显示页边距、页眉和页脚、图片和背景。

图 4.7 阅读版式视图的 "视图选项"菜单

(5)草稿视图。在草稿视图中只显示文档的标题和正文,不显示页边距、页眉和页脚、背景、图形图像,适合编辑内容、格式简单的文档等。

4.1.2 Word 2010 的启动和退出

1. 启动 Word 的方法

启动 Word 通常有如下三种方法:

方法 1:在 Windows 的"开始"菜单中启动 Word。单击"开始"→"所有程序"→"Microsoft Office"→"Microsoft Word 2010"命令。

方法 2:通过"运行"命令启动 Word。单击"开始"菜单,在搜索框中输入"word"。

方法 3：打开已经存在的 Word 文档。双击 Word 文档的图标 。

2. 退出 Word 的方法

退出 Word 的常用方法如下：

方法 1：单击 Word 窗口右上角的 按钮。

方法 2：在"文件"选项卡中选择"退出"命令。

方法 3：使用"Alt+F4"组合键。

方法 4：双击 Word 窗口标题栏左上角的控制图标 。

方法 5：打开 Word 窗口的控制菜单，单击"关闭"命令。

在执行退出 Word 操作时，如果有文档修改后尚未保存，Word 会在退出之前弹出如图 4.8 所示的提示框，单击"保存"按钮，保存当前文档后退出 Word；单击"不保存"按钮，不保存当前文档后退出 Word；单击"取消"按钮，取消要退出 Word 的操作。

图 4.8　提示保存或不保存

4.1.3　文档的创建、打开、保存和关闭

1. 文档的创建

启动 Word 之后，系统会自动创建一个名为"文档 1"的空白 Word 文档，如果要再创建一个或多个新文档，则操作方法如下。

方法 1：在打开的 Word 中单击"文件"选项卡，选择"新建"命令。

方法 2：使用"Alt+F"组合键打开"文件"选项卡，选择"新建"命令。

方法 3：使用组合键"Ctrl+N"创建"文档 1"之后的文档，Word 将依次命名为"文档 2""文档 3"……每一个新建文档都对应一个独立的文档窗口。

2. 文档的打开

要编辑以前保存过的文档，需要先在 Word 中打开文档。其操作方法如下：

方法 1：单击"文件"选项卡，在展开的菜单中选择"打开"命令。

方法 2：在快速访问工具栏中选择"打开"按钮。

方法 3：使用"Ctrl+O"组合键。

以上方法都可以弹出"打开"对话框，如图 4.9 所示。定位要打开的文档路径，双击需要打开的文档或选择需要打开的文档后单击"打开"按钮。在"文件"选项卡的"最近所用的文件"窗格中选择要打开的文档，可打开最近使用的文档。

3. 文档的保存

在退出 Word 前，要将已经输入或修改的文档进行保存。保存文档的操作方法如下：

方法 1：单击快速访问工具栏中的"保存"按钮。

方法 2：在"文件"选项卡中选择"保存"或"另存为"按钮。

方法 3：使用"Ctrl+S"组合键。

第4章　Word 2010处理电子文档

图 4.9 "打开"对话框

对于一个新建的文件，第一次保存时，以上三种方法都可以打开"另存为"对话框，在"保存位置"列表框中选择文档要保存的位置，在"文件名"文本框中输入文档名，在"保存类型"下拉列表中选择文档的保存类型，单击"保存"按钮。

对于一个已经保存过的文件需要再次保存时，选择"保存"命令，会直接保存文件并覆盖原来保存的文件，不会弹出"保存"对话框；选择"另存为"命令，会弹出"另存为"对话框，此时需要重新命名，或者重新选择保存路径。

设置文档的自动保存的操作方法如下：

（1）在"文件"选项卡中选择"选项"，弹出"Word 选项"对话框，如图 4.10 所示。

图 4.10 "Word 选项"对话框

（2）在"保存"选项中选择"保存自动恢复信息时间间隔"复选框，并在"分钟"框中设置具体的时间间隔，单击"确定"按钮完成设置。

在文档编辑的过程中，应养成随时保存文档的良好习惯，以免因操作失误或计算机故障等造成数据丢失。

97

> **学习提示**
>
> Word 2010 支持将 Word 文档另存为 PDF 格式。PDF 格式是 Adobe 公司定义的电子印刷品文件格式，在 Internet 上的很多电子印刷品都采用 PDF 格式。PDF 格式的最大优点是能保存任何源文档的所有字体、格式、颜色和图形，而不管创建该文档所使用的应用程序和平台是什么，但是不能编辑修改。

4. 文档的关闭

对于暂时不再进行编辑的文档，可以将其关闭。常用的关闭文档的操作方法如下。

方法 1：在"文件"选项卡中选择"关闭"命令。

方法 2：单击 Word 应用程序标题栏右上角的 ❌ 按钮。

方法 3：在控制菜单中选择"关闭"命令。

方法 4：双击标题栏左上角的控制图标。

方法 5：使用"Alt+F4"组合键。

4.1.4 文档内容的输入

创建 Word 文档之后，可以输入文字、日期、时间和符号等内容。

1. 输入文本

在 Word 的编辑区中有一条闪动的竖线称为插入点，用来指示输入的文本在文档中的位置及正在进行编辑的位置。输入文字的时候，文字会显示在闪烁光标所在的位置上。要将插入点移动到理想的位置，可通过移动光标、水平和垂直滚动条将所编辑的位置移入编辑窗口内，再在编辑位置上单击鼠标即可。常用插入点移动快捷键及功能如表 4.1 所示。在输入文字时要注意切换输入法。

表 4.1 常用插入点移动快捷键及功能

快捷键	功能	快捷键	功能
←	光标左移一个字符	End	光标移至行尾
→	光标右移一个字符	Page Up	光标上移一屏
↑	光标上移一行	Page Down	光标下移一屏
↓	光标下移一行	Ctrl+Home	光标移至文档首
Home	光标移至行首	Ctrl+End	光标移至文档尾

当输入的文字到达一行的最右端时，输入的文本会自动跳转到下一行。如果在未输入完一行时就要换行输入，则可按"Enter"键来进行换行，这样会产生一个段落标记"↵"。如果按"Shift+Enter"组合键来结束一个段落，也会产生一个段落标记"↓"，虽然此时也能达到换行输入的目的，但这样并不会结束这个段落，实际上前一个段落与后一个段落仍为一个整体，只是换行输入而已，即在 Word 中仍默认它们为一个段落。

2. 插入符号和特殊符号

在文档中有时会需要输入特殊的符号，如汉语拼音、国际音标、希腊字母等。操作方法如下：

（1）将光标定位在要插入符号的位置，选择功能区的"插入"选项卡，单击"符号"选项组中的"符号"按钮，在弹出的如图 4.11 所示的菜单中选择符号。

（2）如没有所需符号则选择"其他符号"命令，打开"符号"对话框。在"字体"下拉列表中选择"Wingdings"选项（不同的字体存放着不同的字符集），在下方选择要插入的符号，如图4.12所示。

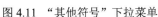

图4.11 "其他符号"下拉菜单

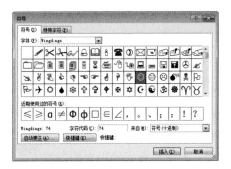

图4.12 "符号"对话框

（3）单击"插入"按钮，就可以在插入点处插入该符号。

3. 输入日期和时间

日期和时间在文档中会经常用到，在文档中输入日期的操作方法如下：

（1）将光标定位在要插入日期和时间的位置，单击"插入"选项卡中"文本"选项组的"日期和时间"按钮，打开"日期和时间"对话框，如图4.13所示。

（2）在"可用格式"列表框中根据需要选择相应的格式，单击"确定"按钮，即可在文档编辑区中输入日期和时间。

4. 插入公式

通过Word 2010提供的公式编辑器可以在文档中插入数学公式，其操作方法如下：

（1）将光标定位在要插入公式的位置，单击"插入"选项卡中"符号"选项组的"公式"按钮，在打开的"公式"下拉列表中选择要插入的公式，如图4.14所示。

图4.13 "日期和时间"对话框

图4.14 "公式"下拉列表

（2）插入公式后，会出现如图4.15所示的"设计"选项卡，通过"设计"选项卡可对公式进行编辑，如在公式中插入符号，或者利用"结构"选项组中的模板直接插入公式的模板。

（3）单击公式外的空白位置即可退出公式编辑状态。

图 4.15 "设计"选项卡

4.1.5 文本的选定、移动、复制、删除及撤销与重复操作

1. 文本的选定

在文档编辑过程中遵循"要对谁进行操作,首先得选中谁"的原则,即要对文档中文本的内容进行设置,首先应选定要处理的内容,可以使用鼠标也可以使用键盘对文本进行选定。利用鼠标选择文本的操作方法如表 4.2 所示。

表 4.2 利用鼠标选择文本的操作方法

选择内容	操作方法
任意多的文字	单击要选取的文本起点,拖曳到文本的终点为止
一个词语	双击该词语的任意位置
一个句子	按住"Ctrl"键后单击句子中任意位置
一行文字	单击该行左侧的空白区域(文本选定区)
多行文字	在文本选定区中拖曳
一个段落	双击段落的文本选定区,或者三击该段落的任意位置
整个文档	按住"Ctrl"键后单击选择条中的任意位置,或者三击选择条中的任意位置

利用键盘上的"Shift"键或"Ctrl"键与方向键也可以选定相应的文本内容。利用键盘选择文本的操作方法如表 4.3 所示。

表 4.3 利用键盘选择文本

组合键	选定范围	组合键	选定范围
Shift + ↑	选中上一行同一位置之间的所有字符	Ctrl + Shift + ↑	选定到所在段落的开始处
Shift + ↓	选中下一行同一位置之间的所有字符	Ctrl + Shift + ↓	选定到所在段落的结束处
Shift + →	选定插入点右边的一个字符	Ctrl + Shift + Home	选定到文档的开始处
Shift + ←	选定插入点左边的一个字符	Ctrl + Shift + End	选定到文档的结尾处
Shift + Home	选定到所在行的行首	Ctrl + A	选定整个文档
Shift + End	选定到所在行的行尾		

2. 文本的移动

移动文本就是将文本从原来的位置删除并增加到新位置,常用的有如下三种操作方法。

方法 1:使用鼠标左键移动。在文档中选定要移动的文本,当鼠标变成箭头状后,按住鼠标左键,拖曳鼠标到目的位置后松开左键。

方法 2:使用鼠标右键移动。

(1)在文档中选定要移动的文本,按住鼠标右键,此时鼠标形状变成了

(2)拖曳文本到目的位置后松开右键,在弹出的快捷菜单中单击"移动到此位置",如图 4.16 所示。

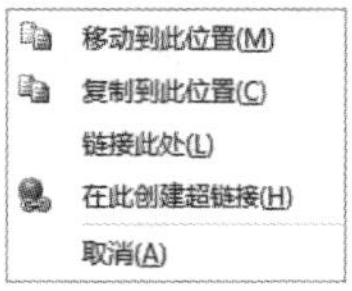

方法 3:使用"剪贴板"移动内容。

(1)选定要移动的文本。

(2)单击"开始"选项卡中"剪贴板"组中的"剪切"按钮;或者使用"Ctrl+X"组合键;或者单击鼠标右键,在弹出的快捷菜单中选择"剪切"命令。

图 4.16 右键移动菜单

(3)将光标移动到目的位置后单击工具栏上的"粘贴"按钮;或者使用"Ctrl+V"组合键,都可以将"剪贴板"中的内容粘贴到插入点处。

3. 文本的复制

复制文本是将选定内容的备份插入到新位置,方法和在 Windows 中复制文件(文件夹)的操作方法相同。具体方法如表 4.4 所示。

表 4.4 文本复制的方法

右键菜单命令	复 制	粘 贴
"开始"选项卡中的按钮		
快捷键	Ctrl+C	Ctrl+V

4. 文本的删除

在 Word 2010 中,常用的删除文字的操作方法有如下三种。

方法 1:将光标移动到该文字后面,然后按"Backspace"键。

方法 2:将光标移动到该文字前面,然后按"Delete"键。

方法 3:选中要删除的内容,然后按"Backspace"键或"Delete"键。

5. 撤销与重复操作

在对文档进行编辑时,如果操作有误可以选择撤销操作或重复上一步操作。常用"快速访问工具栏"按钮和快捷键两种方法来实现,如表 4.5 所示。

表 4.5 撤销与重复操作的方法

功 能	撤销最近的一次操作	重 复 操 作
"快速访问工具栏"按钮		
快捷键	Ctrl+Z	Ctrl+Y

4.1.6 文本的查找和替换

在文档中快速找到某一特定内容的文本要用到查找功能,单击"开始"选项卡"编辑"组的"查找"按钮,在弹出如图 4.17 所示的"导航"窗口的文本框中输入要查找的内容,在文档中会自动用高亮颜色显示出所有该内容出现的位置,如图 4.18 所示。

Word 的替换功能可以对文档中某些特定内容进行自动查找和替换,操作方法如下:

(1)单击"开始"选项卡"编辑"组的"替换"按钮,弹出"查找和替换"对话框,如图 4.19 所示。

(2)在对话框中"替换"选项卡的"查找内容"文本框中输入原文档中的文字,在"替换为"文本框中输入替换的结果文字。

图 4.17 "导航"窗口　　　　　图 4.18 使用查找功能查找文字"教委"

图 4.19 替换所有"教委"为"教育部"（同步训练 4-1）

（3）单击"替换"按钮将搜索到的第一条记录进行替换，可配合"查找下一处"按钮进行部分文字的替换，也可单击"全部替换"按钮替换文档中所有查找到的内容。

同步训练 4-1：将文中所有"教委"替换为"教育部"，并设置为红色、斜体、加着重号。

操作前　　　　　　　　　　　　　　　操作后

步骤 1．打开"查找和替换"对话框，在"替换"选项卡的"查找内容"文本框中输入"教委"，在"替换为"文本框中输入"教育部"。

步骤 2．单击"更多"按钮，如图 4.20 所示，在"替换"下单击"格式"按钮，在弹出的下拉列表框中选择"字体"命令，弹出如图 4.21 所示的"替换字体"对话框。

图 4.20 "更多"按钮　　　　　图 4.21 "替换字体"对话框

步骤 3．在"替换字体"对话框中设置字体颜色、字形、着重号，单击"确定"按钮返回"查找和替换"对话框。

步骤 4．单击"全部替换"按钮完成。

想一想，如果在"查找和替换"对话框中的"替换为"文本框中不输入任何内容，单击全部替换，会出现什么结果？

同步训练 4-2：将文档中的西文空格全部删除。

操作前　　　　　　　　　　　　　　　　操作后

步骤 1．打开"查找和替换"对话框。

步骤 2．切换为英文输入法，在"查找内容"文本框中输入一个空格，在"替换为"文本框中不输入任何内容。

步骤 3．单击"全部替换"按钮完成。

在"查找和替换"对话框中还可以输入特殊符号，以对特殊符号进行查找和替换。单击对话框中的"更多"按钮之后单击"特殊格式"按钮，从弹出的菜单中选择对应特殊字符，即可将对应特殊字符输入到"查找内容"或"替换为"文本框中。

同步训练 4-3：将文档中出现的全部"软回车"符号（手动换行符）更改为"硬回车"符号（段落标记）。

操作前　　　　　　　　　　　　　　　　操作后

步骤 1．打开"查找和替换"对话框，单击"更多"按钮。

步骤 2．将光标定位在"查找内容"文本框中，单击并打开"特殊格式"菜单，选择"手动换行符"；将光标定位在"替换为"文本框中，单击并打开"特殊格式"菜单，从菜单中选择"段落标记"。

步骤 3．单击"全部替换"按钮完成替换。

因为很多特殊字符是不能直接显示出来的，在"查找和替换"的文本框中是以"^字母的形式表示特殊字符，如软回车符表示为^l，硬回车符表示为^P。

4.1.7 中文简繁转换

如果希望在文档中录入繁体中文，可以使用 Word 的简繁转换功能，其操作方法如下：
（1）选择需要转换的文本。
（2）切换到"审阅"选项卡，单击"中文简繁转换"组的"简转繁"按钮即可将简体中文转换为繁体，如图 4.22 所示。

图 4.22 中文简繁转换

如果单击"繁转简"按钮，则可将繁体中文转换为简体。

同步训练 4-4：将文中的所有文字内容设置为繁体中文格式，以便于客户阅读。

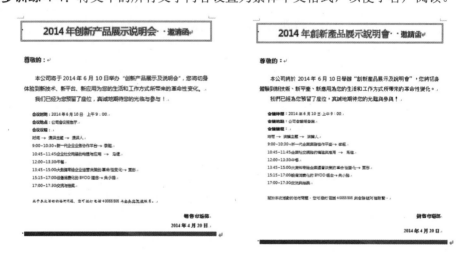

操作前　　　　　　　　　　　　　　操作后

4.2 文档文本和段落格式的设置

掌握文档的基本操作之后，就可以完成一篇文档了，接下来需要进一步对文档进行美化，如设置字体、字号、颜色，设置行间距、段落间距、首行缩进，为段落或文字添加边框、设置底纹等。

4.2.1 设置字体格式

字体格式可以通过"开始"选项卡的"字体"选项组进行设置,如图 4.23 所示。选中要设置的文本,再单击对应的按钮即可为选定的文本设置对应的字体格式。

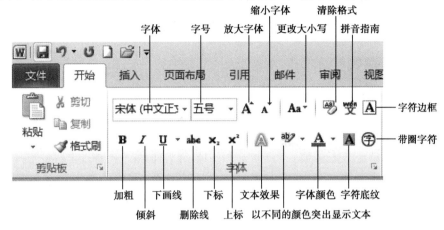

图 4.23 "开始"选项卡的"字体"选项组

也可以在选中要设置的文本之后单击"字体"选项组右下角的对话框启动器,打开如图 4.24 所示的"字体"对话框,对话框中包含"字体"和"高级"两个选项卡。

"字体"选项卡如图 4.24 所示,是对字体的基本设置。

"高级"选项卡如图 4.25 所示,包含了文本字符间距、字符缩放、字符位置等高级设置。

图 4.24 "字体"选项卡　　　　　　　图 4.25 "高级"选项卡

同步训练 4-5:将文中标题段文字("高校科技实力排名")设置为红色三号黑体、加粗、居中,字符间距加宽 4 磅。

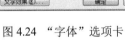

操作前　　　　　　　　　　　　　　　操作后

步骤 1. 选中标题段文本,打开"字体"对话框。

步骤 2. 在"字体"选项卡中,"中文字体"选择"黑体","字号"选择"三号","字体颜色"选择"红色","字形"选择"加粗"。

步骤 3. 在"高级"选项卡中,"间距"选择"加宽",在"磅值"中输入"4 磅",单击"确定"按钮。

步骤 4. 单击"开始"选项卡中"段落"选项组的"居中"按钮使标题居中。

4.2.2 设置段落格式

段落就是以"Enter"回车键结束的一段文字。在输入文字时,每按一次回车键就会产生一个新的段落,在文档中插入一个硬回车↵标记。设置段落格式是以一段为单位进行统一格式设置,如设置段落对齐方式、缩进、行间距和段间距等。

段落格式可以通过如图 4.26 所示的"开始"选项卡的"段落"选项组进行设置,也可以单击"段落"选项组右下角的对话框启动器,在打开的如图 4.27 所示的"段落"对话框中进行设置。

图 4.26 "段落"选项组

图 4.27 "段落"对话框

1. 设置段落对齐方式

Word 中的段落对齐方式包括左对齐、居中对齐、右对齐、两端对齐(默认对齐方式)和分散对齐 5 种,要设置某一个段落为某种对齐方式,可以将插入点定位到段落中的任意位置,也可以选中整个段落,然后在"段落"选项组中单击相应的对齐按钮,如果是设置多个段落为一种对齐方式,则选中所有要设置的段落,再单击相应按钮进行设置。

2. 设置段落缩进

段落缩进是指段落左右两边文字与页边距之间的距离,包括左缩进、右缩进、首行缩进和悬挂缩进。

同步训练 4-6:将正文第一段("由教育部授权,……权威性是不容置疑的。")左右各缩进 2 字符,悬挂缩进 2 字符。

操作前　　　　　　　　　　　　　　　操作后

步骤1. 选中正文第一段,单击"段落"选项组右下角的对话框启动器,打开"段落"对话框。

步骤2. 在对话框的"缩进和间距"选项卡中,缩进选项的"左侧"设置为"2 字符"、"右侧"设置为"2 字符","特殊格式"下选择"悬挂缩进","磅值"设置为"2 字符",如图4.27所示。

步骤3. 单击"确定"按钮完成设置。

3. 设置行间距和段间距

行间距是段内行与行之间的距离,段间距是相邻两段之间的距离。

同步训练4-7:设置全文行距为18磅,段前0.5行,段后0.5行。

| 操作前 | 操作后 |

步骤1. 选中全文(Ctrl+A),打开"段落"对话框。

步骤2. 切换到"缩进和间距"选项卡,在"间距"组中设置"段前"和"段后"都为"0.5 行","行距"中选择"固定值",在"设置值"中输入"18磅"。

步骤3. 单击"确定"按钮完成设置。

4. 首字下沉

首字下沉包括"下沉"和"悬挂"两种效果。"下沉"是将某段的第一个字放大并下沉,字符在页边距内;"悬挂"是字符下沉后在页边距之外。设置首字下沉的操作方法如下:

(1)将插入点定位在要设置首字下沉的段落中。

(2)单击"插入"选项卡"文本"选项组的"首字下沉"按钮,从下拉列表中选择"下沉"或"悬挂"。

如果单击"首字下沉选项",可以在弹出的如图4.28所示的"首字下沉"对话框中进行更多的设置。

图4.28 "首字下沉"对话框

同步训练4-8:将正文第一段落的首字"很"下沉2行。

| 操作前 | 操作后 |

步骤1. 将插入点定位到正文第一段。

步骤2. 单击"插入"选项卡"文本"选项组的"首字下沉"下拉列表中的"首字下沉选

项"按钮。

步骤 3．在弹出的"首字下沉"对话框中的"位置"组中选择"下沉"，在"下沉行数"框中设置为"2"。

步骤 4．单击"确定"按钮完成设置。

5．分栏

在默认情况下，Word 文档只有一栏，有时为了缩短过长的字行方便阅读，可将文档分成两栏或多栏。首先选中要进行分栏的段落，单击"页面布局"选项卡中"页面设置"组的"分栏"按钮，在如图 4.29 所示的下拉列表中选择分栏效果，如果选择"更多分栏"，则在弹出的如图 4.30 所示的"分栏"对话框中进行详细设置。

图 4.29 "分栏"下拉列表

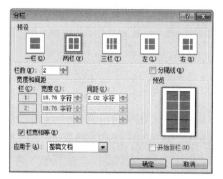

图 4.30 "分栏"对话框

同步训练 4-9：将除封面页外的所有内容分为两栏显示，但是文档中表格及相关图表仍需跨栏居中显示，无须分栏。

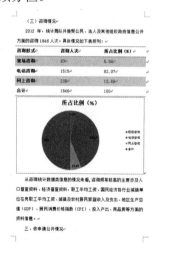

操作前　　　　　　　　　　　操作后

步骤 1．选中除封面页之外的所有内容。

步骤 2．单击"页面布局"选项卡下"页面设置"组中的"分栏"下拉按钮，从弹出的下拉列表中选择"两栏"。

步骤 3．再分别选中表格和图表，在"分栏"下拉列表中选择"一栏"，就可以将表格和相关图表跨栏居中显示。

4.2.3 边框和底纹

Word 中的边框和底纹的设置首先得弄清楚是为文字还是段落而设置。"开始"选项卡的"段落"组的"字符边框"按钮 A 或"字符底纹"按钮 A 可以为文字设置相应的边框和底纹效果。

1. 为文字和段落添加边框

为文字或段落添加边框的操作方法如下：

（1）选中要设置边框的文字或段落。

（2）单击"开始"选项卡"段落"组边框 右侧的下拉箭头，从弹出的菜单中选择"边框和底纹"命令，打开"边框和底纹"对话框，如图 4.31 所示。

图 4.31 "边框和底纹"对话框

（3）在"边框"选项卡的"样式"下拉列表中选择边框样式，在"颜色"下拉列表中选择边框颜色，在"宽度"下拉列表中选择边框的宽度，再在右侧"预览"中单击所需设置的边框（上边框、下边框、左边框、右边框）按钮，最后（重要）在"应用于"下拉列表中选择"文字"或"段落"。

（4）单击"确定"按钮完成设置。

2. 为文字和段落添加底纹

为文字或段落设置底纹的操作方法如下：

（1）选择要设置底纹的文字或段落，打开"边框和底纹"对话框的"底纹"选项卡，如图 4.32 所示。

（2）在"填充"下拉列表中选择一种底纹颜色，如果需要花纹，再在"图案"中选择花纹的样式和颜色，最后（重要）在"应用于"下拉列表中选择"文字"或"段落"。

（3）单击"确定"按钮完成设置。

3. 为页面设置边框

"边框和底纹"对话框的"页面边框"选项卡可以为整个文档添加边框，也可以通过"页面布局"选项卡的"页面背景"组中的"页面边框"按钮弹出该对话框，如图 4.33 所示。同样要注意"应用于"下拉列表。

 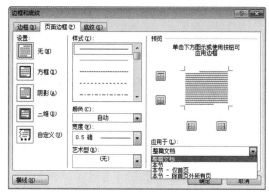

图 4.32 "底纹"选项卡　　　　　　　图 4.33 "页面边框"选项卡

同步训练 4-10：为文档增加红色★的页面边框。

　　　　操作前　　　　　　　　　　　操作后

　　步骤 1．单击"页面布局"选项卡中"页面背景"组的"页面边框"按钮，打开"边框和底纹"对话框。

　　步骤 2．在"页面边框"选项卡的"艺术型"下拉列表中选择黑色★★★★★，"颜色"下拉列表中选择红色，"应用于"下拉列表中选择"整篇文档"。

　　步骤 3．单击"确定"按钮完成设置。

4.2.4　项目符号和编号

　　Word 具有自动为段落添加项目符号和项目编号的功能，不需要自己手动添加。

1．设置项目符号

添加项目符号的操作方法如下：

（1）选中要设置项目符号的段落。

（2）在"开始"选项卡"段落"选项组中单击"项目符号"  右侧的下三角按钮，从如图 4.34 所示的"项目符号库"下拉列表中选择一种项目符号样式。

　　同步训练 4-11：使用"符号"功能为正文第三段至第十段（"食品类价格……同比上涨7.7%。"）添加项目符号"☞"。

　　步骤 1．选择第三段至第十段文字。

食品类价格同比上涨 14.4%。
烟酒及用品类价格同比上涨 3.1%。
衣着类价格同比下降 1.4%。
家庭设备用品及维修服务价格同比上涨 3.1%。
医疗保健及个人用品类价格同比上涨 3.1%。
交通和通信类价格同比下降 0.3%。
娱乐教育文化用品及服务类价格同比下降 0.9%。
居住类价格同比上涨 7.7%。

☞ 食品类价格同比上涨 14.4%。
☞ 烟酒及用品类价格同比上涨 3.1%。
☞ 衣着类价格同比下降 1.4%。
☞ 家庭设备用品及维修服务价格同比上涨 3.1%。
☞ 医疗保健及个人用品类价格同比上涨 3.1%。
☞ 交通和通信类价格同比下降 0.3%。
☞ 娱乐教育文化用品及服务类价格同比下降 0.9%。
☞ 居住类价格同比上涨 7.7%。

操作前　　　　　　　　　　　　　　　　操作后

步骤 2．单击"项目符号"右下角按钮，在弹出的"项目符号库"下拉列表中没有"☞"符号，单击"定义新项目符号"按钮，弹出"定义新项目符号"对话框，如图 4.35 所示。

步骤 3．在对话框中单击"符号"按钮，在"字体"为"Wingdings"的类别下可以找到该项目符号。

步骤 4．单击"确定"按钮完成项目符号的设置。

采用同样的方法也可以将某图片设置为新的项目符号。

图 4.34　项目符号库　　　　　图 4.35　"定义新项目符号"对话框

2．设置项目编号

编号主要用于设置一些按一定顺序排列的项目，设置项目编号的操作方法如下：

（1）选中要设置项目编号的段落。

（2）单击"开始"选项卡"段落"组中的"编号"右侧的下三角按钮，在弹出的编号库中选择所需的编号样式。

（3）如果没有所需的编号样式，单击"定义新编号格式"按钮，在弹出的如图 4.36 所示的"定义新编号格式"对话框的"编号样式"下拉列表中选择更多的编号样式。

同步训练 4-12：使用编号功能为正文第三段至第十段（"食品类价格……同比上涨 7.7%"）添加编号"一、""二、"……

图 4.36　"定义新编号格式"对话框

步骤 1．选中要设置项目编号的段落。

步骤 2．在"开始"选项卡的"段落"组中，单击"编号"下拉按钮，从弹出的下拉列表中单击"定义新编号格式"按钮，弹出"定义新编号格式"对话框，如图 4.36 所示。

步骤 3．在对话框的"编号样式"下拉列表中选择"一，二，三（简），……"，在"编号格式"文本框中的文字后加上顿号"、"。

食品类价格同比上涨 14.4%。
烟酒及用品类价格同比上涨 3.1%。
衣着类价格同比下降 1.4%。
家庭设备用品及维修服务价格同比上涨 3.1%。
医疗保健及个人用品类价格同比上涨 3.1%。
交通和通信类价格同比下降 0.3%。
娱乐教育文化用品及服务类价格同比下降 0.9%。
居住类价格同比上涨 7.7%。

一、食品类价格同比上涨 14.4%。
二、烟酒及用品类价格同比上涨 3.1%。
三、衣着类价格同比下降 1.4%。
四、家庭设备用品及维修服务价格同比上涨 3.1%。
五、医疗保健及个人用品类价格同比上涨 3.1%。
六、交通和通信类价格同比下降 0.3%。
七、娱乐教育文化用品及服务类价格同比下降 0.9%。
八、居住类价格同比上涨 7.7%。

操作前　　　　　　　　　　　　　　　操作后

步骤 4．单击"确定"按钮完成设置，并且"编号库"选项下出现"一、""二、"……的选项。

3．删除已添加的项目符号和项目编号

删除已添加的项目符号和项目编号的操作方法如下：

（1）选定要删除项目符号和项目编号的段落。

（2）单击"开始"选项卡"段落"组的"项目符号"按钮或"项目编号"按钮使其处于未选中状态。

4.3　Word 中的表格与图表

Word 提供的表格功能不仅能快速创建表格，还能够对表格进行编辑、修改、表格和文本间的相互转换及表格格式的自动套用等。表格是由行和列组成的，表格中横向的所有单元格组成一行，行号以 1、2、3……命名，竖向的单元格组成一列，列号以 A、B、C……命名。行列交叉成的矩形部分称为"单元格"。单元格的名字就是由所在的行号和列号组成的，如 2 行 4 列的单元格名字是 D2。

4.3.1　创建表格

1．自动创建表格

创建表格的操作方法如下：

（1）将插入点定位到需要插入表格的位置。

（2）单击"插入"选项卡的"表格"组中的"插入表格"按钮，在弹出的"插入表格"对话框中设置行数和列数，如图 4.37 所示将通过"插入表格"对话框插入一个 2 行 5 列的表格。

也可以直接在"表格"下拉菜单的预设方格中按住鼠标左键不放并拖动到所需要的行列数后松开鼠标，即可在插入点位置插入表格。如图 4.38 所示为通过"表格"下拉菜单插入一个 3 行 3 列的表格。

2．手动绘制表格

创建不规则表格时可以采用手动绘制表格线的方式，其操作方法如下：

（1）单击"插入"选项卡"表格"组的"表格"按钮，在下拉菜单中选择"绘制表格"命令。

（2）当鼠标指针变成"铅笔"形状时将鼠标移动到文档编辑区，按住鼠标左键拖动会出现虚线显示的表格框，拖动鼠标调整虚线框到适当大小后松开鼠标，绘制出表格的外边框。

（3）再在表格外边框内按住鼠标左键从表格内框线的起点拖至终点，松开鼠标即可在表格内绘制横线、竖线和斜线。在表格中通常用这个方法制作斜线表头。

3. 将文本转换为表格

要将文档中的文本转换为表格，文本中要包含一定的分隔符，如不同列的文本之间添加空格、制表符、逗号等。添加分隔符之后的文本转换为表格的操作方法如下：

（1）选中要转换为表格的文本。

（2）单击"插入"选项卡"表格"选项组中的"表格"按钮，在弹出的下拉菜单中选择"文本转换为表格"命令，弹出"将文字转换成表格"对话框，如图 4.39 所示。

（3）在对话框中设置列数和文字分隔的位置。

（4）单击"确定"按钮。

图 4.37 "插入表格"对话框　　图 4.38 "表格"下拉菜单　　图 4.39 "将文字转换成表格"对话框

同步训练 4-13：将文中后 7 行文字转换成一个 7 行 3 列的表格。

操作前　　　　　　　　　　　　　　操作后

步骤 1．选中文档的后 7 行文字。

步骤 2．单击"插入"选项卡"表格"组中的"表格"按钮，弹出"表格"下拉菜单。

步骤 3．在下拉菜单中选择"文本转换成表格"命令，弹出"将文字转换成表格"对话框。这些文字是以制表符 Tab 键分隔的，Word 会自动选择文字分隔位置为"制表符（T）"。

步骤 4．单击"确定"按钮完成设置。

4.3.2 编辑表格

表格建立之后就可以对它进行编辑了。对表格进行编辑的过程中也要遵循"要对谁进行操作，首先得选中谁"的原则。

1. 在表格中输入文本

将插入点定位到表格的单元格中就可以在该单元格中输入文本，移动鼠标改变并定位新的插入点位置，也可以按"Tab"键将插入点移到下一个单元格，按"Shift+Tab"组合键将插入点移到上一个单元格，按上、下、左、右键将插入点移到上、下、左、右的单元格中。

2. 选择表格、行、列或单元格

选择表格及表格的行、列或单元格的操作方法如表 4.6 所示。

表 4.6 选择表格、行、列或单元格的方法

选择要素	方 法
整个表格	将鼠标停留在表格上，直到表格的左上角出现"十"字标记，单击即可选中整个表格
行	将鼠标指针移到要选择行的左边，指针变成一个斜向上的空心箭头时单击鼠标即可选中该行，单击并拖动鼠标可选择连续多行
列	将鼠标指针移到要选择列顶部的上边框上，指针变成一个竖直朝下的实心箭头时单击鼠标可选中该列，单击并拖动鼠标可选择连续多列
单元格	将鼠标指针移到要选择单元格的左下角，指针变成斜向上的实心箭头时单击鼠标可选中该单元格，单击并拖动鼠标可选择连续多个单元格。要选择不连续的多个单元格首先选中第一个单元格，按住"Ctrl"键再选择其他单元格，选择不连续的多个单元格的方法对选择不连续的行（列）同样适用

3. 添加和删除行、列或单元格

将插入点定位到表格中要插入行或列的位置，此时会发现选项卡区域多了"表格工具-设计"和"表格工具-布局"两个选项卡，这是因为在我们选中某一个对象时，会出现该对象特有的选项卡。

如果要插入行或列，在如图 4.40 所示的"表格工具-布局"选项卡的"行和列"组中，单击"在上方插入""在下方插入""在左侧插入""在右侧插入"按钮可在当前行或列插入相应的行或列。

图 4.40 "表格工具-布局"选项卡

将插入点定位到表格中要插入行或列的位置以后，可以单击"表格工具-布局"选项卡"行和列"组右下角的对话框启动器，在弹出的如图 4.41 所示的"插入单元格"对话框中进行相应的选择；还可以单击鼠标右键，在弹出的如图 4.42 所示的右键菜单中选择"插入"命令，再在子菜单中进行相应的选择。

第4章　Word 2010处理电子文档

图 4.41 "插入单元格"对话框

图 4.42 单元格右键菜单

同步训练 4-14：在表格的最右边增加一列，列宽 2 厘米，列标题为"总人数"。

操作前　　　　　　　　　　　　　　　　　　操作后

步骤 1．选中最后一列。

步骤 2．单击"表格工具-布局"选项卡的"行和列"中的"在右侧插入"按钮 。

步骤 3．单击"表格工具-布局"选项卡中"单元格大小"选项组的右下角对话框启动器 ，弹出"表格属性"对话框，如图 4.43 所示。

步骤 4．在对话框中单击"列"选项卡，勾选"指定宽度"复选框，设置其值为"2 厘米"，单击"确定"按钮。

步骤 5．在新增列的第一行单元格内输入"总人数"。

图 4.43 "表格属性"对话框

操作技巧

将插入点定位到表格某行最后一个单元格外侧，行尾段落标记 之前，按下键盘上的"Enter"键将在该行下方插入一个新行；将插入点定位到表格最后一行的最后一个单元格内，按下键盘上的"Tab"键可在整个表格最下方插入一个新行。

在表格中删除行、列或单元格的操作方法如下：

（1）选择要删除的行、列或单元格。

（2）单击"表格工具-布局"选项卡，在"行和列"组中单击"删除"按钮，再在弹出的如图 4.44 所示的菜单中作出相应的选择。

如果要删除单元格，在弹出的如图 4.45 所示的"删除单元格"对话框中选择需要的删除方式,单击"确定"按钮;也可以单击鼠标右键,从弹出的右键菜单中选择"删除行"或"删除列"命令删除行或列,选择"删除单元格"命令弹出"删除单元格"对话框。

图 4.44 "删除"下拉菜单　　　　　图 4.45 "删除单元格"对话框

4. 合并或拆分单元格、表格

合并单元格是将表格中的相邻几个单元格合并成为一个较大的单元格,拆分单元格是将一个单元格分解为多个单元格。在编辑不规则表格中经常会用到单元格的合并与拆分,其操作方法如下:

（1）选择需要合并或拆分的单元格。

（2）单击"表格工具-布局"选项卡中"合并"组的"合并单元格""拆分单元格"或"拆分表格"命令。

如果选择"拆分单元格",将会弹出"拆分单元格"对话框,输入需要拆分成的行数和列数,单击"确定"按钮即可。如图 4.46 所示将所选单元格拆分成 1 行 2 列。

图 4.46 "拆分单元格"对话框

拆分表格的方法是将光标定位在要拆分表格的位置,单击"表格工具-布局"选项卡"布局"选项组的"拆分表格"按钮。

5. 调整行高和列宽

将鼠标指针移到表格右下角的缩放标记□上,当鼠标指针变成形状时按下鼠标左键并拖动鼠标可以缩放整个表格的大小。

调整某行的行高或某列的列宽时,将鼠标指针移到表格的框线上,当鼠标指针变成或时,按下鼠标左键并拖动鼠标即可调整行高和列宽。

> **操作技巧**
>
> 如果先选中某个单元格,再拖动单元格的边框线,只能调整选中的单元格的大小。拖动的时候按住"Alt"键不放,可以对表格进行精确调节。

还可以通过表格属性改变行高和列宽,其操作方法如下:

（1）选择要调整大小的单元格(多个单元格、整行、整列)。

（2）单击"表格工具-布局"选项卡中"表"选项组的"属性"按钮,弹出"表格属性"对话框,或者单击"表格工具-布局"选项卡中"单元格大小"选项组右下角的对话框启动器,也可以弹出"表格属性"对话框。

（3）在"行"或"列"选项卡中设置相应的行高和列宽即可。

同步训练 4-15:设置表格列宽为 3 厘米、行高为 0.6 厘米;设置表格所有单元格的左、右边距均为 0.5 厘米。

2008年上半年经济数据（同比涨幅）		
月份	CPI	PPI
1.	7.1%	6.1%
2.	8.7%	6.6%
3.	8.3%	8.0%
4.	8.5%	8.1%
5.	7.7%	8.2%
6.	7.1%	8.8%

操作前

2008年上半年经济数据（同比涨幅）		
月份	CPI	PPI
1.	7.1%	6.1%
2.	8.7%	6.6%
3.	8.3%	8.0%
4.	8.5%	8.1%
5.	7.7%	8.2%
6.	7.1%	8.8%

操作后

步骤1．单击表格左上角的十字标记选中表格。

步骤2．打开"表格属性"对话框。

步骤3．在对话框中选择"列"选项卡，勾选"指定宽度"复选框，设置其值为"3厘米"；在"行"选项卡中勾选"指定高度"复选框，设置其值为"0.6厘米"，在"行高值是"中选择"固定值"，单击"确定"按钮。

步骤4．单击"表格工具-布局"选项卡中"对齐方式"组的"单元格边距"按钮，弹出"表格选项"对话框。

步骤5．在"默认单元格边距"下的"左""右"微调框中分别输入"0.5厘米"，单击"确定"按钮。

Word 可以对表格大小进行自动调整以改变行高和列宽，操作方法是选中表格之后，单击"表格工具-布局"选项卡中"单元格大小"选项组的"自动调整"按钮，可以选择"根据内容自动调整表格""根据窗口自动调整表格"和"固定列宽"三种方式。

设置等行高或等列宽的操作方法如下：

（1）选择表格的某些连续行或列。

（2）在"表格工具-布局"选项卡的"单元格大小"组中，选择"平均分布各行"分布行或"平均分布各列"分布列命令，使所选的各行或各列变为相等的行高或列宽。

4.3.3 设置表格格式

表格制作完成之后还要对表格进行各种修饰，从而制作出更具专业性的表格，对表格的修饰和对文字、段落修饰的方式基本相同，只是选择的操作对象不同而已。

1．表格样式

Word 预设了一些表格样式，可以直接应用这些样式快速设置表格格式，其操作方法如下：

（1）选定整个表格，或者将插入点定位到表格中的任意单元格内。

（2）单击"表格工具-设计"选项卡"表格样式"组的"其他"按钮，在弹出的如图4.47所示的表格样式下拉列表中选择一种内置的表格样式。

同步训练 4-16：要求将表格样式设置为"浅色列表"。

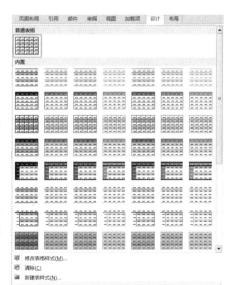

图4.47 表格自动样式

2008年上半年经济数据（同比涨幅）

月份	CPI	PPI
1	7.1%	6.1%
2	8.7%	6.6%
3	8.3%	8.0%
4	8.5%	8.1%
5	7.7%	8.2%
6	7.1%	8.8%

操作前

2008年上半年经济数据（同比涨幅）

1	7.1%	6.1%
2	8.7%	6.6%
3	8.3%	8.0%
4	8.5%	8.1%
5	7.7%	8.2%
6	7.1%	8.8%

操作后

步骤1．选中表格。

步骤2．单击"表格工具-设计"选项卡中"表格样式"选项组的"其他"右下角按钮，从弹出的下拉列表中选择"内置"下的"浅色列表"。

2．单元格中的文本格式

单元格中文本格式的设置方法和前面介绍的文字和段落格式的设置方法是一致的，区别在于对齐方式上，单元格中的文本不仅有水平方向的对齐方式还有垂直方向的对齐方式，设置表格中文本对齐方式的操作方法如下：

（1）将插入点定位到表格的单元格内。

（2）在"表格工具-布局"选项卡的"对齐方式"选项组中单击相应的对齐方式，即可设置单元格中的文本对齐方式（包括水平对齐和垂直对齐）。

在单元格内还可以设置文字的方向，其操作方法如下：

（1）选中要设置文字的单元格。

（2）在"表格工具-布局"选项卡"对齐方式"选项组中单击"文字方向"按钮，可切换单元格内的水平、垂直文字方向。

3．表格在文档中的位置

如果选定的是整个表格（而不是单元格），单击"开始"选项卡"段落"选项组的相应对齐按钮就可以设置整个表格在文档中的对齐方式。

同步训练4-17：设置表格居中、表格中所有文字水平居中。

2008年上半年经济数据（同比涨幅）

1	7.1%	6.1%
2	8.7%	6.6%
3	8.3%	8.0%
4	8.5%	8.1%
5	7.7%	8.2%
6	7.1%	8.8%

操作前

2008年上半年经济数据（同比涨幅）

1	7.1%	6.1%
2	8.7%	6.6%
3	8.3%	8.0%
4	8.5%	8.1%
5	7.7%	8.2%
6	7.1%	8.8%

操作后

步骤1．单击表格左上角的十字标记选中表格。

步骤2．在"开始"选项卡的"段落"选项组中，单击"居中"按钮。

步骤3．在"表格工具-布局"选项卡的"对齐方式"选项组中，单击"水平居中"按钮。

4．表格的边框和底纹

为表格或单元格添加边框和底纹的操作方法如下：

（1）选中要设置的单元格或表格。

(2) 单击"表格工具-设计"选项卡的"表格样式"选项组的"边框"按钮，在弹出的下拉菜单中选择"边框和底纹"命令，弹出如图 4.48 所示的"边框和底纹"对话框。

图 4.48 "边框和底纹"对话框

(3) 在"边框"选项卡中"样式"列表中选择框线样式，在"颜色"中设置框线的颜色，"宽度"中设置框线宽度，然后在"预览"组中单击框线位置的对应按钮，设置不同位置框线。在"应用于"下拉列表中选择设置是对单元格还是表格。

(4) 切换到"底纹"选项卡可以设置底纹，同样要在"应用于"下拉列表中选择设置是针对单元格还是表格。

同步训练 4-18：设置表格外框线为 3 磅蓝色（标准色）单实线、内框线为 1 磅蓝色（标准色）单实线；设置表格为黄色（标准色）底纹。

操作前　　　　　　　　　　　　　　　操作后

步骤 1．选中表格，打开"边框和底纹"对话框。

步骤 2．在对话框中的"设置"组选择"方框"，"样式"列表中选择单实线，"颜色"下拉列表中选择"蓝色"，"宽度"下拉列表中选择"3 磅"；"设置"组选择"自定义"，在"样式"列表中选择"单实线"，"颜色"下拉列表中选择"蓝色"，"宽度"下拉列表中选择"1.0 磅"，单击"预览"区中表格的中心位置，添加内框线，"应用于"下拉列表中选择表格，单击"确定"按钮。

步骤 3．切换到"表格工具-设计"选项卡的"表格样式"组的"底纹"选项卡，在"填充"下拉列表中选择"标准色"下的"黄色"。

5．设置标题行跨页重复

有时表格数据比较多，可能会占据多页，在分页处表格会被 Word 自动分割，在默认情况下分页后的表格从第 2 页起就没有标题行了，这对于表格的查看不是很方便，要使分页后的每页表格都具有相同的表格标题，需要设置标题行跨页重复。方法是选中表格中需要重复的标题行，单击"表格工具-布局"选项卡"数据"组中的"重复标题行"按钮。

4.3.4 表格数据的排序与计算

Word 表格中可以进行排序和简单的计算，应对常用的操作需求。

1. 表格数据的排序

首先将插入点定位到要排序的表格中，在"表格工具-布局"选项卡的"数据"选项组中单击"排序"，在弹出的"排序"对话框中进行相应的设置。

同步训练 4-19：按"在校生人数"列（依据"数字"类型）降序排列表格内容。

2001-2007 年北京市小学生人数变化

年份	招生人数	毕业生人数	在校生人数
2001	91230	167076	664443
2002	86406	156683	594241
2003	82631	123580	546530
2004	73577	100139	516042
2005	71020	93486	494482
2006	73138	90799	473275
2007	109203	112332	666617

操作前

2001-2007 年北京市小学生人数变化

年份	招生人数	毕业生人数	在校生人数
2007	109203	112332	666617
2001	91230	167076	664443
2002	86406	156683	594241
2003	82631	123580	546530
2004	73577	100139	516042
2005	71020	93486	494482
2006	73138	90799	473275

操作后

步骤 1．选中需要排序的列。

步骤 2．单击"表格工具-布局"选项卡"数据"选项组的"排序"按钮，弹出"排序"对话框，如图 4.49 所示。

步骤 3．在对话框中单击"有标题行"单选按钮，设置"主要关键字"为"在校生人数"，"类型"为"数字"，选择"降序"单选按钮。

步骤 4．单击"确定"按钮。

2. 表格中数据的简单计算

Word 的表格中的简单计算包括求和、求平均值、计算加减乘除等。其操作方法如下：

（1）在"表格工具-布局"选项卡的"数据"组中，单击"公式"按钮，弹出"公式"对话框，如图 4.50 所示。

（2）在对话框的"公式"列表框中输入公式。

图 4.49 "排序"对话框

图 4.50 "公式"对话框

同步训练 4-20：计算各门选修课程的总人数并插入到对应的总人数的单元格内。

选修课程名称	一系选修人数	二系选修人数	三系选修人数	总人数
计算方法	67	34	56	
美术欣赏	64	73	65	
西方经济学	25	65	46	
管理信息系统	73	78	65	

操作前

选修课程名称	一系选修人数	二系选修人数	三系选修人数	总人数
计算方法	67	34	56	157
美术欣赏	64	73	65	202
西方经济学	25	65	46	136
管理信息系统	73	78	65	216

操作后

步骤 1. 光标定位在表格最后一列第 2 行的单元格。

步骤 2. 在"表格工具-布局"选项卡的"数据"组中,单击"fx 公式"按钮,弹出"公式"对话框。

步骤 3. "公式"文本框中自动显示"=SUM(LEFT)",如图 4.50 所示,其中 SUM 是求和函数,LEFT 表示要求和的单元格为结果单元格的"左侧"所有单元格,单击"确定"按钮。

步骤 4. 用同样的方法完成其他选修课程的总人数计算。

> **操作技巧**
>
> 如果不是求和,可以从"粘贴函数"中选择其他函数,也可以修改公式括号中的内容为 RIGHT、ABOVE 或 BELOW 分别对"右边""上边"和"下边"的单元格求和。

4.4 图文混排

要制作一份设计精美的文档,除了要对文字和段落的格式进行设置之外还要对文档的整个页面进行设置。除此之外,在文档中可以插入各种图片,包括 Windows 剪贴画库中的剪贴画、自选图形、图表、艺术字等。

4.4.1 页面设置

制作的文档一般需要将文档打印到纸张上,这就需要对文档进行页面设置。页面设置可以在文档开始之前进行,也可以在结束文档编辑之后、打印输出之前进行,包括纸张大小、页边距、字符数/行数、纸张来源和版面等要素的设置,如图 4.51 所示。

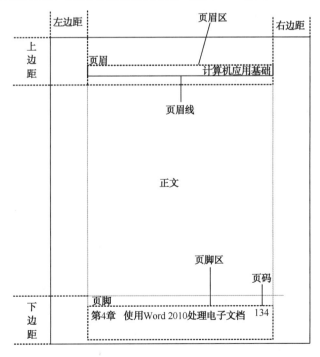

图 4.51 页面设置的要素

1. 设置页边距

页边距指的是文档中的文本和打印纸边缘的距离。设置页边距的操作方法如下：

（1）在"页面布局"选项卡的"页面设置"组中单击"页边距"按钮。

（2）在弹出的下拉菜单中选择"自定义边距（A）..."命令，弹出"页面设置"对话框，如图4.52所示。

（3）在对话框的"页边距"选项卡的"上""下""左""右"各文本框中输入页边距大小；"纸张方向"栏设置"纵向"，"预览"栏内会显示设置效果；在"应用于"下拉列表内选择该设置适用的范围，单击"确定"按钮完成设置。

操作技巧

在页面视图的方式下，拖曳窗口中水平标尺（或垂直标尺）上的页边距滑块可以迅速设置页边距，在拖曳鼠标的同时按下"Alt"键，可以精确调整。如果标尺未显示，可以在"视图"选项卡"显示"选项组中选中"网格线"复选框将其显示在页面视图。

2. 设置纸张大小

设置纸张大小的操作方法如下：

（1）在"页面设置"对话框中切换到"纸张"选项卡，如图4.53所示。

图4.52 "页面设置"对话框的"页边距"选项卡

图4.53 "纸张"选项卡

（2）在"纸张大小"下拉列表中选择打印机支持的纸张尺寸"A4"，也可以选择"自定义大小"，在"宽度"和"高度"文本框中输入自定义纸张尺寸。

（3）单击"确定"按钮完成设置。

3. 设置版式

在"页面设置"对话框中的"版式"选项卡中可以设置页眉和页脚、分节符、垂直对齐方式和行号等选项，如图4.54所示。

（1）"节的起始位置"下拉列表：更改节的设置。

（2）"页眉和页脚"栏：可设置"奇偶页不同"和"首页不同"的页眉页脚。

（3）"垂直对齐方式"下拉列表：可设置文本在页面上的纵向对齐方式，包括"顶端对齐""居中"和"两端对齐"。

（4）"行号"按钮：单击该按钮弹出"行号"对话框，如图4.55所示，可以给文档添加行号。

（5）"边框"按钮：单击该按钮弹出"边框和底纹"对话框，可以设置页面的边框和底纹。

图 4.54 "版式"选项卡

图 4.55 "行号"对话框

> **学习提示**
> 在"文档网格"选项卡中,可以设置文字的排列方向、文字分栏的数目及文档中每页的行数、每行的字符数(与纸张大小、页边距、字体大小、排列方式有关)。一般情况下,A4 纸按宋体五号字计算,每页有 44 行,每行 39 个汉字,16 开的纸每页 35~38 行,每行 38 个字。Word 还可以根据纸张大小和字体大小自动计算每页的最大行数和每行的最大字符数。

同步训练 4-21:调整文档版面,要求纸张大小为 A4,页边距(上、下)为 2.5 厘米,页边距(左、右)为 3.2 厘米。

步骤 1. 单击"页面布局"选项卡"页面设置"选项组的对话框启动器按钮,弹出"页面设置"对话框。

步骤 2. 在对话框的"纸张"选项卡中设置纸张大小为"A4"。

步骤 3. 切换到"页边距"选项卡,在"页边距"区域中设置上、下、左、右分别为 2.5 厘米、2.5 厘米、3.2 厘米、3.2 厘米。

4.4.2 自选图形和艺术字

1. 插入自选图形

Word 提供了许多预设的形状,如线条、矩形、箭头、流程图等,称为自选图形。在 Word 中可以直接绘制这些形状,操作方法如下:

(1)光标定位到要插入自选图形的位置上。

(2)单击"插入"选项卡"插图"选项组的"形状"按钮,在弹出的如图 4.56 所示的下拉列表中选择需要的形状。

(3)在文档的编辑区按住鼠标左键拖动鼠标绘制出所选的形状。

图 4.56 "形状"下拉列表

> **操作技巧**
> 要绘制正方形或正圆形等规则图形,在选中矩形或椭圆按钮之后,按住"Shift"键的同时拖动鼠标。

单击绘制的自选图形选中它,选项卡区域会增加"图片工具-格式"选项卡,在该选项卡的"形状样式"选项组中的样式中选择一种样式,通过该选项组的"形状填充"和"形状轮廓"

按钮可以设置自选图形的线型、线条颜色、填充颜色等,在"形状效果"下拉列表中可以设置图形的阴影效果或三维效果。

如果要在自选图形中添上文字,操作方法如下:

(1)选中图形之后单击鼠标右键,从右键菜单中选择"添加文字"命令。

(2)在自选图形内部出现一个文本框可以输入文字。

(3)选中文字之后,通过"开始"选项卡的"字体"选项组设置文字格式。

Word 提供的"对齐"功能可以让多个图形对齐,操作方法如下:

(1)按住"Ctrl"键或"Shift"键,依次单击选择各个形状。

(2)单击"绘图工具-格式"选项卡"排列"选项组的"对齐"按钮 对齐。

(3)从"对齐"下拉列表中选择一种对齐方式即可。

多个图形组合为一个图形之后,无论对该图形做什么操作,它们都会同时进行而且始终保持相对位置关系。组合多个图形的方法如下:

(1)选择多个图形。

(2)单击"绘图工具-格式"选项卡"排列"选项组的"组合"按钮 组合。

(3)从"组合"下拉列表中选择"组合"即可。

如果要取消组合,则选中图形,单击右键,在弹出的右键菜单中选择"组合"命令中的"取消组合"即可。

同步训练 4-22:根据页面布局需要,在适当的位置插入标准色为橙色与白色的两个矩形,其中橙色矩形占满 A4 幅面,文字环绕方式设为"浮于文字上方",作为简历的背景。

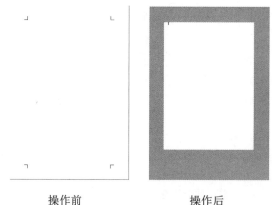

操作前　　　　　　操作后

步骤 1.单击"插入"选项卡"插图"选项组的"形状"下拉按钮,在下拉列表中选择"矩形",绘制一个矩形。

步骤 2.选择绘制的矩形,切换到"绘图工具-格式"选项卡。

步骤 3.在"形状样式"选项组中分别将"形状填充"和"形状轮廓"都设为"标准色"下的"橙色"。

步骤 4.(在页面设置中可查得 A4 高度为 29.7 厘米、宽度为 21 厘米)在"绘图工具-格式"选项卡"大小"选项组中将矩形的高度设置为 29.7 厘米、宽度设置为 21 厘米。

步骤 5.选中矩形,单击"绘图工具-格式"选项卡"排列"选项组的"对齐"按钮,在下拉列表中先选择"对齐页面"选项,再选择下拉列表中的"左对齐"和"顶端对齐"。

步骤 6.单击"排列"选项组的"自动换行"下拉按钮,在下拉列表中选择"浮于文字上方"选项。

步骤 7. 对照样例在橙色矩形上方按同样的方式创建一个白色矩形，并将其"自动换行"设为"浮于文字上方"，"形状填充"和"形状轮廓"都设为"主题颜色"下的"白色"。

同步训练 4-23：在页面上插入标准色为橙色的圆角矩形，并添加文字"实习经验"，插入一个短画线的虚线圆角矩形框。

操作前　　　　　　　　　　操作后

步骤 1. 单击"插入"选项卡"插图"选项组的"形状"下拉按钮，在其下拉列表中选择"圆角矩形"，参考示例文件，在合适的位置绘制圆角矩形。

步骤 2. 将"圆角矩形"的"形状填充"和"形状轮廓"都设为"标准色"下的"橙色"。

步骤 3. 选中所绘制的圆角矩形，在其中输入文字"实习经验"。选中"实习经验"，设置"字体"为"宋体"，"字号"为"小二"。

步骤 4. 根据参考样式再次绘制一个圆角矩形，并调整此圆角矩形的大小。

步骤 5. 单击选中此圆角矩形，选择"绘图工具-格式"选项卡，在"形状样式"选项组中将"形状填充"设为"无填充颜色"，在"形状轮廓"列表中选择"虚线"下的"短画线"，粗细设置为 1.5 磅，"颜色"设为标准色"橙色"。

步骤 6. 此时虚框圆角矩形在"实习经验"上方遮住了文字，所以选中虚线圆角矩形，单击鼠标右键，在弹出的快捷菜单中选择"置于底层"级联菜单中的"下移一层"。

同步训练 4-24：在页面的适当位置使用形状中的标准色橙色箭头（提示：其中横向箭头使用线条类型箭头）。

操作前　　　　　　　　　　操作后

步骤 1. 单击"插入"选项卡"插图"选项组的"形状"下拉按钮，在下拉列表中选择"线条"组的"箭头"，按住"Shift"键，在相应位置绘制水平线条型箭头。

步骤 2. 选中箭头，在"绘图工具-格式"的"形状样式"选项组中设置"形状轮廓"为标准色"橙色"，形状轮廓"粗细"为"6 磅"。

步骤 3．插入"箭头总汇"中的"上箭头"，设置"形状填充"和"形状轮廓"为标准色"橙色"。

步骤 4．将上箭头水平复制两份，参考样式将其放置在水平箭头上方。

2．插入艺术字

艺术字是一种具有特殊效果的文字，它们是作为图形来编辑的，插入艺术字的操作方法如下：

（1）单击"插入"选项卡"文本"选项组的"艺术字"按钮，从下拉列表中选择一种艺术字格式。

（2）单击在文档中出现的"请在此放置您的文字"提示框中输入文字。

选中艺术字，可以在"开始"选项卡"字体"选项组中对艺术字的字体、字号、颜色进行更改。可在"绘图工具-格式"选项卡中对它进行轮廓、填充、效果等设置。

同步训练 4-25：在页面上插入艺术字并调整文字的字体、字号、位置和颜色。其中"张静"应为标准色橙色的艺术字，"寻求能够……"文本效果应为跟随路径的"上弯弧"。

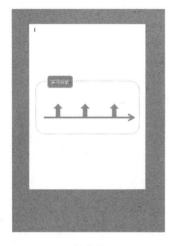

操作前　　　　　　　　操作后

图 4.57 "转换"二级列表

步骤 1．单击"插入"选项卡"文本"选项组的"艺术字"下拉按钮，在下拉列表中选择"填充-无，轮廓-强调文字颜色 2"（第 1 行 2 列）的红色艺术字。

步骤 2．输入文字"张静"并调整好位置。

步骤 3．单击选中艺术字，"字号"设为"一号"，"字体"设为"楷体"，在"绘图工具-格式"选项卡"艺术字样式"选项组中设置艺术字的"文本填充"为标准色"橙色"。

步骤 4．采用同样的方法在页面最下方插入"填充-红色，强调文字颜色 2，暖色粗糙棱台"（第 5 行 3 列）的艺术字并输入文字"寻求能够不断学习进步，有一定挑战性的工作！"，并设置文字大小为"小一"。

步骤 5．单击"绘图工具-格式"选项卡"艺术字样式"选项组的"文本效果"下拉按钮，在下拉列表中选择"转换"，弹出如图 4.57 所示的"转换"二级列表，选择"跟随路径"组中的"上弯弧"。

4.4.3 插入图片或剪贴画

将计算机中的图片插入到 Word 文档中的操作方法如下：

（1）将插入点定位到文档中要插入图片的位置。

（2）在"插入"选项卡"插图"选项组中单击"图片"按钮，弹出如图 4.58 所示的"插入图片"对话框。

（3）在对话框中选择需要的图片，单击"插入"按钮。

还可以用复制粘贴的方法在文档中插入图片，在文件夹中选择要插入的图片，按"Ctrl+C"组合键复制图片，再到 Word 文档中需要插入图片的位置按"Ctrl+V"组合键粘贴，即可将图片插入到文档中。

Word 系统还提供了许多剪贴画，插入剪贴画的操作方法如下：

（1）单击"插入"选项卡"插图"选项组的"剪贴画"按钮，弹出如图 4.59 所示的"剪贴画"对话框。

Windows 剪贴画库中包含的剪贴画在默认情况下不会全部显示出来，需要使用相关的关键字进行搜索。可以在本地磁盘和 Office.com 网站中进行搜索，其中 Office.com 中提供了大量剪贴画，可以在联网状态下搜索并使用这些剪贴画。

（2）在"剪贴画"对话框的"搜索文字"文本框中输入相关文字，如图 4.59 所示在"搜索文字"文本框中输入关键字"运动"。

（3）单击"搜索"按钮找到剪贴画，单击需要插入的剪贴画就可以将其插入到文档中。

图 4.58 "插入图片"对话框

图 4.59 "剪贴画"对话框

4.4.4 编辑图片

对于插入到文档中的图片或剪贴画，可以进行调整大小、设置图片的文字环绕方式等设置。

1. 调整图片大小

单击插入到文档中的图片即可选中它，图片四周会出现 8 个黑色小方块（或空心小圆点），拖曳这 8 个控制点可以改变图片的大小。

选中图片之后在 Word 的选项卡中会出现"图片工具-格式"选项卡,可以在该选项卡的"大小"组中输入图片的"高度"和"宽度"数值精确设置图片大小。

2. **设置图片的文字环绕方式**

插入图片的环绕方式默认为"嵌入型"。这种图片相当于文档中的一个文字,只能像移动文字一样将图片在文档中的文字之间进行移动。只有将图片设置为"非嵌入型"的其他环绕方式,图片和文字才能实现混排。操作方法如下:

(1)选中图片,在选项卡区域中会增加"图片工具-格式"选项卡。
(2)单击该选项卡"排列"选项组的"自动换行"按钮。
(3)从如图 4.60 所示的下拉列表中选择一种环绕方式。

学习提示

图片除了"嵌入型"之外还有如下环绕方式。
四周型环绕:不管图片是否为矩形图片,文字以矩形方式环绕在图片四周。
紧密型环绕:如果图片是矩形,则文字以矩形方式环绕在图片四周;如果图片是不规则图形,则文字将紧密环绕在图片四周。
穿越型环绕:文字可以穿越不规则图片的空白区域环绕图片。
上下型环绕:文字环绕在图片上方和下方。
衬于文字下方:图片在下、文字在上分为两层,文字将覆盖图片。
浮于文字上方:图片在上、文字在下分为两层,图片将覆盖文字。

3. **图片在文档中的位置**

选中图片以后可以用鼠标将图片拖动到文档中的任意位置,在"图片工具-格式"选项卡"排列"选项组中单击"位置"下拉按钮,在下拉列表中选择一种图片位置;也可以单击"其他布局选项",在弹出的如图 4.61 所示的"布局"对话框中对位置、文字环绕及大小进行设置。

图 4.60 "自动换行"下拉列表

图 4.61 "布局"对话框

同步训练 4-26:在页面上根据需要插入图片 2.jpg、3.jpg、4.jpg,并调整图片位置。

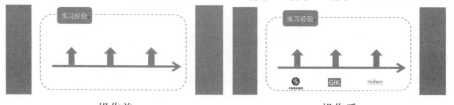

操作前　　　　　　　　　　　　　　操作后

步骤1. 单击"插入"选项卡"插图"选项组的"图片"按钮,在弹出的"插入图片"对话框中选择"2.jpg",单击"插入"按钮。

步骤2. 单击"图片工具-格式"选项卡"排列"选项组的"自动换行"下拉按钮,在下拉列表中选择"浮于文字上方"。

步骤3. 调整图片位置。

步骤4. 使用相同的方法插入其他两张图片。

4. 图片的剪裁

利用 Word 对图片的剪裁功能,可以将插入到文档中的图片去除一部分外周矩形区域内容。

同步训练 4-27：根据页面布局需要,插入图片"1.png",依据样例进行裁剪和调整,并删除图片的剪裁区域。

操作前　　　　　　　　　　　操作后

步骤1. 单击"插入"选项卡"插图"选项组的"图片"按钮,弹出"插入图片"对话框。

步骤2. 在对话框中选择素材文件夹下的图片"1.png",单击"插入"按钮。

步骤3. 在"图片工具-格式"选项卡"排列"选项组的"自动换行"下拉列表中选择"浮于文字上方"。

步骤4. 单击"大小"选项组中的"裁剪"按钮,图片控制点将变成黑色的剪裁控制点,移动鼠标当指针变成"倒 T"形状时,按住鼠标左键拖动至适当大小后松开鼠标,单击文档空白处完成剪裁。

步骤5. 调整大小和位置。

5. 图片样式和图片效果

选中图片之后,在"图片工具-格式"选项卡中还可以对图片样式和效果进行设置,使图片更加美观。

(1)单击"图片样式"选项组中的一种样式,可以快速将图片设置为这种样式,单击"图片样式"选项组中的"图片边框"按钮,还可以为图片添加边框。

(2)单击"调整"选项组中的"颜色"按钮,可以设置图片颜色饱和度、色调等。

(3)单击"调整"选项组中的"更正"按钮,可以选择一种预定义的亮度和对比度,选择"图片更正选项"命令将弹出如图 4.62 所示的"设置图片格式"对话框,在右侧区域拖动相应滑块调整亮度和对比度。

(4)单击"调整"选项组的"艺术效果"按钮,可以设置图片的艺术效果,如标记、铅笔灰度、铅笔素描、线条图、粉笔素描等。

(5)单击"图片工具-格式"选项卡"调整"选项组中的"颜色"按钮,从下拉列表中选择"设置透明色"命令,当鼠标指针变成吸管时,单击要设置为透明色的颜色(如红色),则该图片中所有红色均为透明色,被红色覆盖的内容就会显示出来。

图 4.62 "设置图片格式"对话框

操作技巧

如果对插入文档的图片不满意,要将它更换为其他图片,但又希望新图片保持原图片在文档中的位置和大小不变,可以使用"更改图片"功能,单击图片选中它,在"图片工具-格式"选项卡"调整"选项组中单击"更改图片"按钮,在弹出的"图片"对话框中选择所需要的图片更换图片。

如果对图片的编辑不满意,可以在"图片工具-格式"选项卡"调整"选项组中单击"重设图片" 按钮,将图片还原到原始状态。

4.4.5 文本框

利用文本框可以排版出特殊的文档版式,在文本框中可以输入文字和段落并设置其格式,而且文本框连同其中的文字可以作为一个整体的图形对象,被独立排版,并且可以拖放到文档的任意位置。

Word 中有许多内置的文本框模板,使用这些模板可以快速创建特定样式的文本。在文档中插入文本框的操作方法如下:

(1) 将插入点定位到文档中要插入文本框的位置。

(2) 单击"插入"选项卡"文本"选项组的"文本框"按钮,弹出如图 4.63 所示的"文本框"下拉列表。

(3) 在下拉列表中的"内置"组中选择一种样式,在文档中将插入该样式的文本框。

(4) 删除文本框中的示例文字输入自己的文字。

图 4.63 "文本框"下拉列表

操作技巧

可以在"文本框"下拉列表中选择"绘制文本框"或"绘制竖排文本框"命令,然后在文档编辑区中按住鼠标左键拖动鼠标绘制文本框,最后在文本框中输入文字。

文本框被选中后,在文本框的四周会出现 8 个控制点,与图片编辑方式相似,可以按住鼠标左键拖动控制点来改变文本框的大小,选项卡区域会增加如图 4.64 所示的"绘图工具-格式"

选项卡，通过该选项卡可以对文本框的环绕方式、位置、大小、形状样式、文本等进行设置。

图 4.64 "绘图工具-格式"选项卡

在默认情况下文本框的形状是矩形，修改文本框的形状的操作方法如下：

（1）选择要修改形状的文本框。

（2）单击"绘图工具-格式"选项卡"插入形状"选项组中的"编辑形状"按钮，从下拉列表中选择"更改形状"命令。

（3）从列表中选择一种形状，即将文本框更改为所选的形状。

对文本框的其他设置的操作方法如下：

（1）单击"形状样式"选项组右下角对话框启动器，弹出如图 4.65 所示的"设置形状格式"对话框。

（2）在对话框中选择左侧的"填充""线条颜色""线型"等选项分别设置对应文本框格式效果。

（3）选择"文本框"选项，在"内部边距"组中可以设置文本框内的文字与文本框四周边框之间的距离。

图 4.65 "设置形状格式"对话框

（4）在"文字版式"组的"垂直对齐方式"下拉列表中可以选择文字在文本中的垂直对齐方式，包括"顶端对齐""中部对齐"和"底端对齐"三个选项。

同步训练 4-28：在同步训练 4-27 的基础上，参照示例文件，插入文本框和文字，并调整文字的字体、字号、位置和颜色。

操作前

操作后

步骤 1. 单击"插入"选项卡"文本"选项组的"文本框"下拉按钮，在下拉列表中选择"绘制文本框"选项，绘制一个文本框并调整好位置。

步骤 2. 单击"绘图工具-格式"选项卡"形状样式"选项组的对话框启动器按钮，打开"设置形状格式"对话框,选择"线条颜色"为"无线条","填充"方式为"无填充"。

步骤 3. 在文本框中输入与参考样式中对应的文字,并调整好字体、字号和位置。

> **操作提示**
> 在"实习经验"下方的带项目符号"✓"的文字,需要三个文本框完成,选中文本框,单击"开始"选项卡"段落"选项组的"项目编号"按钮。

4.4.6 SmartArt 图形

SmartArt 图形是预先组合并设置好样式的一组文本框、形状、线条等,包括列表、流程、循环、层次结构、关系、矩阵、棱锥图和图片 8 种类型,每种类型下又包括一些图形样式,可以根据需要插入 SmartArt 图形。其操作方法如下:

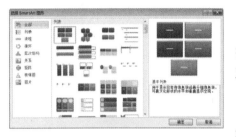

图 4.66 "选择 SmartArt 图形"对话框

(1)将插入点移至需要插入 SmartArt 图形的位置。
(2)单击"插入"选项卡"插图"选项组的"SmartArt"按钮 ,弹出如图 4.66 所示的"选择 SmartArt 图形"对话框。
(3)选择一种需要的图形,单击"确定"按钮。

此时文档中会出现 SmartArt 图形,但此时图形没有具体信息,只有占位符文本,同时在 Word 2010 窗口中会增加"SmartArt 工具-设计"和"SmartArt 工具-格式"两个选项卡,可以通过这两个选项卡对 SmartArt 图形进行设置。

同步训练 4-29: 在同步训练 4-28 的基础上,插入如图 4.67 所示的 SmartArt 图形,并进行适当编辑。

图 4.67 SmartArt 图形

操作前　　　　　　操作后

步骤 1. 单击"插入"选项卡"插图"选项组的"SmartArt"按钮,弹出"选择 SmartArt 图形"对话框。

步骤 2. 在对话框中选择"流程"类型中的"步骤上移流程"。

步骤 3. 此时文档中插入一个 SmartArt 图形并处于编辑状态,单击 SmartArt 图形边框选中整个 SmartArt 图形,并在"SmartArt 工具-格式"选项卡"排列"选项组的"自动换行"中选择"浮于文字上方"。

步骤 4. 输入相应的文字,并适当调整 SmartArt 图形的大小和位置。

步骤 5. SmartArt 图形中形状元素不够,需要添加形状元素,选择要添加形状的 SmartArt 图形,在"SmartArt 工具-设计"选项卡"创建图形"选项中单击"添加形状"按钮 ,从下拉菜单中选择"在后面添加形状"选项,然后可以在新形状中继续输入内容。

如果 SmartArt 图形中形状元素个数多余,需要删除形状元素,首先选中 SmartArt 图形中的某个形状元素,按下键盘的"Delete"键或"Backspace"键即可。

步骤 6. 根据样例图,需要为刚刚插入的 SmartArt 图形应用一种图形样式,选中 SmartArt 图形,单击"SmartArt 工具-设计"选项卡"SmartArt 样式"选项组中的"更改颜色"按钮,在下拉列表中选择"强调文字颜色 2"组的"渐变范围-强调文字颜色 2"选项,拖动 SmartArt 图形外围的绘图画布调整至合适大小。

> **操作提示**
> 在每一项文字之前有一个红色五角星,可使用插入符号来完成。

4.5 长文档排版

Word 不仅可以实现简单的图文编辑,还能实现长文档的编辑和版式设计。

4.5.1 样式的应用

Word 提供了强大的样式功能,极大地方便了 Word 文档的排版操作。样式是一套预先定义好的文本或段落格式,包括字体、字号、颜色、对齐方式、缩进等,每种样式都有名字,可以一次性地将文字或段落设置为样式中所预定的格式,不必对文字或段落的格式一处一处地进行设置。

1. 使用 Word 自带的内置样式

在 Word 中已经存在预先定义的一些样式,如正文、标题 1、标题 2 等,可以直接使用这些样式来快速设置文档格式。

同步训练 4-30:将文档中第一行"黑客技术"设为 1 级标题,文档中黑体字的段落设为 2 级标题,斜体字段落设为 3 级标题。

步骤 1. 选中第一行"黑客技术"文字。

步骤 2. 单击"开始"选项卡"样式"选项组中的"标题 1"按钮。

步骤 3. 选中文档中的一处黑体字,单击"开始"选项卡"编辑"选项组的"选择"下拉按钮,在弹出的下拉菜单中选择"选择格式相似的文本"选项以选中文档中所有的黑体字,单击"开始"选项卡"样式"选项组中的"标题 2"按钮。

步骤4. 使用同样的方法选中文档中的所有斜体字,应用"标题3"样式。

操作前　　　　　　　　　　　操作后

2. 新建样式

可以自己创建新的样式,创建之后就可以像使用 Word 自带的内置样式一样使用新样式来设置文档格式。新建样式的操作方法如下:

(1)单击"开始"选项卡"样式"选项组右下角的按钮,或按快捷键"Ctrl+Shift+Alt+S",在文档编辑区右侧会出现"样式"窗格,如图 4.68 所示。

(2)单击窗格左下方的"新建样式"按钮,弹出如图 4.69 所示的"根据格式设置创建新样式"对话框。

(3)在对话框中设置新样式的名称,再选择样式类型,样式类型有字符、段落等多种类型。字符类型的样式用于设置文字格式,段落类型的样式用于设置整个段落的格式。

(4)如果要创建的新样式和文档中某个现有的样式比较接近,可以从"样式基准"下拉框中选择该样式,只需要在此现有的样式格式基础上稍加修改就可以创建新样式。"后续段落样式"中列出了当前文档中的所有样式,用于设置编辑套用了新样式的一个段落之后,按下"Enter"键转到下一段落时,下一段落自动套用的样式。

(5)在"格式"组可以设置新样式的格式,也可以单击"格式"按钮,从弹出的如图 4.70 所示的下拉列表中选择要设置的格式类型,然后在打开的对话框中对格式进行详细设置。

(6)设置完成后单击"确定"按钮,在"样式"窗格和"样式"选项组中可以看到新建的样式,就可以使用了。

3. 修改及删除样式

在"样式"窗格中右击要修改的样式,弹出如图 4.71 所示的快捷菜单,选择"修改"选项,在弹出的如图 4.72 的"修改样式"对话框中对样式进行修改。从菜单中选择"从快速样式库中删除"选项可将样式删除,Word 内置样式不能删除但可以修改。

图 4.68 "样式"窗格　　图 4.69 "根据格式设置创建新样式"对话框　　图 4.70 "格式"下拉列表

图 4.71 "样式"快捷菜单　　　　　　图 4.72 "修改样式"对话框

同步训练 4-31：文稿中包含三个级别的标题，其文字分别用不同的颜色显示。按下述要求对书稿应用样式，并对样式格式进行修改。

文 字 颜 色	样　式	格　式
红色（章标题）	标题 1	小二号字、华文中宋、不加粗，标准深蓝色，段前 1.5 行、段后 1 行，行距最小值 12 磅，居中，与下段同页
蓝色【用一、，二、，三、，……标示的段落】	标题 2	小三号字、华文中宋、不加粗、标准深蓝色，段前 1 行、段后 0.5 行，行距最小值 12 磅
绿色【用(一)，(二)，(三)，……标示的段落】	标题 3	小四号字、宋体、加粗，标准深蓝色，段前 12 磅、段后 6 磅，行距最小值 12 磅
除上述三个级别标题外的所有正文（不含表格、图表及题注）	正文	仿宋体，首行缩进 2 字符、1.25 倍行距、段后 6 磅、两端对齐

步骤 1．在"开始"选项卡"样式"选项组中"标题 1"样式上单击鼠标右键，选择"修改"选项。

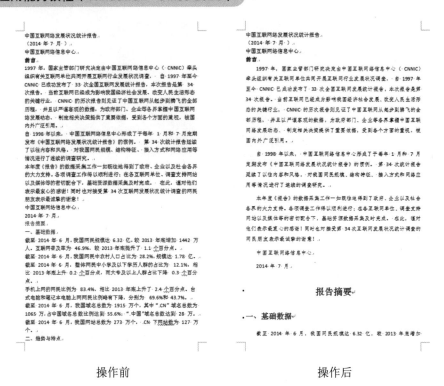

操作前　　　　　　　　　　　　操作后

步骤2. 在弹出的"修改样式"对话框中的"格式"组中将字体设为"华文中宋",字号设为"小二",不加粗,颜色设为"标准深蓝色"。

步骤3. 单击"格式"按钮,选择列表中的"段落"选项,弹出"段落"对话框,在"缩放和间距"选项卡的"常规"组中将"对齐方式"设为"居中",在"间距"组中将"段前"设为"1.5行"、将"段后"设为"1行",将"行距"设为最小值"12磅"。

步骤4. 在"换行和分页"选项卡的"分页"组中勾选"与下段同页"复选框,单击"确定"按钮。

步骤5. 按照选定所有与格式类似的文本方法选中所有红色的章标题,对其应用"标题1"样式。

步骤6. 用同样的方法设置所有蓝色的节标题(用一、,二、,三、……标示的段落)、绿色的小节标题(用(一)、(二)、(三)、……标示的段落)和正文部分。

步骤7. 设置完成后,对相应的标题和正文应用样式。

> **操作技巧**
>
> 如果样式组中没有标题3的样式,单击"样式"选项组右下角对话框启动器,在弹出的"样式"窗格中选择"选项"打开"样式窗格选项"对话框,在"选择内置样式名的显示方式"组中勾选"在使用了上一级别时显示下一标题"的复选框。

4.5.2　题注与交叉引用

题注是对文档中的图片或表格进行自动编号,当移动、添加或删除带题注的图片、表格或图表时,Word会自动更新文档中各题注的编号,从而节约手动编号的时间,也避免了编号出错。为图片、表格等元素创建题注的方法是类似的。

为文档中的图片添加题注的操作方法如下：

（1）将插入点定位到要添加题注的位置或选中图片。

（2）单击"引用"选项卡"题注"选项组的"插入题注"按钮，弹出"题注"对话框，如图 4.73 所示。

（3）在"题注"对话框的"题注"文本框中显示的是题注方式，可以单击"新建标签"按钮，弹出"新建标签"对话框，如图 4.74 所示。

（4）在对话框中输入新标签，如"图"，单击"确定"按钮回到"题注"对话框。

（5）如果编号需要带上如"图 1-1"的章节号，单击"编号"按钮，在弹出的如图 4.75 所示的"题注编号"对话框中勾选"包含章节号"复选框，再从"章节起始样式"中进行选择，单击"确定"按钮回到"题注"对话框。

图 4.73 "题注"对话框

图 4.74 "新建标签"对话框

图 4.75 "题注编号"对话框

（6）在"题注"对话框中单击"确定"按钮就可以插入题注了。

在文档中为第 2 张及以后各张图片插入题注时，单击"插入题注"按钮弹出"题注"对话框，Word 会自动选择已创建的新标签"图"和章节编号样式，此时只需单击"确定"按钮插入题注，然后在题注标签和编号后输入文字说明。

插入题注之后，在正文中也需要有相应的引用说明，若题注编号发生改变，正文中引用它的文字也相应地进行改变，可使用交叉引用来解决这个问题。在文档中创建交叉引用的操作方法如下：

（1）将插入点定位到要创建交叉引用的地方。

（2）单击"引用"选项卡"题注"选项组的"交叉引用"按钮，弹出如图 4.76 所示的"交叉引用"对话框。

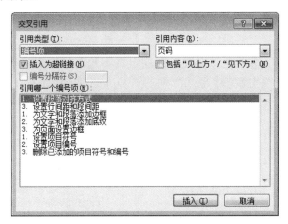
图 4.76 "交叉引用"对话框

(3)在"引用类型"下拉列表中选择要引用的内容,如"图",在"引用内容"下拉列表中选择"只有标签和编号",单击"插入"按钮就可以将"图1-1"文字插入到文档中。

(4)此时对话框不会关闭,可以继续在文档中定位插入点,在文档的其他位置插入交叉引用,单击"关闭"按钮关闭对话框。

同步训练4-32:将图片4-33-pic1.png插入到书稿中用浅绿色底纹标出的文字"调查总体细分图示"上方的空行中,在说明文字"调查总体细分图示"左侧添加格式如"图1"、"图2"的题注,添加完毕,将样式"题注"的格式修改为楷体、小五号字、居中。在图片上方用浅绿色底纹标出的文字的适当位置引用该题注。

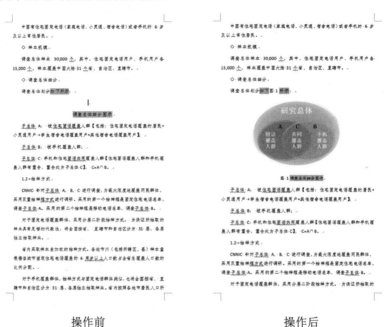

操作前　　　　　　　　　　　　　　操作后

步骤1.将光标定位到浅绿色底纹标出的文字"调查总体细分图示"上方的空行中。

步骤2.单击"插入"选项卡"插图"选项组中的"图片"按钮,弹出"插入图片"对话框,选择案例图片"pic1.png",单击"插入"按钮。

步骤3.将光标置于"调查总体细分图示"左侧,单击"引用"选项卡"题注"选项组中的"插入题注"按钮,在弹出的"题注"对话框中单击"新建标签"按钮,将标签设置为"图",单击两次"确定"按钮。

步骤4.单击"开始"选项卡"样式"选项组右下角对话框启动器,在弹出的"样式"任务窗格中的"题注"上单击右键,选择"修改"选项,在弹出的"修改样式"对话框中设置"字体"为"楷体"、"字号"为"小五"、"居中",单击"确定"按钮。

步骤5.将光标置于文字"如下"的右侧,单击"引用"选项卡"题注"选项组中的"交叉引用"按钮,在弹出的"交叉引用"对话框中将"引用类型"设置为"图","引用内容"设置为"只有标签和编号","引用哪一个题注"中选择"图1",单击"插入"按钮。

步骤6.单击"关闭"按钮完成操作。

4.5.3 脚注与尾注

脚注和尾注是对正文添加的注释，在页面底部所加的注释称为脚注，在全篇文档末尾添加的注释称为尾注。Word 中可以自动插入脚注和尾注，并为其添加编号，操作方法如下：

（1）将插入点定位到要插入注释的位置。

（2）如果要插入脚注，单击"引用"选项卡"脚注"选项组的"插入脚注"按钮，如果是插入尾注，则单击"插入尾注"按钮。

（3）此时 Word 会自动将插入点定位到脚注或尾注区域中，可以直接输入注释内容。

文档中的脚注和尾注可以相互转换，操作方法如下：

（1）单击"引用"选项卡"脚注"选项组右下角的对话框启动器按钮，打开如图 4.77 所示的"脚注和尾注"对话框。

（2）单击"转换"按钮，打开如图 4.78 所示的"转换注释"对话框。

（3）根据需要选择相应的选项进行转换。

图 4.77 "脚注和尾注"对话框

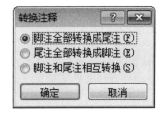

图 4.78 "转换注释"对话框

同步训练 4-33：在正文第 2 段的第一句话"……进行深入而广泛的交流"后插入脚注"参见 http://www.cloudcomputing.cn 网站"。

操作前　　　　　　　　　操作后

步骤 1．将光标置于"……进行深入而广泛的交流"之后。

步骤 2．单击"引用"选项卡"脚注"选项组的"插入脚注"按钮，此时在光标处显示脚注样式。

步骤 3．在光标闪烁的位置输入"参见 http://www.cloudcomputing.cn 网站"即可完成设置。

同步训练 4-34：为书稿中用黄色底纹标出的文字"手机上网比例首超传统 PC"添加脚注，脚注位于页面底部，编号格式为①、②……，内容为"网民最近半年使用过台式机、笔记本或同时使用台式机和笔记本统称为传统 PC 用户"。

操作前　　　　　　　　　　　　　操作后

步骤 1．选中文档中用黄色底纹标出的文字"手机上网比例首超传统 PC"。

步骤 2．单击"引用"选项卡"脚注"选项组右下角的对话框启动器按钮，打开"脚注和尾注"对话框。

步骤 3．将"位置"选择为"脚注"和"页面底端"，"编号格式"设为"①、②、③……"，"将更改应用于"设为"整篇文档"，单击"插入"按钮。

步骤 4．在脚注位置处输入内容"网民最近半年使用过台式机、笔记本或同时使用台式机和笔记本的网民统称为传统 PC 用户"。

4.5.4　分页与分节

在文档中的一个页面已经充满了文本或图形时，Word 将自动插入一个"分页符"并生成新页。如果需要将同一页的文本分别放置在不同页中，就要进行手动分页了。分页符是分页的一种符号，在分页符所在的位置处将强制开始下一页。Word 文档中可以随时插入这种分页符来强制分页，在文档中插入分页符的操作方法如下：

（1）将插入点定位到要位于下一页的段落的开头。

（2）单击"页面布局"选项卡"页面设置"选项组的"分隔符"按钮，从下拉菜单中选择"分页符"选项，则插入点之后的内容被放到下一页。

> **操作技巧**
>
> 插入分页符之后，如果页面上不可见，可以单击"开始"选项卡"段落"选项组的"显示/隐藏编辑标记"按钮，使按钮处于高亮状态，这样文档中的分页符就可见了。再次单击此按钮，则分页符又将隐藏起来不显示但仍然起作用。

分节符可以将文档分为不同的多个节，每节可根据需要设置成不同的格式，并且不影响其他节的文档格式设置。通过设置"分节符"可以为不同的节设置页眉或页脚、段落编号或页码等内容，如本书中的目录、前言及每一章都属于不同的节，它们设置了不同的页眉、页脚、页码。在文档中插入分节符的操作方法如下：

（1）将插入点移至需要分节的位置。

（2）单击"页面布局"选项卡"页面设置"选项组的"分隔符"按钮，弹出如图 4.79 所示的"分隔符"下拉列表。

（3）在下拉列表中选择"分节符"组中的选项完成"分节符"的插入。

分节符的类型及功能如表 4.7 所示。

图 4.79　"分隔符"下拉列表

表 4.7　分节符的类型及功能

分节符类型	功　　能
下一页	在插入"分节符"处进行分页，下一节从下一页开始
连续	分节后，在同一页中下一节的内容紧接上一节的开始
偶数页	在下一个偶数页开始新的一节。如果分节符在偶数页上，则文档会空出下一个奇数页
奇数页	在下一个奇数页开始新的一节。如果分节符在奇数页上，则文档会空出下一个偶数页

4.5.5　页眉/页脚与页码

1．页眉/页脚

页面顶部叫页眉，页面底部叫页脚。在使用 Word 制作页眉和页脚时，不必为每一页都亲自输入页眉和页脚，只要输入一次，Word 就会自动在本节内的所有页中添加相同的页眉和页脚。创建页眉、页脚的操作方法如下：

图 4.80　"页眉"下拉列表

（1）单击"插入"选项卡"页眉和页脚"选项组的"页眉"按钮，弹出如图 4.80 所示的下拉列表。

（2）在下拉列表中选择一种样式，然后在插入的页眉中输入内容，同时选项卡中增加了如图 4.81 所示的"页眉和页脚工具-设计"选项卡，也可以单击选项卡中相应的按钮插入"日期与时间""图片""剪贴画"等。

创建以后本节内所有的页面都将具有相同的页眉内容，如果文档未分节，则文档的所有页面都将具有相同的页眉内容。

在页眉编辑状态，单击"页眉和页脚工具-设计"选项卡中的"转至页脚"按钮切换到页脚区对页脚进行设置。

也可以双击页眉区或页脚区进入页眉/页脚编辑状态；双击正文部分可切换到正文编辑状态。

如果一篇文档中有"分节符"将文档分为多节，在不同的节中可以分别设置不同的页眉和页脚。在设置时，只要为某一节中的任意一个页面设置了页眉/页脚,则在该节的所有页面都将自动具有相同的页眉/页脚内容。

图 4.81 "页眉和页脚工具-设计"选项卡

在分节设置页眉/页脚时,为了设置方便,Word 默认让不同节使用了相同的页眉/页脚,也就是 Word 自动将后面"节"的页眉/页脚"自动链接"到前一节。如果要在不同节中设置不同的页眉/页脚,操作方法如下:

(1)设置非第一节的页眉/页脚时,单击"页眉和页脚工具-设计"选项卡"导航"选项组的"链接到前一条页眉"按钮 ,使之不被高亮选中,即不要链接到前一条页眉。

(2)对本节页眉/页脚进行设置,就可以设置与前一节不同的页眉/页脚了。

学习提示

如果"链接到前一条页眉"按钮是高亮选中状态,那么修改后一节的页眉/页脚,前一节的页眉/页脚也会被同时修改。

如果在"页眉和页脚工具-设计"选项组中勾选了"奇偶页不同"复选框,那么需要对文档奇数页和偶数页都要分别进行设置;如果文档中既存在分节,也勾选了"奇偶页不同"复选框,就需要对不同节的奇偶页分别设置不同的页眉/页脚,那么既要在后一节的奇数页眉/页脚取消"链接到前一条页眉"按钮的选中状态之后设置(奇数页)页眉/页脚,也要在后一节的偶数页页眉/页脚取消"链接到前一条页眉"按钮的选中状态,再设置(偶数页)页眉/页脚。

---

2. 页码

长文档一般标有页码,页码可以在页眉位置也可在页脚位置。

为文档添加页码一般分为两步,第一步设置页码格式,第二步指定在什么位置插入。其操作方法如下:

(1)单击"插入"选项卡"页眉和页脚"选项组的"页码"按钮 ,从下拉列表中选择"设置页码格式" ,弹出如图 4.82 所示的"页码格式"对话框。

(2)在"页码格式"对话框中设置页码,在"编号格式"下拉列表中选择一种编号格式,如果文档有分节或需要设置起始页码则在"页码编号"组中勾选"续前节"单选按钮或设置"起始页码",单击"确定"按钮。

(3)设置好页码格式之后,再次单击"插入"选项卡"页眉和页脚"选项组的"页码"按钮 ,在下拉列表中选择要在文档何处显示页码,如"页面底端" ,再在弹出的如图 4.83 所示的样式列表中选择所需样式,Word 会自动切换到页脚编辑状态,并在页脚处插入页码。

同步训练 4-35:文档除目录页外均显示页码,正文开始为第 1 页,奇数页码显示在文档的底部靠右,偶数页码显示在文档的底部靠左。文档偶数页加入页眉,页眉中显示文档标题"黑客技术",奇数页页眉没有内容。

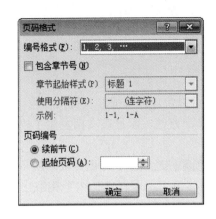
图 4.82 "页码格式"对话框

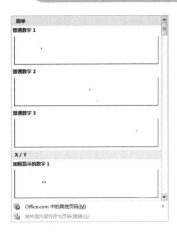
图 4.83 页码样式列表

目录页　　　　　　　　　正文奇数页　　　　　　　　正文偶数页
完成效果

步骤 1. 目录和正文分属不同的节，目录没有页眉/页脚，光标移至正文第 1 页（第 2 节）页眉/页脚处双击，在"页眉和页脚工具-设计"选项卡"选项"选项组中勾选"奇偶页不同"选项。

步骤 2. 分别将鼠标定位在正文的第 1 页（奇数页）、第 2 页（偶数页）的页眉和页脚（4 个位置），在"页眉和页脚工具-设计"选项卡"导航"选项组中取消"链接到前一条页眉"的选中状态。

步骤 3. 现在需要对第 2 节正文部分的奇数页和偶数页页眉/页脚分别设置：将鼠标光标定位在正文第 1 页（奇数页）页码处，单击"插入"选项卡"页眉和页脚"选项组中的"页码"按钮，选择"设置页码格式"，弹出"页码格式"对话框。

步骤 4. 在"页码格式"对话框中，选中"起始页码"单选按钮，设置为"1"。

步骤 5. 再次单击"页码"按钮，在弹出的下拉列表中选择"页面底端"级联菜单中的"普通数字 3"（靠右）。

步骤 6. 将鼠标光标移至正文第 2 页（偶数页），单击"插入"选项卡"页眉和页脚"选项组的"页码"按钮,在弹出的下拉列表中选择"页面底端"级联菜单的"普通数字 1"。

步骤 7. 转到正文第 2 页(偶数页)页眉处,在页眉输入框中输入"黑客技术"。

4.5.6 自动生成目录

目录通常是长文档不可缺少的部分,通过目录可以快速地掌握和查找文档内容。在 Word 2010 中可以自动生成目录,使目录的制作变得简单、方便,而且在文档发生了改变后,还可以利用更新目录功能及时调整目录的内容。

插入目录的过程主要分为两个环节:标记目录项和创建目录。标记目录项就是将相应的章节标题段落设置为一定的标题样式,创建目录就是将章节标题样式的内容提取出来制作为目录。其操作方法如下:

(1)将文档中所有章节标题套用正确的标题样式,如"标题 1""标题 2""标题 3"等。

(2)将插入点定位到文档中要插入目录的位置,单击"引用"选项卡"目录"选项组的"目录"按钮,从如图 4.84 所示的下拉列表中选择一种目录样式可快速生成目录。

也可以在下拉列表中选择"插入目录",在弹出的如图 4.85 所示的"目录"对话框中进行详细设置。

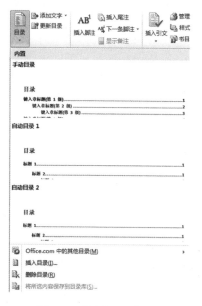

图 4.84 "目录"下拉列表

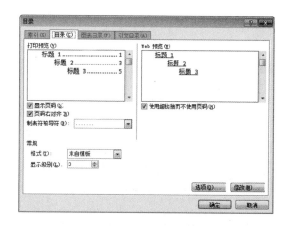

图 4.85 "目录"对话框

同步训练 4-36:在文档的开始位置插入只显示 2 级和 3 级标题的目录,并用分节方式令其独占一页。

步骤 1. 在前面的操作中已将文档各级标题设置好标题样式,将鼠标光标移至标题"黑客技术"之前,单击"引用"选项卡"目录"选项组中的"目录"按钮,在弹出的下拉列表中选择"插入目录",弹出"目录"对话框。

步骤 2. 在"目录"对话框中单击"选项"按钮,弹出"目录选项"对话框,如图 4.86 所示。

步骤 3. 将光标定位到 ✓ 标题 1 后面的文本框,删除文本框内的"1",单击"确定"按钮完成目录的插入。

完成效果

步骤4. 单击"页面布局"选项卡"页面设置"选项组的"分隔符"按钮,在弹出的下拉列表中选择"下一页"分节符。

当文档发生改变以后,Word 2010 还可以利用更新目录功能及时调整目录的内容,操作方法如下:

(1) 在目录页的任意位置单击鼠标右键,弹出如图 4.87 所示的右键菜单。
(2) 选择"更新域"命令,弹出"更新目录"对话框。
(3) 在对话框中选择"只更新页码"或"更新整个目录",如果标题发生了变化应该选择"更新整个目录"。

图 4.86 "目录选项"对话框

图 4.87 "目录"右键菜单

4.5.7 插入封面页

完成编辑之后还可以为长文档增加一个封面,Word 提供了许多预定义的封面格式,含有预设好的图片、文本框。单击"插入"选项卡"页"选项组的"封面"按钮,在如图 4.88 所示的下拉列表中选择一种封面,就为文档插入了封面页,再在封面页的对应区域中输入相应的内容就可以了。

图4.88 "封面"下拉列表

同步训练 4-37：在"北京政府统计工作年报"文档中，根据如下封面利用前三行内容为文档制作一个封面页，令其独占一页。

完成效果

步骤1．单击"插入"选项卡"页"选项组中的"封面"按钮，在弹出的下拉列表中选择"运动型"。

步骤2．参考"封面样例.png"，将案例前三行文字移动到封面的相应位置。

步骤3．在"开始"选项卡"字体"选项组中设置适当的字体和字号。

也可以自己设计封面。

同步训练 4-38：参照示例文件"cover.png"为文档设计封面，封面上的图片可取自文件"Logo.jpg"，并应进行适当的裁剪。

步骤1．将光标置于"前言"文字前，单击"页面布局"选项卡"页面设置"选项组中的"分隔符"按钮，在弹出的下拉列表中选择"分页符"选项。

步骤2．将光标置于"报告摘要"文字的前面，单击"页面布局"选项卡"页面设置"选项组中"分隔符"按钮，在弹出的下拉列表中选择"下一页"选项。

步骤3．参考样例图片，设置封面及前言的字体、字号、颜色和段落格式。

完成效果

步骤4. 将光标置于"中国互联网络信息中心"文字上方,单击"插入"选项卡"插图"选项组中的"图片"按钮,选择案例图片"Logo"插入到文档中。

步骤5. 选中图片,在"图片工具-格式"选项卡"大小"选项组中对其进行裁剪,并适当调整大小。

4.6 邮件合并

邮件合并是将多份文档中的相同内容部分制作为一个主文档,将多份文档中的不同内容部分制作为数据源,然后将主文档和数据源进行合并,快速批量地生成主体相同、关键内容不同的多份文档,使用邮件合并可以高效地批量制作完成录取通知书、成绩单、准考证等。

4.6.1 制作邮件

邮件合并之前需要制作主文档和数据源。

主文档是包含合并文档中保持不变的文字和图形的文档。制作主文档包括设置文本和段落格式、添加页眉和页脚,如果在主文档中设置了页面背景图片,合并之后背景图片不会显示在合并文档中,需要在合并之后重新设置背景图片。

数据源包含要合并到文档中以表格形式存储的数据信息。数据源表格的第 1 行必须为标题行,不能留空。除第 1 行之后的每一行为一个完整信息,也称为一条数据记录。可以在 Word 中制作表格,也可以用 Excel 制作表格,用 Excel 制作表格的方法将在第 5 章介绍。

4.6.2 邮件合并

主文档和数据源制作完成之后,就可以进行右键合并了。

首先将文档链接到数据源,操作方法如下:

(1)打开主文档,单击"邮件"选项卡"开始邮件合并"选项组中的"开始邮件合并"按钮,弹出"开始邮件合并"下拉列表,如图 4.89 所示。

(2)在下拉列表中选择"邮件合并分步向导"选项,在 Word 窗口右侧会出现"邮件合并"

窗格，根据提示进行邮件合并操作。

同步训练 4-40：为召开云计算技术交流大会，小王需制作一批邀请函，要邀请的人员名单见"4-40-Word 人员名单.xlsx"，邀请函的样式参见"4-40-邀请函参考样式.docx"，大会定于 2013 年 10 月 19 日至 20 日在武汉举行。请根据上述活动的描述，利用 Word 制作一批邀请函，将电子表格"Word 人员名单.xlsx"中的姓名信息自动填写到"邀请函"中"尊敬的"三字后面，并根据性别信息在姓名后添加"先生"（性别为男）、"女士"（性别为女）。

完成效果

步骤 1．选择文档类型。在"选择文档类型"组中选择一个创建输入文档类型，如"信函"，如图 4.90 所示。单击"下一步：正在启动文档"选项。

步骤 2．选择开始文档。在"选择开始文档"组中的"想要如何设置信函"下选择"使用当前文档"单选按钮，如图 4.91 所示。单击"下一步：选取收件人"选项。

图 4.89 "开始邮件合并"下拉列表　　图 4.90　选择文档类型　　图 4.91　选择开始文档

步骤 3．选择收件人。

（1）在"选择收件人"组中选择数据源，如图 4.92 所示。

（2）单击"浏览"打开"选择数据源"对话框，如图 4.93 所示。

（3）选择收件人信息所在文档，单击"打开"按钮，弹出"选择表格"对话框，如图 4.94 所示。

（4）在对话框中选择保存收件人信息的工作表名称，单击"确定"按钮，弹出"邮件合并收件人"对话框，如图 4.95 所示。

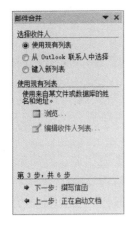

图 4.92 选择收件人

图 4.93 "选择数据源"对话框

(5) 在对话框中可以对收件人信息进行修改,单击"确定"按钮。返回"邮件合并"窗格,单击"下一步:撰写信函"选项。

图 4.94 "选择表格"对话框

图 4.95 "邮件合并收件人"对话框

步骤 4. 撰写信函。

(1) 在当前文档中撰写信函内容完成之后将插入点定位在第 2 行"尊敬的"后面。

(2) 在"邮件合并"窗格中选择"其他项目"选项,弹出"插入合并域"对话框,如图 4.96 所示。

(3) 从对话框中选择"域"为"姓名",单击"插入"按钮。

(4) 单击"邮件"选项卡"编写和插入域"选项组中的"规则" 规则 按钮,在下拉列表中选择"如果……那么……否则……"选项,打开"插入 Word 域:IF"对话框,如图 4.97 所示。

(5) 在"域名"下拉列表框中选择"性别",在"比较条件"下拉列表框中选择"等于",在"比较对象"文本框中输入"男",在"则插入此文字"文本框中输入"先生",在"否则插入此文字"文本框中输入"女士"。

(6) 设置完毕后单击"确定"按钮。

(7) 返回"邮件合并"窗格,单击"下一步:预览信函"选项。

步骤 5. 预览信函。在"预览信函"组内单击"《"或"》"按钮可以查看所有人的信函,如图 4.98 所示。单击"下一步:完成合并"选项。

图 4.96 "插入合并域"对话框

图 4.97 "插入 Word 域：IF"对话框

步骤 6．完成合并。

（1）在"合并"组中可以根据需要选择"打印"或"编辑单个信函"进行合并工作，如图 4.99 所示。

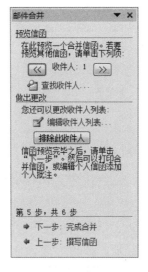

图 4.98 预览信函

图 4.99 完成合并

（2）选择"编辑单个信函"选项，弹出"合并到新文档"对话框。

（3）在"合并记录"组中选择"全部"，单击"确定"按钮，将收件人信息自动添加到邀请函中合并生成一个新文档，在该文档每页中的邀请函信息均由数据源自动创建生成。

4.7 考级辅导

4.7.1 考试要求

1．一级考试

基本要求：了解文字处理的基本知识，熟练掌握文字处理 Word 的基本操作和应用，熟练掌握一种汉字（键盘）输入方法。

考试内容：

（1）Word 的基本概念，Word 的基本功能和运行环境，Word 的启动和退出。

（2）文档的创建、打开、输入、保存等基本操作。

（3）文本的选定、插入与删除、复制与移动、查找与替换等基本编辑技术；多窗口和多文档的编辑。

（4）字体格式设置、段落格式设置、文档页面设置、文档背景设置和文档分栏等基本排版技术。

（5）表格的创建、修改，表格的修饰，表格中数据的输入与编辑，数据的排序和计算。

（6）图形和图片的插入，图形的建立和编辑，文本框、艺术字的使用和编辑。

（7）文档的保护和打印。

2. 二级考试

基本要求：掌握 Word 的操作技能，并熟练应用编制文档。

考试内容：

（1）Microsoft Office 应用界面的使用和功能设置。

（2）Word 的基本功能，文档的创建、编辑、保存、打印和保护等基本操作。

（3）设置字体和段落格式、应用文档样式和主题、调整页面布局等排版操作。

（4）文档中表格的制作与编辑。

（5）文档中图形、图像（片）对象的编辑和处理，文本框和文档部件的使用，符号与数学公式的输入与编辑。

（6）文档的分栏、分页和分节操作，文档页眉、页脚的设置，文档内容引用操作。

（7）文档审阅和修订。

（8）利用邮件合并功能批量制作和处理文档。

（9）多窗口和多文档的编辑，文档视图的使用。

（10）分析图文素材，并根据需求提取相关信息引用到 Word 文档中。

4.7.2 真题练习

1．对素材文件夹下"WORD.DOCX"文档中的文字进行编辑、排版和保存，具体要求如下：

（1）将标题段文字（"蛙泳"）设置为二号红色黑体、加粗、字符间距加宽 20 磅、段后间距 0.5 行。

（2）设置正文各段落（"蛙泳是一种……蛙泳配合技术。"）左右各缩进 1.5 字符，行距为 18 磅。

（3）在页面底端（页脚）居中位置插入大写罗马数字页码，起始页码设置为"IV"。

（4）将文中后 7 行文字转换成一个 7 行 4 列的表格，设置表格居中，并以"根据内容自动调整表格"选项自动调整表格，设置表格所有文字水平居中。

（5）设置表格外框线为 3 磅蓝色单实线、内框线为 1 磅蓝色单实线；设置表格第一行为黄色底纹；设置表格所有单元格上、下边距各为 0.1 厘米。

2．刘老师正准备制作家长会通知，根据素材文件夹下的相关资料及示例按下列要求帮助刘老师完成编辑操作。

（1）将文件夹下的"Word 素材.docx"文件另存为"Word.docx"（".docx"为扩展名），后续操作均基于此文件。

（2）将纸张大小设为 A4，上、左、右边距均为 2.5 厘米、下边距为 2 厘米，页眉、页脚分别距边界 1 厘米。

（3）插入"空白（三栏）"型页眉，在左侧的内容控件中输入学校名称"北京市向阳路中学"，删除中间的内容控件，在右侧插入图片"Logo.gif"代替原来的内容控件，适当剪裁图片的长度，使其与学校名称共占用一行。将页眉下方的分隔线设为标准红色、2.25 磅、上宽下细的双线型。插入"瓷砖型"页脚，输入学校地址"北京市海淀区中关村北大街 55 号　邮编：100871"。

（4）对包含绿色文本的成绩报告单表格进行下列操作：根据窗口大小自动调整表格宽度，且令语文、数学、英语、物理、化学 5 科成绩所在的列等宽。

（5）将通知最后的蓝色文本转换为一个 6 行 6 列的表格，并参照文档"回执样例.png"进行版式设置。

（6）在"尊敬的"和"学生家长"之间插入学生姓名，在"期中考试成绩报告单"的相应单元格中分别插入学生姓名、学号、各科成绩、总分，以及各科的班级平均分，要求通知中所有成绩均保留两位小数。学生姓名、学号、成绩等信息存放在 Excel 文档"学生成绩表.xlsx"中（提示：班级各科平均分位于成绩表的最后一行）。

（7）按照中文的行文习惯，对家长会通知主文档 Word.docx 中的红色标题及黑色文本内容的字体、字号、颜色、段落间距、缩进、对齐方式等格式进行修改，使其看起来美观且易于阅读。要求整个通知只占用一页。

（8）仅为其中学号为 C121401～C121405、C121416～C121420、C121440～C121444 的 15 位同学生成家长会通知，要求每位学生占 1 页内容。将所有通知页面另外保存在一个名为"正式家长会通知.docx"的文档中（如果有必要，应删除"正式家长会通知.docx"文档中的空白页面）。

（9）文档制作完成后，分别保存"Word.docx"和"正式家长会通知.docx"两个文档。

第 5 章

Excel 2010 处理电子表格

Excel 2010 是微软公司推出的 Microsoft Office 2010 办公系列软件的重要组成部分，主要用于对电子表格的数据进行处理。它不仅可以高效地完成各种表格和图的设计，还可以进行复杂的数据计算和分析，极大地提高了办公人员对数据的处理效率。

用 Excel 处理数据的一般流程如下：

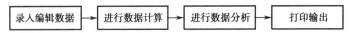

5.1 认识 Excel 2010 与工作簿和工作表的基本操作

5.1.1 Excel 2010 的工作界面

Excel 2010 的工作界面主要由快速访问工具栏、选项卡与功能区命令按钮、标题栏、编辑栏、工作簿窗口和状态栏等部分组成，如图 5.1 所示。

1. 快速访问工具栏

快速访问工具栏在 Excel 窗口顶部标题栏的左侧，为了使用方便，把一些命令按钮单独列出。其功能和使用方法与 Word 2010 类似。快速访问工具栏的左侧是 Excel 控制图标。

2. 选项卡与功能区命令按钮

Excel 2010 的功能区是由各种选项卡和包含在选项卡中的各种命令按钮组成的，功能区基本包含 Excel 2010 中的各种操作需要用到的命令。默认选择的选项卡为"开始"选项卡。使用时，可以通过单击来选择需要的选项卡。每个选项卡中包括多个选项组，每个选项组中又包含若干相关的命令按钮，如果选项组的右下角有一个图标，单击此图标，可以打开相关的对话框。与 Word 2010 类似，某些选项卡只在需要使用时才显示出来。

3. 标题栏

标题栏在窗口的顶端，显示了工作簿的名称（默认为"工作簿 1"）和应用程序名 Microsoft

Excel。标题栏的右边是 Excel 的三个控制按钮，分别为"最小化"按钮 ▭ 、"还原或最大化"按钮 ▭ 和"关闭"按钮 ▭ 。

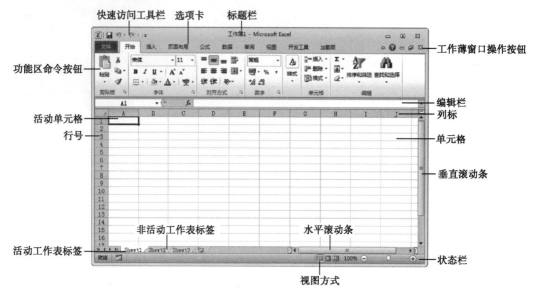

图 5.1　Excel 2010 工作界面

4．编辑栏

编辑栏位于选项卡功能区的下方，从左至右分别由名称框、工具栏按钮和编辑框三部分组成。名称框用于显示当前单元格的地址和名称，当选择单元格或区域时，名称框中将出现相应的地址名称（如 A1）；在名称框中输入地址名称时，也可以快速定位到目标单元格中。例如，在名称框中输入"B8"，按"Enter"键即可将活动单元格定位为第 B 列第 8 行，如图 5.2 所示。

编辑框主要用于向活动单元格中输入、修改数据或公式。向单元格中输入数据或公式时，在名称框和编辑框之间会出现两个按钮 ✖ 和 ✓，单击按钮 ✖，则可取消对该单元格的编辑；单击按钮 ✓，可以确定输入或修改该单元格的内容，同时退出编辑状态，如图 5.3 所示。

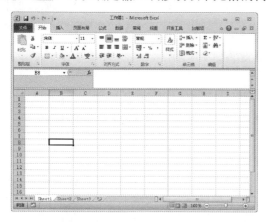

图 5.2　快速定位到"B8"单元格

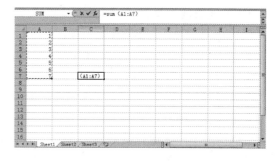

图 5.3　公式框

5．工作簿窗口

工作簿窗口位于编辑栏的下方，工作簿是 Excel 用来处理和存储数据的文件，其扩展名为.xlsx，其中可以含有一个或多个工作表。工作簿相当于工作表的容器,刚启动 Excel 2010 时,打开一个名为 Book1 的空白工作簿,在保存时可以重新命名。工作簿窗口主要包含以下几个部分。

(1)工作簿标题栏。位于工作簿窗口顶部,用于显示工作簿的名称。其左端为工作簿控制菜单图标。单击标题栏右侧的"最大化"按钮,工作簿窗口最大化,此时工作簿标题栏将自动并入 Excel 标题栏。

(2)工作表工作区。工作表也称电子表格,其名称分别显示在底部的工作表标签上。工作表工作区是指位于工作簿标题栏和工作表标签之间的区域,表格的编辑主要在这一区域完成。一张工作表是一个二维表格,其中行号以数字命名,列标以字母或字母组合命名。工作表中的表格又称单元格,其地址由列标和行号组成,如 D5 单元格就是位于工作表中第 4 列第 5 行的单元格。

(3)工作表标签。工作表标签位于工作簿窗口底部,用于显示工作表名称。默认情况下,一个新的工作簿中含有三个工作表,分别为 Sheet1、Sheet2 和 Sheet3。通过鼠标单击工作表标签可以切换工作表,在最后一个工作表标签的右侧是插入工作表标签,单击可以插入一个新的工作表。

6. 状态栏

状态栏位于窗口底部,其功能主要是显示当前数据的编辑状态、切换视图模式及调整页面显示比例等,从而使用户查看文档内容更方便。如需要自定义状态栏,可以在状态栏上单击鼠标右键,在弹出的快捷菜单中选择所需的选项即可。

5.1.2　Excel 2010 的启动和退出

Excel 2010 的启动和退出方式与 Word 2010 相似。

1. 启动 Excel 的方法

方法 1:在 Windows 的"开始"菜单中启动 Excel。选择"开始"→"所有程序"→"Microsoft Office"→"Microsoft Excel 2010"命令。

方法 2:通过"运行"命令启动 Excel。单击"开始"菜单,在搜索框中输入 Excel。

方法 3:打开已经存在的 Excel 工作簿,双击 Excel 文档的图标。

2. 退出 Excel 的方法

方法 1:单击 Excel 窗口右上角的关闭按钮☒。

方法 2:使用"文件"选项卡中的"退出"命令。

方法 3:使用"Alt+F4"组合键。

方法 4:双击 Excel 窗口标题栏左上角的控制图标。

方法 5:单击 Excel 窗口的控制图标,打开 Excel 窗口的控制菜单,选择"关闭"命令。

方法 6:右击标题栏,选择快捷菜单中的"关闭"命令。

在执行退出 Excel 操作时,如果有文档修改后尚未保存,Excel 会在退出之前弹出提示是否保存的提示框,其中"是""否"和"取消"按钮的功能与 Word 2010 完全一致。

5.1.3　工作簿的基本操作

1. 工作簿的新建与保存

启动 Excel 2010 时,系统会自动创建一个空白的工作簿,也可以根据需要自己创建一个新工作簿。

在"文件"选项卡中选择"新建"选项,在"可用模板"窗格中单击"空白工作簿",然后在右侧列表框中单击"创建"按钮,即可创建一个新的空白工作簿。

在"可用模板"窗格中选择"样本模板",从下方列表框中选择与需要创建的工作簿类型对应的模板,单击"创建"按钮,即可生成带有相关文字和格式的工作簿;如果选择"根据现有内容新建",则弹出"根据现有工作簿新建"对话框,可以从中选择已有的 Excel 文件作为新建工作簿的基础。

保存工作簿:可以单击快速访问工具栏上的"保存"按钮,也可以选择"文件"选项卡中的"保存"和"另存为"命令,或者使用快捷键"Ctrl+S"。

2. 工作簿的打开与关闭

除了可以通过双击准备打开的工作簿文件启动 Excel 并打开该工作簿外,也可以在启动 Excel 之后通过"文件"选项卡中的"打开"命令(快捷键"Ctrl+O")打开,在"打开"对话框中,定位到要打开的工作簿路径下,选择要打开的工作簿,单击"打开"按钮,即可在 Excel 窗口中打开所选择的工作簿。

暂时不再进行编辑的工作簿,可以通过"文件"选项卡中的"关闭"命令来关闭;如果不再使用 Excel 编辑任何工作簿,单击 Excel 2010 主窗口标题栏右侧的按钮关闭当前已打开的工作簿即可。

5.1.4 工作表的基本操作

1. 工作表的切换

在打开的工作簿中,工作表标签位置以白底显示的工作表是当前工作表。在新建的工作簿中,默认的当前工作表是 Sheet1 工作表,可以单击其他工作表标签切换到其他工作表,也可以使用"Ctrl+PageUp"快捷键切换到上一个工作表,或使用"Ctrl+PageDown"快捷键切换到下一个工作表。

如果工作簿中插入了许多工作表,而所要切换的工作表标签没有显示在屏幕上,则可以通过工作表标签前面的 4 个标签滚动按钮来滚动标签,如图 5.4 所示。

图 5.4 利用标签按钮切换标签

2. 工作表的插入

一个工作簿默认有三个工作表,如果需要插入新的工作表,可单击工作表标签之后的"插入工作表"按钮;也可以进行如下操作:

(1)右键单击工作表标签,在弹出的快捷菜单中选择"插入"命令,打开"插入"对话框,如图 5.5 所示。

(2)在"常用"选项卡中选择"工作表",然后单击"确定"按钮,即可插入新的工作表。

或者单击"开始"选项卡"单元格"选项组中的"插入"按钮,弹出如图 5.6 所示的下拉列表,选择"插入工作表"选项。

图 5.5 "插入"对话框

图 5.6 "插入"下拉列表

3. 工作表的删除

删除工作表的操作方法如下:

(1)右键单击要删除的工作表标签,在弹出的快捷菜单中选择"删除"命令。

(2)如果要删除的工作表中包含数据,会弹出"永久删除这些数据?"提示框,单击"删除"按钮即可删除。

4. 工作表的重命名

对于默认的工作表名 Sheet1、Sheet2 和 Sheet3 等,从这些工作表名称中很难判断工作表中存放的内容,因此可以为工作表取一个有意义的名称。对工作表改名通常采取以下两种方法。

方法一:右键单击要重命名的工作表标签,在弹出的快捷菜单中选择"重命名"选项,输入工作表的新名称。

方法二:双击要重命名的工作表标签,然后在标签中输入工作表的新名称,按"Enter"键。

同步训练 5-1:将"sheet1"工作表命名为"销售情况",将"sheet2"命名为"平均单价"。

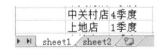

操作前

操作后

5. 多个工作表的选定

要在工作簿的多个工作表中输入相同的数据,可以将这些工作表选定。选定工作表的方法如表 5.1 所示。

表 5.1 选定工作表的方法

选 定 工 作 表	方　　　　法
相邻的多个工作表	单击第一个工作表标签,按住"Shift"键,再单击最后一个选定的工作表标签
不相邻的多个工作表	选定第一个工作表标签之后按住"Ctrl"键,再分别单击要选定的工作表标签
工作簿中的所有工作表	右键单击工作表标签,从弹出的快捷菜单中选择"选定全部工作表"选项

在选定多个工作表时,在标题栏文件名旁边将出现"工作组"字样。当向工作组内的一个工作表输入数据或进行格式化时,工作组中的其他工作表也会出现相同的数据和格式。

取消对工作表的选定，只需要单击任意一个未选定的工作表标签，或者右键单击工作表标签，从弹出的快捷菜单中选择"取消组合工作表"选项即可。

6. 工作表的移动和复制

在工作簿内移动工作表，可以改变工作表的排列顺序，操作方法如下：

（1）在要移动的工作表名称上按下鼠标左键，在标签上出现 。

（2）拖曳工作表标签到达新位置，松开鼠标左键，工作表就移动到了新位置。

如果在拖曳的同时按下"Ctrl"键，发现 中间多了一个"+"，到达新位置后，先松开鼠标左键，再松开"Ctrl"键，便可复制工作表。工作表名称为原名称加一个带括号的编号，如 Sheet1 的复制工作表名称为 Sheet1（2）。

将一个工作表移动或复制到另一个工作簿中的操作方法如下：

（1）打开用于接收工作表的工作簿，切换到包含要移动或复制工作表的工作簿中。

（2）右键单击要移动或复制的工作表标签，从弹出的快捷菜单中选择"移动或复制工作表"选项，弹出"移动或复制工作表"对话框，如图 5.7 所示。

（3）在"工作簿"下拉列表中选择用于接收工作表的工作簿名称。

（4）在"下列选定工作表之前"列表框中选择要移动或复制的工作表要放在选定工作簿中的哪个工作表之前。

（5）选中"建立副本"复选框，实现工作表复制，否则实现工作表移动。

7. 工作表的隐藏和显示

为了避免对重要数据和机密数据的误操作，可以隐藏工作表，操作方法如下：

（1）单击选中要隐藏的工作表标签。

（2）单击"开始"选项卡"单元格"选项组中的"格式"按钮，弹出"隐藏和取消隐藏"级联菜单。

（3）在菜单中选择"隐藏工作表"选项就可以将选中的工作表隐藏起来。

> **操作技巧**
> 右键单击要隐藏的工作表标签，从弹出的快捷菜单中选择"隐藏"选项。

取消隐藏工作表的操作方法如下：

（1）右键单击工作表标签，从弹出的快捷菜单中选择"取消隐藏"选项，弹出"取消隐藏"对话框，如图 5.8 所示。

图 5.7 "移动或复制工作表"对话框

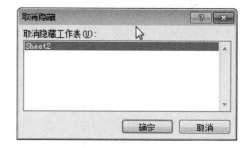
图 5.8 "取消隐藏"对话框

（2）在"取消隐藏工作表"列表框中选择要取消隐藏的工作表，单击"确定"按钮即可。

8. 工作表的拆分

当编辑的数据量较大，需要在某个区域编辑数据，而有时需要一边编辑数据一边参照工作表中其他位置上的内容，这时可以通过拆分工作表来解决这个问题，操作方法如下：

（1）打开要拆分的工作表，单击要从其上方和左侧拆分的单元格。

（2）单击"视图"选项卡"窗口"选项组中的"拆分"按钮 拆分 ，就可以将工作表拆分为4个窗格。

> **操作技巧**
>
> 将光标移到拆分后的分隔条上，当鼠标变为双向箭头时进行拖曳可以改变拆分后窗口的大小。如果将分隔条拖到表格窗口外，就删除了分隔条。可以通过鼠标在各个窗格中单击进行切换，然后在各个窗格中显示工作表的不同部分。

当窗口处于拆分状态时，单击"视图"选项卡"窗口"选项组中的"拆分"按钮可以取消窗口的拆分。

9. 工作表的冻结

当处理的数据表格有很多行时可以通过冻结工作表标题来固定标题行位置，操作方法如下：

（1）打开 Excel 工作表，单击标题行下一行中任意一个单元格。

（2）单击"视图"选项卡"窗口"选项组中的"冻结窗口"按钮 冻结窗格 ，打开如图 5.9 所示的下拉列表。

（3）在下拉列表中选择"冻结首行"，向下拖曳工作表数据，标题行将始终停留在第一行。如果选择"冻结拆分窗口"，则所选择的单元格将成为左上角第一个活动单元格，冻结上方行和左边的列。

图 5.9 "冻结窗格"下拉列表

5.1.5 单元格的基本操作

1. 单元格的选择

在 Excel 中也遵循"要对谁进行操作首先得选中谁"的原则，要对哪个单元格进行编辑首先得选中该单元格。

（1）选择一个单元格。单击要选择的单元格，此时该单元格的周围出现黑色粗边框，说明它是活动单元格。

（2）选择多个单元格。如果要选择连续的多个单元格，单击要选择的单元格区域内的第一个单元格，拖曳鼠标到选择区域内最后一个单元格，松开鼠标左键便选择了一块连续的单元格区域；或者先单击选择区域左上角的第一个单元格，按住"Shift"键再单击区域右下角的一个单元格。

如果要选择不连续的单元格，在按住"Ctrl"键的同时单击要选择的单元格，便可选择不连续的多个单元格。

（3）选择全部单元格。单击行号和列标左上角交叉处的"全选"按钮 ，即可选择工作表的全部单元格；或者单击数据区域中任意一个单元格，然后按"Ctrl+A"快捷键可以选择工作表中连续的数据区域；单击数据区域空白单元格，然后按"Ctrl+A"快捷键可以选择工作表中全部单元格。

2. 单元格的插入与删除

在某单元格插入一个单元格的操作方法如下：

（1）单击"开始"选项卡"单元格"选项组中的"插入"按钮，在弹出的菜单中选择"插入单元格"选项，弹出"插入"对话框，如图5.10所示。

（2）选中插入方式，单击"确定"按钮。

如果选中"活动单元格右移"单选按钮，可以将当前单元格向右移动；如果选中"整行"或"整列"单选按钮，可以插入一行或一列。

对于表格中多余的单元格，可以将其删除。删除单元格不仅可以删除单元格中的数据，同时还将删除选中的单元格。选中要删除的单元格，单击"开始"选项卡"单元格"选项组中的"删除"按钮，打开如图5.11所示的下拉列表，选择"删除单元格"选项，在弹出的如图5.12所示的"删除"对话框中进行操作。

图 5.10 "插入"对话框

图 5.11 "删除"下拉列表

图 5.12 "删除"对话框

3. 单元格的合并与拆分

合并单元格是将相邻的几个单元格合并为一个单元格，操作方法如下：

（1）选择要合并的多个单元格。

（2）单击"开始"选项卡"对齐方式"选项组中的"合并单元格"按钮 右侧的向下箭头。

（3）从下拉菜单中选择"合并后居中"选项。

如果合并的单元格中存在数据，则会弹出如图5.13所示的提示框。单击"确定"按钮，只有最左上角单元格中的数据保留在合并后的单元格中，其他单元格中的数据将被删除。

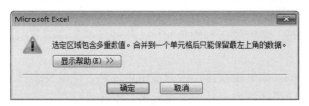
图 5.13 合并单元格提示框

对于已经合并的单元格，还可以取消合并，操作方法如下：

（1）选中已合并的单元格。

（2）在"开始"选项卡"对齐方式"选项组中再次单击"合并单元格"按钮 ，或者从下拉列表中选择"取消单元格合并"选项。

4. 选择表格中的行和列

（1）表格行的选择分为选择单行、选择连续的多行，以及选择不连续的多行三种情况，如表5.2所示。

表 5.2　选择表格行方法

选 择 行	方　　法
单行	将光标移动到要选择行的行号上，当光标变为➡形状时单击，可以选择该行
连续的多行	单击要选择的多行中最上面或最下面一行的行号，按住鼠标左键并向下拖曳鼠标到选择区域的最后一行或第一行，便可以选择区域的所有行
不连续的多行	按住"Ctrl"键的同时，分别单击要选择的多个行的行号，可以同时选择不连续的行

（2）表格列的选择也分为选择单列、选择连续的多列，以及选择不连续的多列三种情况，如表 5.3 所示。

表 5.3　选择表格列方法

选 择 列	方　　法
单列	将光标移动到要选择列的列标上，当光标变为⬇形状时单击，可以选择该列
连续的多列	单击要选择的多列中最左边或最右边一列的列号，按住鼠标左键并向右或向左拖曳鼠标到选择区域的最后一列或第一列，便可以选择区域的所有列
不连续的多列	按住"Ctrl"键的同时，分别单击要选择的多个列的列标，可以同时选择不连续的列

5．行和列的插入与删除

要在工作表中插入一行，操作方法如下：

（1）单击行号以确定插入行位置，如第 3 行。

（2）单击"开始"选项卡"单元格"选项组中的"插入"按钮右侧的向下箭头，打开下拉列表。

（3）从下拉列表中选择"插入工作表行"选项，即可在第 2 行和第 3 行之间插入新的一行。

插入列的方法和插入行相似，确认插入位置之后选择"插入工作表列"选项即可。

在工作表中删除行或列的操作方法是：选择要删除的行或列之后，单击"开始"选项卡"单元格"选项组中的"删除"按钮；或者右键单击要删除的行或列，从快捷菜单中选择"删除"选项。

6．行和列的隐藏

将工作表的行隐藏的操作方法如下：

（1）选中要隐藏的行，鼠标右键单击该行的行号。

（2）在弹出的快捷菜单中选择"隐藏"选项，即可隐藏相应的行。

隐藏列的方法与此类似，在选定列的列标处右键单击并选择相应的选项即可。

如果要取消行或列的隐藏状态，操作方法如下：

（1）将鼠标移到被隐藏行的行号下方（或被隐藏列的列标右侧），使鼠标指针变为 ➕（或 ➕）形状。

（2）按住鼠标左键向下（向右）移动，在到达所需行高（列宽）时松开鼠标，可以将被隐藏的行（或列）重新显示在工作表中。

也可以在鼠标指针变为 ➕（或 ➕）形状之后单击鼠标右键，在弹出的快捷菜单中选择"取消隐藏"选项。

5.2 输入与编辑数据

Excel 中输入的数据类型有多种，最常用的数据类型有文本型、数值型和时间日期型，还可以利用 Excel 的自动填充功能自动输入数据。

5.2.1 输入数据

在单元格中输入数据有以下三种方法。

方法一：单击单元格使之成为活动单元格，可以直接输入数据。

方法二：单击单元格之后在工作表上方的编辑栏中将显示该单元格中的内容，可以在编辑栏中输入或修改，单元格中的内容将同步更新。

方法三：双击单元格，光标会定位在单元格内，也可以直接输入或修改数据。

输入数据时，编辑栏左侧会出现几个按钮：✘表示取消输入；✔表示确认输入；f_x表示插入函数。

1. 输入文本型数据

输入文本型数据有以下几种情况：

- 文本型数据可直接在单元格内输入。
- 长度不超过单元格宽度的文本数据在单元格内自动左对齐。
- 长度超出单元格宽度而右边单元格无内容时，文本数据扩展到右边列显示。
- 长度超出单元格宽度而右边单元格有内容时，根据单元格宽度截断显示。
- 在单元格内换行需要按"Alt+Enter"快捷键。
- 在多个单元格内输入相同的内容时，选中多个单元格，输入内容完毕之后按下"Ctrl+Enter"快捷键。

在单元格输入数据时，还可以使用键盘来控制输入。具体使用方法如表 5.4 所示。

表 5.4 使用键盘控制输入

操作	作用
Enter 键	确认输入，使下一行同列单元格成为活动单元格
Tab 键	确认输入，使本行下一列的单元格成为活动单元格
↑↓←→键	确认输入，使本单元格的上、下、左、右侧的单元格成为活动单元格
Esc 键	取消输入，活动单元格不变

2. 输入数值型数据

输入数值型数据有以下几种情况：

- 输入的数值型数据带有"+"号，系统会自动将其去掉。
- 输入一个用圆括号括起来的正数，系统会当作有相同绝对值的负数对待。

如输入"(100)"，单元格显示"-100"；输入分数时，如果没有整数部分，系统会当作日期数据，只要在分数前加上"0"和空格作为整数部分就可以正确显示分数了。

- 长度不超过单元格的宽度的数值型数据在单元格内自动右对齐。

- 长度超过单元格宽度或超过 11 位的数值型数据将自动以科学计数法形式表示。
- 若科学计数法形式显示的数据仍然超过单元格宽度，单元格内会显示"####"，此时拖动列标分隔线或通过对话框增大单元格列宽可以显示完整数据。
- 将数值数据作为文本应先输入一个半角的单引号"'"。

如身份证号码的录入，Excel 会认为是一个数字，15 位之后的数字会变成 0，如 430122198801012342 会当作数字格式化为 430122198801010000，并且用科学计数法表示为 4.30122E+17，如果要让 Excel 把输入的身份证当作"文本"来处理，需要在单元格中首先输入一个英文半角的单引号再输入身份证数字。

数值型数据的转换如表 5.5 所示。

表 5.5　数值型数据的转换

输 入 内 容	显 示 形 式	输 入 内 容	显 示 形 式
+34	34	0 3/4	3/4
（34）	−34	1 3/4	1 3/4
3/4	3月4日	'430122198801012342	430122198801012342

3. 输入日期、时间数据

输入日期的格式主要有"月/日""月-日""×月×日""年/月/日""年-月-日"和"×年×月×日"。按前三种日期格式输入时，默认年份为系统时钟当前年份，显示为"×年×月"；按后三种格式输入时，年份可以是 2 位也可以是 4 位，显示格式为"年-月-日"，显示年份为 4 位。按"Ctrl+;"快捷键可以输入系统时钟的当前日期。

输入时间的格式主要有"时：分""时：分 AM""时：分 PM""时：分：秒""时：分：秒 AM"和"时：分：秒 PM"。在时间格式中，AM 表示上午、PM 表示下午。按"Ctrl+Shift+;"快捷键可以输入系统时钟的当前时间。

5.2.2　数据的自动填充

当工作表中的一些行、列或单元格中的内容是有规律的数据时，可以使用 Excel 提供的自动填充功能快速输入数据。Excel 的活动单元格周围是黑色粗方框，黑粗框的右下角有一个小正方形黑块，这是填充柄。当鼠标指针指向填充柄时，指针变为"✚"形状，此时可以拖动填充柄完成自动填充。

1. 重复数据的填充

在 Excel 中填充重复数据的操作方法如下：

（1）在起始单元格中输入起始值。

（2）将鼠标指针放在该单元格右下角的填充柄上，当鼠标指针变成"✚"形状时，按住鼠标左键不放向下拖动鼠标，鼠标拖动过的单元格区域都将自动填充为 1。

（3）填充完毕后释放鼠标，填充区域的右下角出现自动填充选项图标，单击图标，在弹出的下拉菜单中选择"复制单元格"或"填充序列"。

同步训练 5-2：在"月"列中以填充的方式输入"九"。

步骤 1．在 A2 单元格输入"九"。

步骤 2．将鼠标指针放置在 A2 单元格右下角的填充柄处，待鼠标指针变成黑色十字形状后拖住不放，向下填充直至 A6 单元格处。

2. 数列的填充

填充的一行或一列的数据为等差数列，只需要输入前两项，并选定它们，然后拖动填充柄到结束单元格，系统就自动完成填充操作。

填充的一行或一列的数据为等比序列时，只要输入前两项，然后用鼠标右键拖动填充柄到结束单元格，在弹出的快捷菜单中选择"等比数列"选项即可。

同步训练 5-3：在"店铺"列左侧插入一个空列，输入列标题为"序号"，并以 001、002、003…的方式向下填充该列到最后一个数据行。

步骤 1．选中"店铺"所在的列。

步骤 2．单击鼠标右键，在弹出的快捷菜单中选择"插入"选项，工作表中出现新插入的一列。

步骤 3．双击 A3 单元格，输入"序号"二字。

步骤 4．在 A4 单元格中输入"'001"。

步骤 5．鼠标移至 A4 右下角的填充柄处，拖动填充柄继续向下填充该列，直到最后一个数据行。

3. 日期序列的填充

如果要填充的一行或一列的数据为日期序列，操作方法如下：

（1）输入开始日期并选定它。

（2）拖动填充柄到结束单元格，系统就自动完成填充操作，日期序列以一天为步长。

如果以多天为步长，可以输入两个日期并选定它们，拖动填充柄到结束单元格，系统会以两个日期相差的天数为步长进行自动填充。

4. 自定义序列

如果一行或一列的数据为 Excel 自定义的序列，只要输入第一项并选中它，拖动填充柄到结束单元格，系统就自动完成填充操作，如"星期一、星期二……""甲、乙、丙、丁……"等。也可以自定义序列，操作方法如下：

（1）单击"文件"选项卡中的"选项"，弹出"Excel 选项"对话框，如图 5.14 所示。

图 5.14 "Excel 选项"对话框

（2）在对话框中单击"高级"组中的"编辑自定义列表"按钮 ，弹出"自定义序列"对话框,如图 5.15 所示。

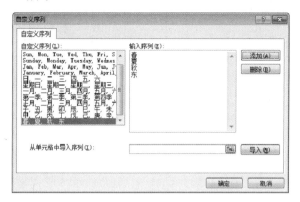

图 5.15 "自定义序列"对话框

(3)在对话框的"输入序列"文本框中输入自定义的序列项,每项末尾按"Enter"键换行分隔各项,单击"添加"按钮,再单击"确定"按钮,就将输入的序列添加到自定义序列中了。

5.2.3 数据有效性输入

在 Excel 2010 中可以设置数据的有效范围,单击"数据"选项卡"数据工具"选项组中的"数据有效性"按钮,在弹出的"数据有效性"对话框中进行设置。

同步训练 5-4:"方向"列中只能有借、贷、平三种选择,要求用数据有效性控制该列的输入范围为借、贷、平三种中的一种。

完成效果

步骤 1. 选择"方向"列中的 G2:G6 区域。

步骤 2. 单击"数据"选项卡"数据工具"选项组中的"数据有效性"按钮,弹出"数据有效性"对话框,如图 5.16 所示。

步骤 3. 在"设置"选项卡的"允许"下拉列表中选择"序列",在"来源"文本框中输入"借,贷,平"(英文逗号分隔),选中"忽略空值"和"提供下拉箭头"两个复选框。

步骤 4. 切换到"输入信息"选项卡,勾选"选定单元格时显示输入信息"复选框,在"输入信息"文本框中输入"请在这里选择",如图 5.17 所示。

步骤 5. 单击"确定"按钮。

设置完成之后,选定 G2:G6 中任意单元格时,会在右下角出现"请在这里选择"的提示,单击单元格右侧的下拉按钮,出现"借"、"贷"、"平"三个选项,如果在单元格输入其他值,则会弹出如图 5.18 所示的警告信息,并拒绝该内容的输入。

如果要修改警告的内容,需要在"数据有效性"对话框的"出错警告"选项卡中进行设置。

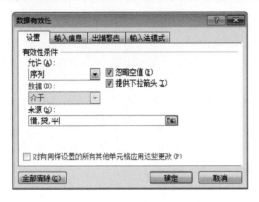
图 5.16 "数据有效性"对话框

图 5.17 "输入信息"选项卡

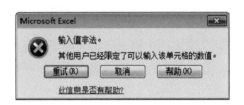
图 5.18 警告信息

5.2.4 数据的移动和复制

在 Excel 中的数据移动和复制与 Word 中类似,可以使用"剪切""复制""粘贴"选项来移动和复制数据,操作方法如下:

(1)选择要移动或复制数据的单元格区域。
(2)单击"开始"选项卡"剪贴板"选项组中的"剪切"或"复制"按钮。
(3)选择目标单元格,单击"剪贴板"选项组的"粘贴"按钮即可完成。

> **操作技巧**
> 可以直接将选中的单元格拖动到目标位置移动数据,拖动的同时按"Ctrl"键可以复制数据;或者按快捷键"Ctrl+X""Ctrl+C""Ctrl+V"。

若要在剪切或复制过程中将表格数据行变为列、列变为行,复制或剪切原来表格的所有单元格之后选中目标单元格,单击"剪贴板"选项组中的"粘贴"按钮的向下箭头,从下拉列表中单击"转置"图标。

5.3 格式化工作表

格式化工作表是对工作表的修饰与美化,通过格式化可以使表格更加美观。

5.3.1 设置单元格格式

1. 格式化数据

格式化数据可以通过"开始"选项卡"数字"选项组中的数字格式的按钮来设置。这些按钮包括"会计数字格式"按钮、"百分比样式"按钮%、"千位分隔样式"按钮，"增加小数位数"按钮、"减少小数位数"按钮。

通过"设置单元格格式"对话框进行格式设置的操作方法如下：

（1）选定需要设置格式的单元格。

（2）单击"开始"选项卡"数字"选项组右下角的对话框启动器，弹出"设置单元格格式"对话框。

（3）在"数字"选项卡下的"分类"列表框中选择分类，再在右侧进行详细设置，完成之后单击"确定"按钮，如图 5.19 所示。

图 5.19 "数字"选项卡

同步训练 5-5：将表中的数值的格式设为数值，保留 2 位小数。

本期借方	本期贷方	方向	余额
		借	15758.05
0.00	1185.55	贷	14572.50
0.00	125.50	贷	14447.00
15000.00	0.00	借	29447.00
0.00	4500.00		24947.00

完成效果

步骤 1．选中 E2:F6、H2:H6 单元区域。

步骤 2．单击鼠标右键，在弹出的快捷菜单中选择"设置单元格格式"选项，弹出"设置单元格格式"对话框。

步骤 3．在对话框中的"数字"选项卡的"分类"列表框中选择"数值"，在右侧的"小数位数"微调框中选择"2"。

步骤 4．单击"确定"按钮后即可完成设置。

同步训练 5-6：将每月各类支出及总支出对应的单元格数据类型都设为"货币"类型，无小数、有人民币符号。

	A	B	C	D	E	F	G	H	I	J	K	L
1												
2	年月	服装服饰	饮食	水电气房租	交通	通信	阅读培训	社交应酬	医疗保健	休闲旅游	个人兴趣	公益活动
3	2013年1月	¥300	¥800	¥1,100	¥260	¥100	¥100	¥300	¥50	¥180	¥350	¥66
4	2013年2月	¥1,200	¥600	¥900	¥1,000	¥300	¥0	¥2,000	¥0	¥500	¥400	¥66
5	2013年3月	¥50	¥750	¥1,000	¥300	¥200	¥60	¥200	¥200	¥300	¥350	¥66
6	2013年4月	¥100	¥900	¥1,000	¥300	¥100	¥80	¥300	¥0	¥100	¥450	¥66

完成效果

步骤1. 选中B3:M15单元区域。

步骤2. 在"设置单元格格式"对话框的"数字"选项卡"分类"列表框下选择"货币",将"小数位数"设置为"0",在"货币符号"下拉列表中选择人民币符号(默认就是)。

步骤3. 单击"确定"按钮。

操作技巧

对时间也有多种不同的格式可以选择,在对话框左侧列表中选择"时间",再在右侧选择一种格式即可。

2. 设置字体格式及对齐方式

与Word类似,要在Excel中设置单元格中文字的字体、字号、颜色和对齐方式,首先选中要设置的单元格,在"开始"选项卡"字体"选项组中设置字体格式;在"对齐方式"选项组中设置对齐方式。

学习提示

单元格中的文本对齐方式有水平和垂直两个方向的对齐,通过如图5.20所示的"设置单元格格式"对话框"对齐"选项卡也可以对对齐方式进行详细设置。

图5.20 "对齐"选项卡

3. 行高和列宽

调整单元格的行高时,首先选中要调整行高的行,将鼠标放在行标题的下边界上,当鼠标指针变成双箭头 ╋ 时,按下鼠标左键并拖到合适的行高。

精确设置行高的操作方法如下:

(1)单击"开始"选项卡"单元格"选项组中的"格式"按钮 格式 ,打开如图5.21所示的下拉列表。

(2)在下拉列表中选择"行高"选项,在弹出的"行高"对话框中进行精确设置,如图5.22所示。

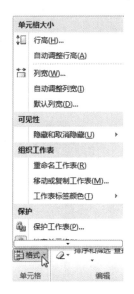

图 5.21 "格式"下拉列表　　图 5.22 "行高"对话框

操作技巧

选中要调整行高的行,单击鼠标右键,在弹出的快捷菜单中选择"行高"选项也可以弹出"行高"对话框。

调整列宽的方法和调整行高的方法类似。

4. 边框和底纹

默认情况下,工作表中的表格线是浅灰色的,打印工作表时表格线是不打印出来的,设置框线的操作方法如下:

(1)选择要设置单元格格式的区域,打开"设置单元格格式"对话框。

(2)先在对话框的"边框"选项卡"线条"组中选择线条样式和颜色,再选择右边预置边框或选择具体的边框,如图 5.23 所示。

图 5.23 "边框"选项卡

表格底纹颜色默认是白色,改变底纹颜色的操作方法如下:

(1)选中单元格区域,再在"设置单元格格式"对话框的"填充"选项卡中进行设置,如图 5.24 所示。

（2）用纯色填充单元格可以直接在调色板上单击所需颜色。

若用图案填充单元格，可先在"图案颜色"下拉列表中选择一种颜色，再在"图案样式"下拉列表中选择图案样式，单击"填充效果"按钮，在如图 5.25 所示的"渐变"选项卡上单击所需的选项。

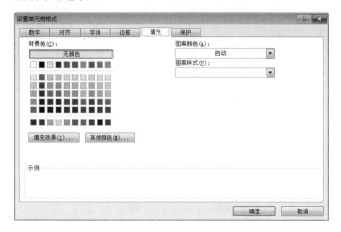
图 5.24 "填充"选项卡

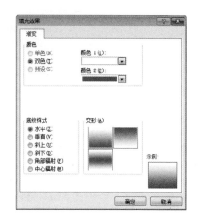
图 5.25 "填充效果"对话框

同步训练 5-7：对工作表"第一学期期末成绩"中的数据列表进行格式化操作：适当加大行高列宽，改变字体、字号，设置对齐方式，增加适当的边框和底纹以使工作表更加美观。

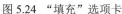
完成效果

步骤 1．选中 A1:L19 单元格。

步骤 2．单击"开始"选项卡"单元格"选项组中的"格式"按钮，打开"格式"下拉列表。

步骤 3．在下拉列表中选择"行高"选项，在弹出的"行高"对话框中设置行高为"18"，单击"确定"按钮。

步骤 4．在下拉列表中选择"列宽"选项，在弹出的"列宽"对话框中设置列宽为"12"，单击"确定"按钮。

步骤 5．单击鼠标右键，在弹出的快捷菜单中选择"设置单元格格式"选项，弹出"设置单元格格式"对话框，在"字体"选项卡中设置字体和字号，如在"字体"下拉列表中设置字体为"黑体"，在"字号"下拉列表中设置字号为"12"。

步骤 6．切换到"对齐"选项卡，在"文本对齐方式"组中设置"水平对齐"与"垂直对齐"，如将对齐方式都设置为"居中"。

步骤 7. 切换到"边框"选项卡，在"线条"组中的"样式"列表框中选择一种边线样式，在"预置"组中单击"外边框"和"内部"。在"填充"选项卡的"背景色"组中选择一种颜色，单击"确定"按钮。

5. 消除数据和格式

在使用表格时，可能对单元格设置了多种格式，如果不需要这些格式，可以清除单元格的格式和数据。选中单元格，单击"开始"选项卡"编辑"选项组中的"清除"按钮，从如图 5.26 所示的下拉列表中选择相应的选项即可。

图 5.26 "清除"下拉列表

5.3.2 条件格式

在 Excel 中使用"条件格式"功能可以用不同的格式来突出显示符合某条件的数据单元格，操作方法如下：

（1）选择要设置条件格式的区域。

（2）单击"开始"选项卡"样式"选项组中的"条件格式"按钮，打开"条件格式"下拉列表，如图 5.27 所示。

（3）从下拉列表中选择"新建规则"选项，弹出"新建格式规则"对话框，如图 5.28 所示。

图 5.27 "条件格式"下拉列表　　　　图 5.28 "新建格式规则"对话框

（4）在"新建格式规则"对话框中进行设置。

同步训练 5-8：利用"条件格式"功能：将月单项开支金额中大于 1000 元的数据所在单元格以不同的字体颜色与填充颜色突出显示；将月总支出额中大于月均总支出 110%的数据所在单元格以另一种颜色显示，所用颜色深浅以不遮挡数据为宜。

	A	B	C	D	E	F	G	H	I	J	K	L	M
1													
2	年月	服装服饰	饮食	水电气房租	交通	通信	闻读培训	社交应酬	医疗保健	休闲旅游	个人兴趣	公益活动	总支出
3	2013年1月	¥300	¥800	¥1,100	¥260	¥100	¥100	¥300	¥50	¥180	¥350	¥66	¥3,606
4	2013年2月	¥1,200	¥600	¥900	¥1,000	¥300	¥300	¥2,000	¥0	¥500	¥400	¥66	¥6,966
5	2013年3月	¥50	¥750	¥1,000	¥300	¥200	¥60	¥200	¥200	¥300	¥350	¥66	¥3,476
6	2013年4月	¥100	¥900	¥1,000	¥300	¥100	¥80	¥300	¥0	¥100	¥450	¥66	¥3,396
7	2013年5月	¥150	¥800	¥1,000	¥150	¥200	¥0	¥600	¥100	¥230	¥300	¥66	¥3,596
8	2013年6月	¥200	¥850	¥1,050	¥200	¥100	¥100	¥200	¥230	¥0	¥500	¥66	¥3,496
9	2013年7月	¥100	¥750	¥1,100	¥250	¥900	¥2,600	¥200	¥100	¥0	¥350	¥66	¥6,416
10	2013年8月		¥300	¥900	¥1,100	¥180	¥0	¥80	¥300	¥50	¥100	¥1,200	¥66	¥4,276
11	2013年9月	¥1,100	¥850	¥1,000	¥220	¥0	¥100	¥200	¥130	¥80	¥300	¥66	¥4,046
12	2013年10月	¥100	¥900	¥1,000	¥280	¥0	¥0	¥500	¥0	¥400	¥350	¥66	¥3,596
13	2013年11月	¥200	¥900	¥1,000	¥120	¥0	¥50	¥0	¥0	¥100	¥420	¥66	¥2,876
14	2013年12月	¥300	¥1,050	¥1,100	¥350	¥0	¥80	¥500	¥60	¥200	¥400	¥66	¥4,106
15	月均开销												¥4,161

完成效果

步骤 1．选择"B3:L14"单元格。

步骤 2．单击"开始"选项卡"样式"选项组中的"条件格式"按钮。

步骤 3．在下拉列表中选择"突出显示单元格规则"的"大于"选项，在"为大于以下值的单元格设置格式"文本框中输入"1000"，使用默认设置"浅红填充色深红色文本"，单击"确定"按钮。

步骤 4．选择"M3:M14"单元格。

步骤 5．在"条件格式"下拉列表中选择"突出显示单元格规则"的"大于"选项，在"为大于以下值的单元格设置格式"文本框中输入"=$M$15*110%"，设置颜色为"黄填充色深黄色文本"，单击"确定"按钮。

同步训练 5-9：将所有重复的订单编号数值标记为紫色（标准色）字体。

步骤 1．将鼠标指针移至 A2 单元格上边框，鼠标指针变成 ↓ 形状时单击以选中订单编号所在列。

步骤 2．单击"开始"选项卡"样式"选项组中的"条件格式"按钮，在"条件格式"下拉列表中选择"新建规则"选项，弹出"新建格式规则"对话框。

步骤 3．在对话框的"选择规则类型"列表框中选择"仅对唯一值或重复值设置格式"，在编辑规则说明中设置"全部设置格式"为"重复"选定范围中的数值。

步骤 4．单击"格式"按钮，在弹出的"设置单元格格式"对话框"字体"选项卡中设置字体颜色为紫色（标准色），单击"确定"按钮。

5.3.3　自动套用格式

Excel 中预设了一些内置的表格样式，套用这些样式可以快速美化表格。

1．使用单元格样式

单击"开始"选项卡"格式"选项组中的"单元格样式"按钮，在弹出的下拉列表中可以对所选定的单元格区域进行设置，如图 5.29 所示。

如果希望修改某个内置的样式，操作方法如下：

（1）在单元格上单击鼠标右键。

（2）在弹出的如图 5.30 所示的快捷菜单中选择"修改"选项，弹出"样式"对话框，如图 5.31 所示。

图 5.29　"单元格样式"下拉列表

图 5.30　"样式"菜单

(3)单元格格式修改完成之后单击"确定"按钮。

2. 套用表格格式

套用表格格式就是通过选择预定义表样式设置一组单元格的格式,并将其转换为表,操作方法如下:

(1)选择要应用样式的单元格区域。

(2)单击"开始"选项卡"样式"选项组中的"套用表格格式"按钮,弹出下拉列表。

(3)在下拉列表中选择自己需要的表格样式,弹出"套用表格式"对话框,如图5.32所示。

(4)设置完成后单击"确定"按钮。

图5.31 "样式"对话框

图5.32 "套用表格式"对话框

在套用表格格式之后,数据区域的列标题旁边还将出现自动筛选标记,如不需要使用筛选,单击"数据"选项卡"排序和筛选"选项组中的"筛选"按钮,即可取消筛选状态。

如果仅使用表格中套用的样式,而不需要将数据区域创建为"表格",可以将"表格"转换为工作表上的常规区域,操作方法如下:

(1)在套用表格格式之后,单击"表格工具-设计"选项卡"工具"选项组中的"转换为区域"按钮,弹出如图5.33所示的提示框。

图5.33 提示框

(2)在提示框中单击"确定"按钮。

转换之后,不再显示"表格工具-设计"选项卡,数据区域不再是表格,但表格格式保持不变。

同步训练 5-10:将数据列表自动套用格式后将其转换为区域。

月	日	凭证号	摘要	本期借方	本期贷方	方向	余额
九	第一天	记-0000	上期结转余额			借	15758.05
九	第五天	记-0001	缴纳8月增值税	0.00	1185.55	贷	14572.50
九	第十八天	记-0002	缴纳8月城建税	0.00	125.50	贷	14447.00
九	第二十五天	记-0005	收到甲公司所欠贷款	15000.00	0.00	借	29447.00
九	第三十天	记-0006	公司支付房租	0.00	4500.00		24947.00

完成效果

步骤1. 选中数据区域。

步骤2. 单击"开始"选项卡"样式"选项组中的"套用表格格式"按钮。

步骤3. 在打开的下拉列表中选中一种自动套用的格式,如"中等深浅"组中的"表样式中等深浅 2",在弹出的"套用表格式"对话框中勾选"表包含标题"复选框。

步骤 4. 单击"确定"按钮后完成数据列表套用自动表格样式。

步骤 5. 继续单击"表格工具-设计"选项卡"工具"选项组中的"转换为区域"按钮。

步骤 6. 在弹出的提示框中单击"是"按钮,将表格转换为普通区域。

5.3.4 粘贴格式

通过复制粘贴功能除了可以粘贴数据外,还可以粘贴格式,即将设置好格式的一个单元格或表格的格式直接应用到新的单元格或表格中,操作方法如下:

(1)选择要复制格式的单元格区域并复制它。

(2)再选择目标单元格区域。

(3)单击"开始"选项卡"剪贴板"选项组中的"粘贴"按钮的向下箭头,弹出如图 5.34 所示的下拉列表。

(4)选择"格式"则只粘贴格式到目标单元格区域。

也可以选择"选择性粘贴",在弹出的如图 5.35 所示的"选择性粘贴"对话框中勾选"格式"单选按钮。

图 5.34 "粘贴"下拉列表

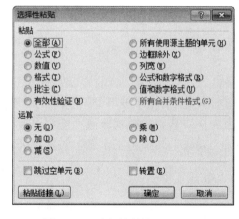

图 5.35 "选择性粘贴"对话框

(5)单击"确定"按钮完成设置。

5.3.5 打印输出表格

图 5.36 "页面设置"选项组

在 Excel 2010 中进行打印,就是将整个工作表分页打印到某类型的纸张上,打印方法与普通的 Word 文档打印方法基本相同。Excel 中的表格可以直接打印出来,也可以通过"页面布局"选项卡"页面设置"选项组中的相应按钮进行页面设置之后再打印,如图 5.36 所示。

1. 设置纸张大小和方向

单击"页面布局"选项卡"页面设置"选项组中的"纸张大小"按钮,在弹出的如图 5.37 所示的下拉列表中选择纸张类型。系统默认打印方向为"纵向",如果需要横向打印,单击"纸张方向"按钮,然后在弹出的如图5.38所示的下拉列表中选择"横向"。

页面的纸张大小和方向也可以通过单击"页面设置"右下角的对话框启动器 ,在弹出的"页面设置"对话框的"页面"选项卡中进行设置,如图5.39所示。

图5.37 "纸张大小"下拉列表　　图5.38 "纸张方向"下拉列表　　图5.39 "页面设置"对话框

2. 设置页边距

单击"页边距"按钮,在弹出的如图5.40所示的下拉列表中已经定义好"普通""宽"和"窄"三种页边距,从中选择一种即可;也可以在"页面设置"对话框的"页边距"选项卡中进行设置,如图5.41所示。

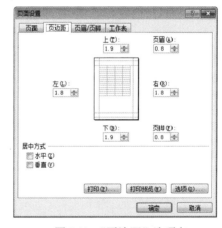

图5.40 "页边距"下拉列表　　　　图5.41 "页边距"选项卡

3. 设置页眉和页脚

页眉位于页面顶端,常用于标明工作表的标题;页脚位于页面底端,常用于标明工作表的页码。页眉和页脚在"页面设置"对话框的"页眉/页脚"选项卡中进行设置,如图5.42所示。

4. 设置打印区域

设置打印区域的操作方法如下:

(1)选定要打印的单元格区域。

(2)单击"页面布局"选项卡"页面设置"选项组中的"打印区域"按钮 。

（3）在弹出的下拉列表中选择"设置打印区域"选项。

若要取消打印区域，在"打印区域"下拉列表中选择"取消打印区域"选项即可。

5. 设置顶端标题行

设置顶端标题行可以实现在每页的上方打印标题，从而方便查阅数据，操作方法如下：

（1）单击"页面布局"选项卡"页面设置"选项组中的"打印标题"按钮。

（2）弹出"页面设置"对话框的"工作表"选项卡，如图 5.43 所示。

图 5.42 "页眉/页脚"选项卡　　　　　　图 5.43 "工作表"选项卡

（3）单击"打印标题"组的"顶端标题行"文本框右侧的拾取按钮，选择工作表的标题行（通常是第 1 行），此时"顶端标题行"文本框显示"$1:$1"。

（4）单击"确定"按钮完成设置。

6. 打印预览

在打印工作表之前，可以先对工作表进行预览，对工作表打印效果进行查看，及时调整布局以达到理想的打印效果，并且可以节省纸张，操作方法如下：

（1）选择要打印的工作表。

（2）单击"文件"选项卡中的"打印"选项，弹出如图 5.44 所示的预览窗口。

图 5.44　打印设置及打印预览窗口

该窗口分为左右两部分：左侧部分可以进行相关的打印设置，右侧部分显示了工作表的"打印预览"效果。

7. 打印

当一个工作表通过打印预览后达到了理想的打印效果后，就可以将该工作表打印输出。对打印进行的设置包括以下三项。

- 在窗口左上方"打印"按钮🖶旁可以设置打印份数。
- 在"设置"组下面的"打印活动工作表"按钮的下拉菜单中设置打印内容。
- 通过"页数"选项设置打印范围。

确定无误后，单击窗口左上方的"打印"按钮🖶即可打印。

5.4 数据计算

Excel 除了能创建和编辑表格，还能对数据进行计算，使用公式和函数不仅能保证计算结果准确，而且在原始数据发生变化时，Excel 还可以自动重新计算和更新结果，非常方便。

5.4.1 公式

Excel 中的公式由等号、数值、运算符构成。
- 等号：输入公式必须以符号"="开始，输入时需要切换到半角状态下，否则不能得到正常结果。
- 数值：要进行运算的原始数据，可以手动输入，也可以是其他单元格或单元格区域中的内容。
- 运算符：是对运算值进行计算的运算符号。

例如，在 A1 单元格中首先输入一个"="（所有的公式都以"="开始），再在"="之后输入"3+5"，单击编辑栏中的✓或按"Enter"键确认之后，单元格内显示计算结果 8，选中 A1 单元格，可以看见编辑栏中显示的是原始输入数据，如图 5.45 所示。

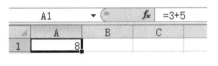

图 5.45 一个简单的公式

运算符有算术运算符（加、减、乘、除）、比较运算符（>、>=、<、<=、=）、文本运算符（&）、引用运算符（:、空格）和括号运算符（()）5 种，当一个公式包含了 5 种运算符时，应遵循从高到低的优先级进行计算。一般来说，Excel 中运算符的运算优先级为：

引用运算符>算术运算符>文本运算符>比较运算符

在计算中按从左到右的顺序进行计算，如果要改变计算次序，需要再使用小括号（），可以逐层嵌套小括号（）。

1. 单元格的引用

在 Excel 中可以通过单元格地址来引用其他单元格区域的内容，在同一张工作表中公式对单元格的引用分为相对引用、绝对引用和混合引用三种方式，如表 5.6 所示。

表 5.6　单元格的引用方式及说明

引用方式	说　　明
相对引用	直接通过单元格地址来引用单元格：相对引用单元格之后，如果复制或剪切公式到其他单元格，公式中引用的单元格地址会根据复制或剪切的位置而发生相应的改变。例如，A1、E3，行号和列号都是相对的，这样的单元格地址称为相对地址
绝对引用	无论引用单元格的公式位置如何改变，所引用的单元格都不会发生变化，绝对引用的形式是在单元格的行号列号前加上符号"$"。例如，"$A$1"、"$E$3"，行号和列号都是绝对的，这样的单元格地址也称为绝对地址
混合引用	包含相对引用和绝对引用。混合引用有两种形式：一种是行绝对、列相对，如"A$1"表示行不发生变化，列会随着新位置发生变化；另一种是行相对、列绝对，如"$A1"，表示列保持不变，行会随着新位置发生变化。符号"$"表示引用是否为绝对引用，如果它在行号前，则行号是绝对的；如果它在列号前，则列号是相对的

如果是引用同一工作簿其他工作表上的单元格，只需要在单元格之前加上工作表名和"！"，如"sheet2！E2"表示引用的是本工作簿 sheet2 工作表的 E2 单元格。

如果要引用的单元格不在同一个工作簿上，引用的格式为："[工作簿名称]工作表名称!单元格地址"，如"[成绩表]sheet1!A1"表示引用了成绩表工作簿 sheet1 工作表的 A1 单元格，这种引用叫作外部引用。

在使用过程中不需要手动输入这些符号和名称，在编辑公式时，要引用哪个单元格单击选中这个单元格就可以了。

例如，C1 单元格为 A1 单元格和 B1 单元格的和的操作方法如下：

（1）在 C1 单元格中输入"="。

（2）鼠标指针移动到 A1 单元格，单击选中 A1。

（3）输入"+"。

（4）点选 B1 单元格，如图 5.46 所示。

（5）单击编辑栏中的✔按钮或按"Enter"键确认。

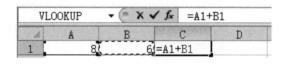

图 5.46　一个简单的单元格引用

如果是套用格式的表格，数据区域被创建为"表格"，将允许使用表格名称、列标题来替代普通单元格引用，如"@[单价]"表示的是"单价"列的当前行的单元格。

2. 使用名称

在 Excel 中可以为单元格或单元格区域命名，命名以后就可以通过名称来引用它们了，操作方法如下：

（1）选择要命名的单元格或单元格区域。

（2）单击编辑栏左侧的"名称"文本框，输入一个名称。

（3）按"Enter"键。

也可以进行如下操作：

（1）选择单元格或单元格区域。

（2）单击"公式"选项卡"定义的名称"选项组中的"定义名称"按钮 定义名称▼，弹出"新建名称"对话框，如图 5.47 所示。

（3）在对话框的"名称"文本框中输入名称，在"范围"下拉列表内选择名称的有效范围。

（4）单击"确定"按钮。

定义的名称中第一个字符必须是字母、下画线（_）和反斜杠（\），其余字符可以是字母、数字和下画线，但不能包含空格，最多可以包含 255 个字符，并且名称不能与 A1 等单元格引用相同。

单元格或单元格区域命名之后，就可以在公式中使用这个名称以引用对应的单元格或单元格区域了。

所有定义的名称都可以通过单击"公式"选项卡"定义的名称"选项组中的"名称管理器"按钮后弹出的如图 5.48 所示的"名称管理器"对话框来管理。

图 5.47 "新建名称"对话框

图 5.48 "名称管理器"对话框

同步训练 5-11：将工作表"平均单价"中的区域 B3:C7 定义名称为"商品均价"。

完成效果

步骤 1．在"平均单价"工作表中选中 B3:C7 区域。

步骤 2．单击鼠标右键，在弹出的快捷菜单中选择"定义名称"选项，弹出"新建名称"对话框。

步骤 3．在"名称"文本框中输入"商品均价"。

步骤4. 单击"确定"按钮。

3. 公式的编辑和复制

对公式进行编辑的操作方法如下：

（1）选择含有公式的单元格，将光标定位在编辑栏或单元格中需要修改的位置。

（2）按"Backspace"键删除内容。

（3）完成之后按"Enter"键完成公式编辑。

Excel 自动对编辑之后的公式进行计算。

复制公式之后粘贴时，Excel 会自动改变引用单元格的地址。在复制或剪切公式之后，通过"开始"选项卡"剪贴板"中的"粘贴"按钮，在下拉列表中选择"公式"，即可粘贴公式。

5.4.2 函数

Excel 中的函数是预先编制好的公式，能够完成特定功能的计算操作。

例如，C1 单元格为 A1 单元格和 B1 单元格的和，除使用公式外还可以使用 SUM 函数，操作方法如下：

（1）选择 C1 单元格表示要对 C1 单元格进行计算。

（2）单击"开始"选项卡"编辑"选项组中的"自动求和"按钮，Excel 自动在 C1 单元格中插入求和函数"SUM"，同时自动识别函数参数为"A1:B1"，如图 5.49 所示。

（3）单击编辑栏中的 ✔ 按钮完成操作。

"自动求和"按钮的下拉列表中还有更多公式选择，如图 5.50 所示。

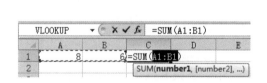

图 5.49　使用 SUM 函数　　图 5.50　"自动求和"下拉列表

在 Excel 中，函数的格式如下：

函数名（参数1，参数2，……）

其中，函数名指定该函数的具体功能；参数 1、参数 2 为函数的操作对象；函数的计算结果为函数的返回值。

在使用函数时，即使参数为空，圆括号也不能省略。

例如，在函数 SUM(A1:B1)中，SUM 是函数名，A1:B1 是参数，表示计算中的求和对象，求和的计算结果是函数的返回值，将显示在 C1 单元格。

输入函数的一般操作方法如下：

（1）选中要插入函数的单元格。

（2）单击编辑栏左侧的插入函数按钮，弹出如图 5.51 所示的"插入函数"对话框。

（3）在"选择类型"下拉列表中选择要输入的函数类型，如"数学与三角函数"；在"选择函数"列表框中选择所需要的函数,如"SUM"。

(4)单击"确定"按钮,弹出"函数参数"对话框,如图 5.52 所示,在对话框中输入或选定使用函数的参数。

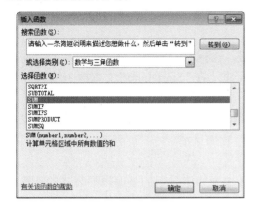

图 5.51 "插入函数"对话框

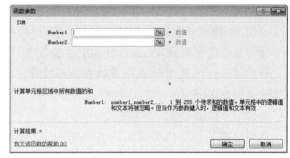

图 5.52 "函数参数"对话框

(5)单击"确定"按钮,在要插入函数的单元格中显示函数计算结果。

同步训练 5-12:小李在东方公司担任行政助理,年底小李对公司员工档案信息进行了分析和汇总。根据身份证号,请在"员工档案表"工作表的"出生日期"列中,使用 MID 函数提取员工生日,单元格式类型为"yyyy'年'm'月'd'日'。

完成效果

步骤 1. 选择 G3 单元格表示现在要计算的是曾晓军的出生日期。

步骤 2. 单击"插入函数"按钮 f_x。

步骤 3. 在弹出的"插入函数"对话框中的"搜索函数"文本框中输入"MID",然后单击"转到"按钮。在"选择函数"列表框中选择"MID",单击"确定"按钮,弹出 MID 函数的"函数参数"对话框,如图 5.53 所示。

图 5.53 MID "函数参数"对话框

身份证号码的第 7～14 位是出生日期，要提取员工生日需要使用函数 MID。MID 函数的功能是从文本字符串中提取子串，该函数需要三个参数，分别说明如下。

- text 代表一个文本字符串。
- start_num 表示指定字符的起始位置。
- num_chars 表示子字符串的长度。

步骤 4．单击"Text"文本框右侧的"拾取"按钮，选择 F3 单元格。

步骤 5．再次单击拾取按钮返回到"函数参数"对话框。在"Start_num"文本框中输入"7"。

步骤 6．在"Num_chars"文本框中输入"4"。

步骤 4、5、6 设置的三个参数表示函数计算结果将返回 F3 单元格从第 7 个字符开始文本长度为 4 的字符串。

步骤 7．单击"确定"按钮。

此时在编辑栏的内容显示为"=MID(F3,7,4)"，G3 单元格中显示的是编辑栏公式的计算结果即曾晓军的出生年份 1964，如图 5.54 所示；也可以直接在 F2 单元格中输入公式"=MID(F3,7,4)"。

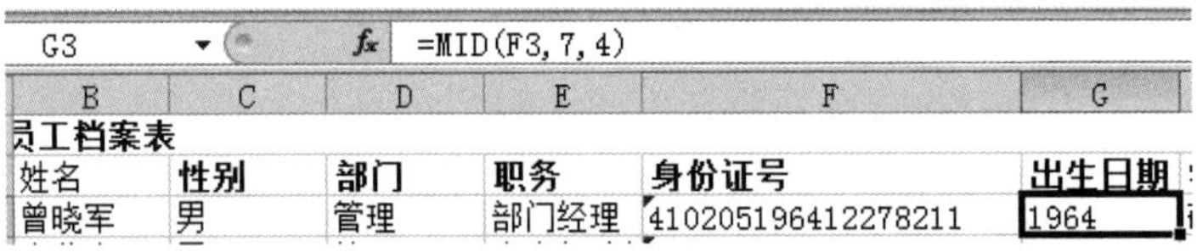

图 5.54　从身份证号中提取出生年份

根据题目要求继续完成单元格式类型为""yyyy'年'm'月'd'日'"的设置。

步骤 8．在年份后面用"&"年""连接字符"年"，因为"年"是文本型的，需要放在英文状态下的双引号中，现在编辑栏中的公式是"=MID(F3,7,4)&"年""。

步骤 9．在编辑栏中输入"&MID()"，再次单击 fx 按钮，弹出 MID"函数参数"对话框，用提取年份的方法提取身份证号中的月份，单击"确定"按钮之后在编辑栏输入"&"月""。

步骤 10．对复制公式稍作修改完成"日"的编辑，在编辑栏中复制"&MID(F3,11,2)&"月""，将光标定位到公式末尾，粘贴，公式成为"=MID(F3,7,4)&"年"&MID(F3,11,2)&"月"&MID(F3,11,2)&"月""修改最后一个 MID 函数参数为(F3,13,2)，并将最后一个"月"修改为"日"。这样编辑栏中公式为："=MID(F3,7,4)&"年"&MID(F3,11,2)&"月"&MID(F3,13,2)&"日""。

步骤 11．单击 ✔ 按钮完成编辑。

如果公式是自己输入的，公式中各参数间要用英文状态下的逗号"，"隔开。

步骤 12．向下填充公式到最后一个员工，并适当调整该列的列宽。

同步训练 5-13：根据入职时间，在"员工档案表"工作表的"工龄"列中，使用 TODAY 函数和 INT 函数计算员工的工龄，工作满一年才计入工龄。

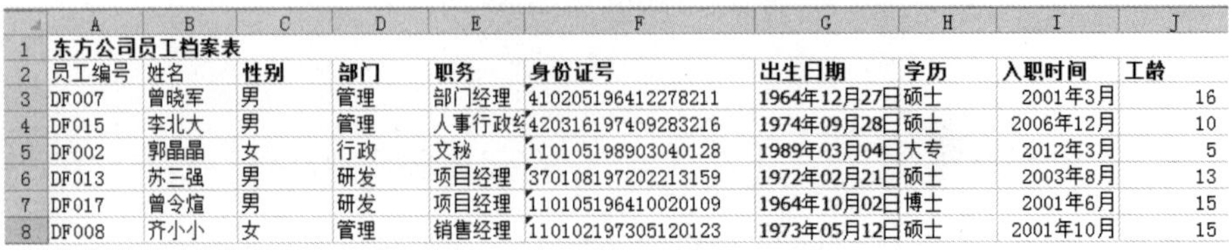

完成效果

计算员工工龄的基本思路是用当前日期减去入职时间的差值除以 365 天后再向下取整。工龄函数应该为"=INT((TODAY()-I3)/365)"。具体操作方法如下。

步骤 1．选择 J3 单元格，单击 fx 按钮。

步骤 2．在弹出的"插入函数"对话框中的"搜索函数"文本框中输入"INT"，然后单击"转到"按钮。INT 函数的功能是将数值向下取整为最接近的整数。

步骤 3．在弹出的 INT 函数的"函数参数"对话框中输入"(TODAY())"。

TODAY 函数的功能是获取当前系统日期，该函数不需要参数。

步骤 4．将光标定位到 TODAY() 之后，输入"-"（减号），再用鼠标点选 I3 单元格（入职时间）。

步骤 5．将光标定位在"(TODAY()-I3)"最后一个")"之后，输入"/365"。

步骤 6．单击 ✓ 按钮完成编辑。

此时 J3 单元格如果显示 1900/1/15，是因为单元格格式不对，将单元格格式设置为"数值"、小数位数"0"，J3 单元格显示为"15"，向下填充公式到最后一个员工。

同步训练 5-14：引用"工龄工资"工作表中的数据来计算"员工档案表"工作表中员工的工龄工资，在"基础工资"列中计算每个人的基础工资。（基础工资=基本工资+工龄工资。）

员工编号	姓名	性别	部门	职务	身份证号	出生日期	学历	入职时间	工龄	基本工资	工龄工资	基础工资
DF007	曾晓军	男	管理	部门经理	410205196412278211	1964年12月27日	硕士	2001年3月	16	10000	800	10800
DF015	李北大	男	管理	人事行政	420316197409283216	1974年09月28日	硕士	2006年12月	10	9500	500	10000
DF002	郭晶晶	女	行政	文秘	110105198903040128	1989年03月04日	大专	2012年3月	5	3500	250	3750
DF013	苏三强	男	研发	项目经理	370108197202213159	1972年02月21日	硕士	2003年8月	13	12000	650	12650

完成效果

步骤 1．在"员工档案"表的 L3 单元格中输入"="。

步骤 2．用鼠标点选 J3 单元格之后输入"*"。

步骤 3．再将鼠标指针移至工作表名称，选择"工龄工资"工作表，在打开的工作表中点选 B3 单元格，按"F4"功能键（这里 B3 单元格应为绝对引用）。

步骤 4．单击 ✓ 按钮完成 L3 单元格的编辑，并向下填充公式到最后一个员工。

步骤 5．选择 M3 单元格，输入"="，选择 K3 单元格，输入"+"，选择 L3 单元格，单击 ✓ 按钮完成操作。

步骤 6．向下填充公式到最后一个员工。

同步训练 5-15：根据"员工档案表"工作表中的工资数据，统计所有人的基础工资总额，并将其填写在"统计报告"工作表的 B2 单元格中。

	A	B
1	统计报告	
2	所有人的基础工资总额	280900
3	项目经理的基本工资总额	30000
4	本科生平均基本工资	5427.272727

完成效果

步骤 1．选择"统计报告"工作表中的 B2 单元格。

步骤 2．单击"开始"选项卡"编辑"选项组中的"自动求和"按钮。

步骤 3．选择"员工档案"工作表的 M3～M37 单元格。此时"统计报告"工作表中的 B2

单元格公式为"=SUM(员工档案!M3:M37)"。

步骤4．单击 ✔ 按钮完成操作。

同步训练 5-16：根据"员工档案表"工作表中的工资数据，统计职务为项目经理的基本工资总额，并将其填写在"统计报告"工作表的 B3 单元格中。

步骤1．选择"统计报告"工作表中的 B3 单元格。

步骤2．单击"插入函数"按钮 *fx*，在弹出的"插入函数"对话框中的"搜索函数"文本框中输入"SUMIF"，然后单击"转到"按钮。在"选择函数"列表框中选择"SUMIF"函数，单击"确定"按钮。

SUMIF 函数的功能是计算符合指定条件的单元格区域内的数值和。它需要三个参数：
- Range 代表条件判断的单元格区域。
- Criteria 为指定条件表达式。
- Sum_Range 代表需要计算的数值所在的单元格区域。

步骤3．在弹出的 SUMIF 函数的"函数参数"对话框中进行参数设置：单击 Range 参数文本框右侧的拾取按钮，选择"员工档案"工作表的职务所在列；在 Criteria 参数文本框中输入"项目经理"（也可单击 Criteria 参数文本框右侧的"拾取"按钮，选择"员工档案"工作表的 E6 单元格）；单击 Sum_Range 参数文本框右侧的"拾取"按钮，选择"员工档案"的"基本工资"所在列，如图 5.55 所示。

图 5.55　SUMIF"函数参数"对话框

同步训练 5-17：根据"员工档案表"工作表中的数据，统计东方公司本科生平均基本工资，并将其填写在"统计报告"工作表的 B4 单元格中。

步骤1．选择"统计报告"工作表中的 B4 单元格。

步骤2．单击"插入函数"按钮 *fx*，在弹出的"插入函数"对话框中的"搜索函数"文本框中输入"AVERAGEIF"，然后单击"转到"按钮。在"选择函数"列表框中选择"AVERAGEIF"函数，单击"确定"按钮，弹出 AVERAGEIF 函数的"函数参数"对话框。

AVERAGEIF 函数的功能是计算给定条件指定的单元格的算术平均值。它需要三个参数：
- Range 是要进行计算的单元格区域。
- Criteria 为指定条件表达式。
- Average_Range 代表需要计算的数值所在的单元格区域。

步骤3．在 AVERAGEIF 函数的"函数参数"对话框中，单击 Range 参数文本框右侧的拾取按钮，选择"员工档案"工作表的"学历"所在列；在 Criteria 参数文本框中输入"本科"；单击 Sum_Range 文本框右侧的拾取按钮，选择"员工档案"工作表的"基本工资"所在列，参数设置如 5.56 所示。

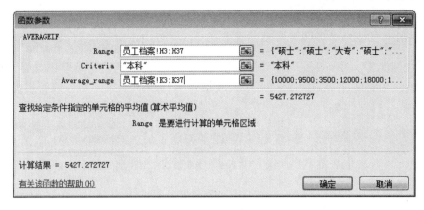

图 5.56 AVERAGEIF“函数参数”对话框

步骤 4．单击“确定”按钮完成设置。

同步训练 5-18：通过 IF 函数输入“方向”列内容，判断条件如下：余额大于 0，方向为借；余额等于 0，方向为平；余额小于 0，方向为贷。

D	E	F	G	H
摘要	本期借方	本期贷方	方向	余额
上期结转余额			借	15758.05
缴纳8月增值税	0.00	1185.55	借	14572.50
缴纳8月城建税	0.00	125.50	借	14447.00
收到甲公司所欠货款	15000.00	0.00	借	29447.00
公司支付房租	0.00	4500.00	借	24947.00

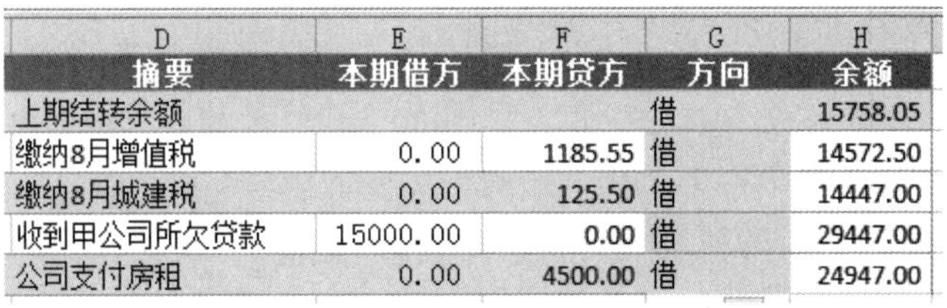

完成效果

步骤 1．选择 G2 单元格。

步骤 2．单击“插入函数”按钮 *fx*，选择 IF 函数，单击“确定”按钮，弹出 IF 函数的“函数参数”对话框。

IF 函数的功能是根据对指定条件的逻辑判断的真假结果，返回相对应的内容。使用格式为 =IF(Logical,Value_if_true,Value_if_false)。它需要三个参数：

- Logical_test 表示要判断的逻辑表达式。
- Value_if_true 表示当判断条件为逻辑“真（TRUE）”时的显示内容。
- Value_if_false 表示当判断条件为逻辑“假（FALSE）”时的显示内容。

步骤 3．单击 Logical_test 参数文本框右侧的拾取按钮，选择 H2 单元格，输入“=0”，在 Value_if_true 参数文本框中输入“平”。

步骤 4. Value_if_false 参数中需要进行进一步判断，在 Value_if_false 参数文本框中输入“if()”，将光标移动到编辑栏中的 if()附近单击，弹出嵌套 IF 函数的“函数参数”对话框，在该对话框中将 Logical_test 参数设置为“H2>0”，Value_if_true 参数设置为“借”，Value_if_false 参数设置为“贷”，单击 ✔ 按钮完成设置。

图 5.57 自动填充选项

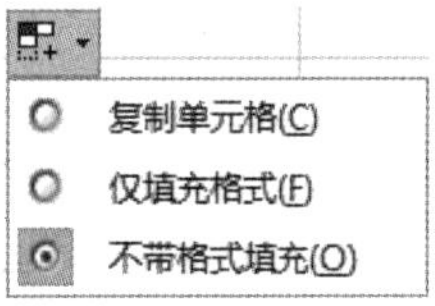

步骤 5．向下填充公式到最后一行，再单击右下角的“自动填充选项”，选择“不带格式填充”单选按钮，如图 5.57 所示。

同步训练 5-19：运用公式计算工作表“销售情况”中 F 列的销售额，要求在公式中通过

VLOOKUP 函数自动在工作表"平均单价"中查找相关商品的单价,并在公式中引用所定义的名称"商品均价"。

	A	B	C	D	E	F
1		大地公司某品牌计算机设备全年销量统计表				
2						
3	序号	店铺	季度	商品名称	销售量	销售额
4	001	西直门店	1季度	笔记本	200	910462.24
5	002	西直门店	2季度	笔记本	150	682846.68
6	003	西直门店	3季度	笔记本	250	1138077.8
7	004	西直门店	4季度	笔记本	300	1365693.4

完成效果

步骤 1. 选择"Sheet1"工作表的单元格 F4。

步骤 2. 单击"公式"选项卡的"插入函数"按钮,弹出"插入函数"对话框,在选择类别"查找与引用"中选择函数"VLOOKUP",弹出 VLOOKUP 函数的"函数参数"对话框。

垂直查询函数 VLOOKUP 的功能是在数据表的首列查找指定的数值,并由此返回数据表当前行中指定列处的数值。该函数的使用格式是:VLOOKUP(lookup_value,table_array,col_index_num,range_lookup)。它需要 4 个参数:

- Lookup_value 代表需要查找的数值,Lookup_value 必须在 Table_array 区域的首列中。
- Table_array 代表需要在其中查找数据的单元格区域。
- Col_index_num 是满足条件的单元格在数组区域中的列序号,首列序号为 1。
- Range_lookup 为一逻辑值,如果为 TRUE 或省略,则返回近似匹配值,也就是说,如果找不到精确匹配值,则返回小于 lookup_value 的最大数值;如果为 FALSE,则返回精确匹配值;如果找不到,则返回错误值#N/A。需要注意的是,如果忽略 Range_lookup 参数,则 Table_array 的首列必须进行排序。

步骤 3. 单击 Lookup_value 参数文本框右侧的拾取按钮,选择 D4 单元格,表示要查找的是"笔记本"的单价;单击 Table_array 参数文本框右侧的拾取按钮,选择"Sheet2"工作表的区域 B3:C7,区域被选中之后自动显示其名称"商品均价";在 Col_index_num 参数文本框中输入列号"2",表示返回 table_array 第 2 列的值。因为未对商品进行排序,所以该参数为 FALSE。参数设置如图 5.58 所示。

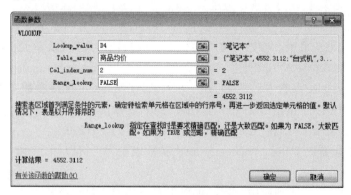

图 5.58　VLOOKUP"函数参数"对话框

步骤 4. 单击 ✓ 按钮,E4 单元格为"=VLOOKUP(D4,商品均价,2,FALSE)"。

步骤 5．将光标定位到编辑栏公式的末尾，输入"*E4"，按"Enter"键确认可得出结果。
步骤 6．拖动 F4 单元格右下角的填充柄直至最后一行数据处，完成销售额的填充。

5.4.3　公式和函数常见错误

在 Excel 中使用公式或函数时，经常会出现错误信息，这是由于执行了错误的操作，Excel 会根据不同的错误类型给出不同的错误提示，便于用户检查和排除错误，如表 5.7 所示。

表 5.7　Excel 常见公式和函数错误

错误提示	错误原因
####	单元格中的数值太长，单元格显示不下
#DIV/0!	公式里含有分母为 0 的情况
#N/A	在公式或函数中引用了一个暂时没有数据的单元格
#NAME?	公式中有无法识别的文本，或者引用了一个不存在的名称
#NUM!	公式或函数中包含无效数值
#REF!	公式或函数中引用了无效的单元格
#VALUE	使用了错误的参数或运算对象类型

5.5　数据统计分析

Excel 除了可以创建各种类型的表格和通过公式、函数对数据进行各种计算外，还具有丰富的数据处理功能，如通过对数据的排序、筛选、分类汇总等功能对数据进行深入处理与分析。

5.5.1　数据排序

在 Excel 中可以按照某一列或某几列的数据对整张表格的行进行升序或降序排列，排序可以按文本、数字及日期和时间等进行。

如果只需要按一个关键字段进行排序，操作方法如下：
（1）单击选中要排序列的任意一个单元格。
（2）单击"开始"选项卡"编辑"选项组中的"排序和筛选"按钮，在下拉列表中选择"升序"或"降序"选项，如图 5.59 所示。

或者在单击要排序列的任意一个单元格之后单击"数据"选项卡"排序和筛选"选项组中的"升序"按钮 或"降序"按钮 。

图 5.59　"排序和筛选"下拉列表

如果按多个关键字段进行排序，在排序过程中，首先按照主要关键字段排列，主要关键字段数据相同时，再按照次要关键字段排列，如果次要关键字段的数据也相同时，再按第三关键字进行排序……以此类推，具体操作方法如下：
（1）单击数据列表中的任意一个单元格。

（2）单击"数据"选项卡"排序和筛选"选项组中的"排序"按钮。

（3）在弹出的"排序"对话框中设定"主要关键字"，并设置好"排序依据"和"次序"，单击"添加条件"按钮，将增加一行"次要关键字"，继续设置"次要关键字"及排序依据和次序。

同步训练 5-20：销售部助理小王需要根据 2012 年和 2013 年的图书产品销售情况进行统计分析，需要将"销售订单"工作表的"订单编号"列按照数值升序方式排序，并将所有数值标记为紫色（标准色）字体的订单编号排列在销售订单列表区域的顶端。

完成效果

步骤 1．打开"排序"对话框。

步骤 2．"主要关键字"选择"订单编号"，"排序依据"选择"字体颜色"，"次序"选择"紫色"、"在顶端"。

步骤 3．单击"添加条件"按钮，增加"次要关键字"，"次要关键字"选择"订单编号"，"排序依据"选择"数值"，"次序"选择"升序"。

步骤 4．单击"确定"按钮，如图 5.60 所示。

图 5.60 "排序"对话框

5.5.2 数据筛选

筛选数据列表是指隐藏不准备显示的数据行，只显示指定条件的数据行的过程。使用数据筛选可以快速显示选定数据行的数据，提高工作效率。Excel 提供了三种筛选数据列表的命令。

1．自动筛选

自动筛选是指按单一条件进行数据筛选，是最常用的筛选方式，操作方法如下：

（1）选中数据列表的任意单元格。

（2）单击"数据"选项卡"排序和筛选"选项组中的"筛选"按钮，此时工作表中每列标题旁边都将显示自动筛选按钮，如图 5.61 所示。

（3）单击数据列表中的任何一列标题行的下拉按钮，选择希望显示的特定行的信息，Excel会自动筛选出包含这个特定行信息的全部数据，如图 5.62 所示，将自动筛选图书名称为《Excel办公高手应用案例》的所有记录。

图 5.61　自动筛选（素材 5-6.xlsx）

图 5.62　单击自动筛选列标题旁的下拉按钮

在图 5.62 中，如果要取消对图书名称列的筛选，单击该列旁边的下拉按钮，从菜单中勾选"全选"复选框，然后单击"确定"按钮，或者选择"从'图书名称'中清除筛选"选项。

如果要退出自动筛选，可以再次单击"数据"选项卡"排序和筛选"选项组中的"筛选"按钮，此时表格各列标题旁边的下拉按钮消失。

2．自定义筛选

自动筛选的功能有限，采用自定义筛选可快速扩展筛选范围。

同步训练 5-21：需要筛选出销量小于 5 或销量大于 40 的记录。

完成效果

步骤 1．选择数据列表中的任意单元格。

步骤 2．单击"数据"选项卡"排序和筛选"选项组中的"筛选"按钮。

步骤 3．单击"销量"列旁边的自动筛选按钮，在弹出的菜单中选择"数字筛选"下的"自定义筛选"命令，如图 5.63 所示，弹出"自定义自动筛选方式"对话框。

步骤 4．在对话框左上方的下拉列表中选择"小于"，在其右侧的文本框中输入"5"，选中"或"单选按钮，在对话框左下方的下拉列表中选择"大于"，在其右侧的文本框中输入"40"，如图 5.64 所示。

步骤 5．单击"确定"按钮即可完成筛选。

图 5.63　自定义筛选命令　　　　　　　图 5.64　"自定义自动筛选方式"对话框

设置自动筛选的自定义条件时，可以使用通配符，其中，问号（?）代表任意单个字符，星号（*）代表任意一组字符。

3．高级筛选

高级筛选是根据条件区域设置筛选条件而进行的筛选，使用高级筛选时需要先在编辑区输入筛选条件再进行高级筛选，从而显示符合条件的数据行。

使用高级筛选前，需要建立一个条件区域用来指定筛选的数据必须满足的条件。在条件区域的首行中包含的字段名必须与数据清单上的字段名一致，但条件区域内不必包含数据清单中所有的字段名。条件区域的字段名下至少有一行用来定义搜索条件。同时满足的条件是"与"关系，需要将条件放在同一行；"或"关系的条件需要将条件放在不同行，只要记录满足条件之一就可以将记录显示出来。

同步训练 5-22：筛选出 2013 年 12 月 10 日之后销售的《Excel 办公高手应用案例》，或者隆华书店中销量>=50 的销售记录。

完成结果

步骤 1．在条件区域的首行输入字段名，在第二行及以后各行输入筛选条件，如图 5.65 所示，A681:D683 为条件区域。

步骤 2．选中数据区域中的任意一个单元格。

步骤 3．单击"数据"选项卡"排序和筛选"选项组中的"高级"按钮，弹出"高级筛选"对话框。

步骤 4．Excel 将自动选择筛选的区域，单击"条件区域"右侧的拾取按钮，选中 A681:D683，单击拾取按钮返回"高级筛选"对话框，如图 5.66 所示。

步骤 5．单击"确定"按钮完成筛选。

图 5.65　条件区域

图 5.66　"高级筛选"对话框

5.5.3　分类汇总

分类汇总是指根据指定的类别将数据以指定的方式进行统计，这样可以快速将大型表格中的数据进行汇总与分析，得到统计数据。

分类汇总包括两个操作：一是分类，二是汇总。所以对数据进行分类汇总之前必须对要分类汇总的列进行排序，将该列中具有相同内容的行集中在一起，然后才能分类汇总。

同步训练 5-23：小李在东方公司担任行政助理，年底小李对公司员工档案信息进行了分析和汇总。请根据东方公司员工档案表，通过分类汇总功能求出每个职务的平均基本工资。

	A	B	C	D	E	F	G	H	I	J	K	L	M
1	东方公司员工档案表												
2	员工编号	姓名	性别	部门	职务	身份证号	出生日期	学历	入职时间	工龄	基本工资	工龄工资	基础工资
3	DF007	曾晓军	男	管理	部门经理	410205196412278211	1964年12月27	硕士	2001年3月	16	10000	800	10800
4					部门经理 平均值						10000		
5	DF015	李北大	男	管理	人事行政	420316197409283216	1974年09月28	硕士	2006年12月	10	9500	500	10000
6					人事行政经理 平均值						9500		
7	DF002	郭晶晶	女	行政	文秘	110105198903040128	1989年03月04	大专	2012年3月	5	3500	250	3750
8					文秘 平均值						3500		
9	DF013	苏三强	男	研发	项目经理	370108197202213159	1972年02月21	硕士	2003年8月	13	12000	650	12650
10	DF017	曾令煊	男	研发	项目经理	110105196410020109	1964年10月02	博士	2001年6月	16	18000	800	18800
11					项目经理 平均值						15000		
12	DF008	齐小小	女	管理	销售经理	110102197305120123	1973年05月12	硕士	2001年10月	15	15000	750	15750
13					销售经理 平均值						15000		
14	DF003	侯大文	男	管理	研发经理	310108197712121139	1977年12月12	硕士	2003年7月	14	12000	700	12700
15					研发经理 平均值						12000		

完成效果

步骤 1．选中"职务"列的任意一个单元格。

步骤 2．单击"数据"选项卡"排序和筛选"选项组中的"升序"按钮，将职务进行升序排序。

步骤 3．单击"数据"选项卡"分级显示"选项组中的"分类汇总"按钮，弹出"分类汇总"对话框。

步骤 4．在"分类字段"下拉列表中选择要进行分类汇总的字段（排序字段），如"职务"；在"汇总方式"下拉列表中选择要分类汇总的方式，有求和、平均值、计数、最大值、最小值等，此时选择"平均值"；在"选定汇总项"列表框中选择要进行分类汇总的列，此时勾选"基本工资"复选框，如图 5.67 所示。

步骤 5．单击"确定"按钮。

对数据进行分类汇总后，在工作表左侧有三个显示不同级别的按钮，单击这些按钮可以显示或隐藏各级别的内容。

图 5.67 "分类汇总"对话框

- 单击 1 按钮，只显示整表中的汇总项。
- 单击 2 按钮，按"职务"显示汇总数据。
- 单击 3 按钮，显示每个员工的详细信息，同时显示汇总数据。

在分级显示时，还可以单击 + 按钮，显示对应组的明细数据；单击 - 按钮，隐藏对应组的明细数据。

当使用分类汇总后，可能希望将汇总结果复制到一个新的数据表中。但是如果直接进行复制，无法只复制汇总结果，复制的将是所有数据。此时就需要使用"Alt+;"组合键选取当前屏幕中显示的内容，然后进行复制粘贴。

清除分类汇总的方法是，在分类汇总后的数据表格中任意选定一个单元格，弹出"分类汇总"对话框，在该对话框下部单击"全部删除"按钮即可。

5.5.4 数据透视表与数据透视图

数据透视表是一种对大量数据快速汇总和建立交叉列表的交互式动态表格，能帮助用户分析、组织数据，可以通过调整行标签和列标签等很快地从不同角度分析数据，还可以进一步进行排序和筛选。

1．建立数据透视表

在创建数据透视表之前，要保证数据区域必须有列标题，并且该区域中没有空行。

同步训练 5-24：为工作表"销售情况"中的销售数据创建一个数据透视表，放置在一个名为"数据透视分析"的新工作表中，要求针对各类商品比较各门店每个季度的销售额。其中：商品名称为报表筛选字段，店铺为行标签，季度为列标签，并对销售额求和。

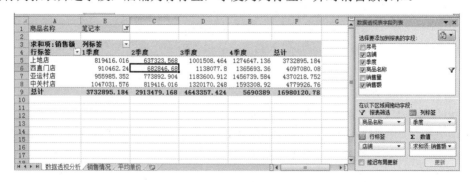

完成效果

步骤 1．选择工作表的数据区域中的任意单元格。

步骤 2．单击"插入"选项卡"表格"选项组中的"数据透视表"按钮，弹出"创建数据透视表"对话框，如图 5.68 所示。

步骤 3．在对话框的"选择一个表或区域"单选按钮下的"表/区域"文本框中显示当前已选择的数据源区域。默认选择单元格所在的数据区域，如果不正确可以更改，此时保持默认；在"选择放置数据透视表的位置"组选择"新工作表"单选按钮。

数据透视表存放的位置可以是"新工作表"或"现有工作表"。如果选择"现有工作表"，则需要在"位置"文本框中指定现有工作表中数据透视表所处区域的第一个单元格。

步骤 4．单击"确定"按钮，Excel 即插入了一张新工作表 Sheet1，如图 5.69 所示，并在该工作表中进入数据透视表设计界面。

步骤 5．双击"Sheet1"，重命名为"数据透视分析"。

图 5.68 "创建数据透视表"对话框

图 5.69 数据透视表设计界面

此时 Excel 会将空的数据透视表放置在新插入的工作表中，并在右侧显示"数据透视表字段列表"任务窗格，该任务窗格的上半部分为字段列表，下半部分为布局部分，包含"报表筛选"选项组、"列标签"选项组、"行标签"选项组和"Σ 数值"选项组。

步骤 6．在"数据透视表字段列表"中，将鼠标放置于"商品名称"上，待鼠标箭头变为双向十字箭头后将其拖曳到下方布局部分的"报表筛选"区域。

步骤 7．用同样的方法将"店铺"字段拖曳到"行标签"区域；将"季度"字段拖曳到"列标签"区域；将"销售额"字段拖曳到"Σ 数值"区域。

这时即成功创建了一个数据透视表，它汇总了各个店铺每个季度的全部商品的销售额。

在数据透视表中，"报表筛选"的作用类似于自动筛选，是所在数据透视表的条件区域，在该区域内的所有字段都将作为筛选数据区域内容的条件；"列标签"和"行标签"用来将数据横向或纵向显示，和分类汇总的分类字段作用相同；"Σ 数值"的内容主要是数据。

同步训练 5-25：根据"销售订单"工作表的销售列表创建数据透视表，并将创建完成的数据透视表放置在新工作表中，以 A1 单元格为数据透视表的起点位置。将工作表重命名为"2012 年书店销量"。在"2012 年书店销量"工作表的数据透视表中，设置"日期"字段为列标签、"书店名称"字段为行标签、"销量（本）"字段为求和汇总项，并在数据透视表中显示 2012 年期间各书店每季度的销量情况。

操作步骤参考同步训练 5-24。

2. 设置数据透视表格式

数据透视表可以像操作其他工作表一样被选中，将其当作表格进行设置，也可以使用 Excel 提供的套用格式。单击数据透视表，选择"设计"选项卡"数据透视表样式"选项组中的"镶边行"和"镶边列"选项，如图 5.70 所示，则在行之间、列之间有较亮或较浅的颜色格式替换。

图 5.70　数据表透视工具的"设计"选项卡

3. 更新数据

创建数据透视表之后，如果源数据中发生了更改，基于此数据清单的数据透视表不会自动改变，需要更新数据源，选中数据透视表，单击鼠标右键，在弹出的快捷菜单中选择"刷新"选项即可。

4. 清除数据表

清除数据透视表的方法是单击数据透视表，将出现"选项"选项卡，单击选项卡"操作"选项组中的"清除"按钮，在下拉菜单中选择"全部清除"选项即可。

数据透视图以图形方式呈现数据透视表中的汇总数据，可以更形象、更直观地表达数据，根据数据透视表可以直接生成数据透视图。

同步训练 5-26：根据生成的数据透视表，在透视表下方创建一个簇状柱形图，图表中仅对各门店 4 个季度笔记本的销售额进行比较。

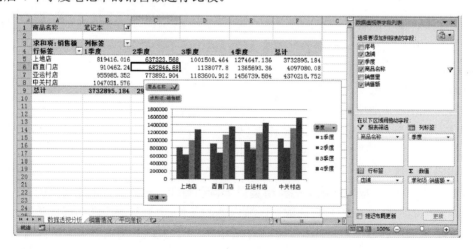

完成效果

步骤1．选中数据透视表中的任意一个单元格。

步骤2．单击"数据透视表工具-选项"选项卡"工具"选项组中的"数据透视图"按钮，弹出如图 5.71 所示的"插入图表"对话框。

步骤3．在对话框中选择"柱形图"中的"簇状柱形图"，单击"确定"按钮之后可以创建一个与数据透视表对应的簇状柱形图。

步骤4．在"数据透视图"中单击"商品名称"右侧的下拉列表，只选择"笔记本"即可只显示各门店 4 个季度笔记本的销售额情况。

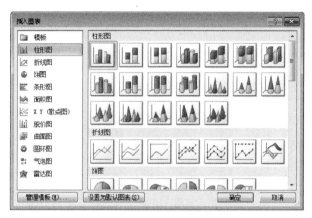

图 5.71 "插入图表"对话框

透视图也可以单击"插入"选项卡"表格"选项组中的"数据透视表"按钮，并在下拉菜单中选择"数据透视图"来创建。数据透视图和数据透视表是相互联系的，改变数据透视表中的内容，数据透视图也会发生相应的变化，反之亦然。

5.6 图表

数据图表就是将单元格中的数据以各种统计图表的形式显示，这样可以更加直观地表现数据，使用户能清晰地了解数字所代表的含义，并且当表格中的数据发生变化时，图表也会自动更新。

5.6.1 创建图表

Excel 具有多种图表类型，正确地选择图表类型是创建图表的基础。在实际工作中，需要根据具体的分析目标和数据表的结构选择一种合适的图表类型，如表 5.8 所示。

表 5.8 Excel 中图表的基本类型

图表类型	说明
柱形图	描述不同时期数据的变化情况，注重数据之间的差异，便于人们进行横向比较
折线图	将同一数据序列的数据点在图上用直线连接起来，通常用于分析数据随时间的变化趋势
饼图	通常用于描述比例和构成等信息，可以显示数据序列项目相对于项目综合的比例大小，但一般只能显示一个序列的值，因此适合强调重要元素

续表

图表类型	说　明
条形图	显示各项目之间的比较情况，纵轴表示分类，横轴表示值。条形图强调各个值之间的比较，不太关注时间的变化
雷达图	通常用于对两组变量进行多种项目的对比，反映数据相对中心点和其他数据点的变化情况

如图 5.72 所示是一个柱形图，图表组成及说明如表 5.9 所示。

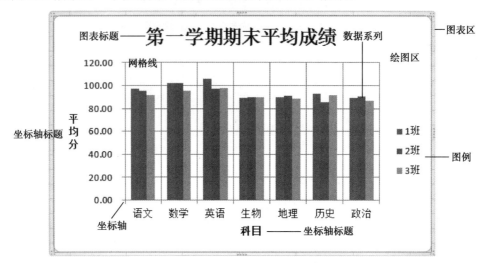

图 5.72　柱形图示例

表 5.9　图表组成及说明

图表组成	说　明
图表区	包含图表图形及标题、图例等所有图表元素的最外围矩形区域
绘图区	图表区的绘图区包含图表主体图形的矩形区域
图表标题	说明图表内容的标题文字
数据系列	同类数据的集合，在图表中表示为描绘数值的柱状图、直线或其他元素。例如，在图表中可用一组红色的矩形条表示一个数据系列
坐标轴	在一个二维图表中，有一个 X 轴（水平方向）、一个 Y 轴（垂直方向），分别用于对数据进行分类和度量。X 轴包括分类和数据系列，也称分类轴或水平轴；Y 轴表示值，也称数值轴或垂直轴
图例	图表中不同元素的含义。例如，柱形图的图例说明每个颜色的图形所表示的数据系列
网格线	网格线强调 X 轴或 Y 轴的刻度，可以进行设置

图表既可以放在工作表上，也可以放在工作簿的图表工作表上，直接出现在工作表上的图表称为嵌入式图表，图表工作表是工作簿中仅包含图表的特殊工作表。嵌入式图表和图表工作表都与工作表的数据相连接，并随着工作表数据的更改而更新。

创建图表的操作方法如下：

（1）选择工作表中要创建图表的数据区域。

（2）单击"插入"选项卡"图表"选项组中的一种图表类型就可以创建图表了。

图表将作为一个对象被创建在数据所在工作表中，可以进行调整大小、移动位置等操作。

同步训练 5-27：在分类汇总的基础上，创建一个饼图，对每个（职位）员工的基本工资进行比较，并将该图表放置在"统计报告"工作表中。

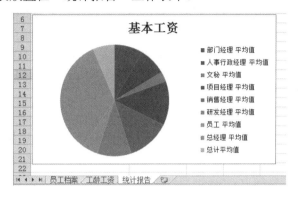

完成效果

步骤 1. 在"员工档案"工作表中，单击 ② 按钮，按"职务"显示汇总数据。

步骤 2.（按"Ctrl"键）同时选中职务列和平均基本工资列的所有数据。

步骤 3. 单击"插入"选项卡"图表"选项组中的"饼图"按钮，在如图 5.73 所示的下拉列表中选择"饼图"，将自动创建图表并显示在"员工档案"工作表中。

步骤 4. 剪切图表，粘贴到"统计报告"工作表，完成操作。

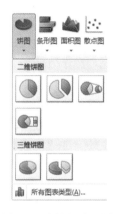

图 5.73 饼图下拉列表

5.6.2 编辑图表

创建图表并将其选定后，功能区会多出三个选项卡，即"图表工具-设计""图表工具三布局"和"图表工具-格式"选项卡，通过这三个选项卡中的命令按钮可以对图表进行各种设置和编辑。

1. 选择图表项

对图表中的图表项进行修饰之前应该单击图表项将其选定，操作方法如下：

（1）单击图表的任意位置将其激活。

（2）单击"格式"选项卡"当前所选内容"选项组中的"图表元素"列表框右侧的下拉箭头。

（3）从弹出的下拉列表中选择要处理的图表项，如图 5.74 所示。

图 5.74 选择图表项

2. 调整图表大小和移动图表位置

调整图表的大小，可以直接将鼠标指针移动到图表的浅蓝色边框的控制点上，当指针形状变为双向箭头时拖曳即可调整图表的大小；也可以在"格式"选项卡的"大小"选项组中精确地设置图表的高度和宽度。

移动图表位置分为在当前工作表中移动和在工作表之间移动两种情况。

在当前工作表中移动与移动文本框等对象的操作是一样的，只要单击图表区并按住鼠标左键进行拖曳即可。

如果要在工作表之间移动图表，如同步训练5-27，要将该图表放置在"统计报告"工作表中。剪切该图并粘贴到"统计报告"工作表中即可完成操作，也可以进行如下操作：

（1）在图表区单击右键，在快捷菜单中选择"移动图表"选项，弹出如图7.75所示的"移动图表"对话框。

（2）在"选择放置图表的位置"选项组中选中"对象位于"单选按钮，再在右侧下拉列表中选择"统计报告"，单击"确定"按钮。

3. 更改图表数据

如果在图表创建完成后发现需要修改数据源区域，可以重新指定数据源，不需要重新创建图表，操作方法如下：

（1）选择图表。

（2）单击"图表工具-设计"选项卡"数据"选项组中的"选择数据"按钮，弹出如图5.76所示的"选择数据源"对话框。

（3）在"图表数据区域"文本框中重新输入图表中数据的单元格地址。

单击"设计"选项卡"数据"选项组中的"切换行/列"按钮可以更改数据系列。

图7.75 "移动图表"对话框

图5.76 "选择数据源"对话框

5.6.3 修改图表布局

一个图表中包含多个组成部分，默认创建的图表值包含其中的几项，如果希望图表能显示更多的信息，就有必要添加一些图表布局元素。

1. 添加并修饰图表标题

为图表添加一个标题并对其进行美化，操作方法如下：

（1）单击图表将其选中。

（2）单击"图表工具-布局"选项卡"标签"选项组中的"图表标题"按钮。

（3）在弹出的如图5.77所示的下拉列表中选择放置标题的方式，如"图表上方"。

（4）在文本框中输入标题文本。

对标题可进行进一步设置：

（1）选中标题文本并单击右键，在弹出的快捷菜单中选择"设置图表标题格式"选项，打开"设置图表标题格式"对话框，可为标题设置"填充""边框颜色""边框样式""阴影""发光和柔化边缘""三维格式"及"对齐方式"，如图 5.78 所示。

图 5.77　"图表标题"下拉列表　　　　　图 5.78　"设置图表标题格式"对话框

（2）单击"关闭"按钮完成设置。

2．设置坐标轴及标题

在 Excel 中可以设置在图表中是否显示坐标轴及显示的方式，为了使水平和垂直坐标的内容更加明确，还可以为坐标轴添加标题，操作方法如下：

（1）选择图表区。

（2）单击"图表工具-布局"选项卡"坐标轴"选项组中的"坐标轴"按钮。

（3）选择要设置"主要横坐标轴"还是"主要纵坐标轴"，再从级联菜单中选择设置项，如图 5.79 所示。

设置坐标轴标题的操作方法如下：

（1）单击"图表工具-布局"选项卡"标签"选项组中的"坐标轴标题"按钮。

（2）选择"主要横坐标轴标题"或"主要纵坐标轴标题"级联菜单中的设置项。

（3）在图表的坐标轴标题文本框内输入文字。

设置坐标轴格式的操作方法如下：

（1）右键单击图表中的横坐标轴或纵坐标轴。

（2）在弹出的快捷菜单中选择"设置坐标轴格式"选项。

（3）在打开的"设置坐标轴格式"对话框中对坐标轴进行设置，如图 5.80 所示。

采用同样的方法，右键单击横坐标轴标题或纵坐标轴标题，在弹出的快捷菜单中选择"设置坐标轴标题格式"选项，在打开的"设置坐标轴标题格式"对话框中设置坐标轴标题的格式。

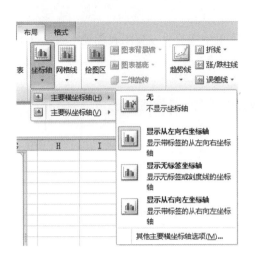

图 5.79 "坐标轴"级联菜单　　　　　　图 5.80 "设置坐标轴格式"对话框

3. 更改图表类型

如果对创建的图表类型不满意,可以更改图表的类型,操作方法如下:

(1)如果是一个嵌入式图表,单击图表将其选定;如果是图表工作表,单击相应的工作表标签将其选定。

(2)单击"图表工具-设计"选项卡"类型"选项组中的"更改图表类型"按钮,弹出如图 5.81 所示的"更改图表类型"对话框。

(3)在"图表类型"列表框中选择所需的图表类型,再从右侧选择所需的子图表类型。

(4)单击"确定"按钮完成更改。

4. 设置图表样式

创建图表后可以使用 Excel 提供的布局和样式来快速设置图表外观,操作方法如下:

(1)单击图表中的图表区。

(2)在如图 5.82 所示的"图表工具-设计"选项卡"图表布局"选项组中选择一种图表的布局类型。

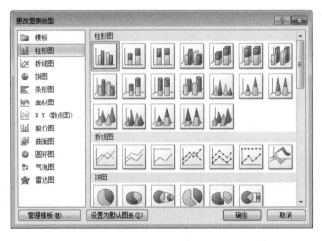

图 5.81 "更改图表类型"对话框　　　　　图 5.82 "图表布局"选项组

(3)在如图 5.83 所示的"图表样式"选项组中选择图表的颜色搭配方案。

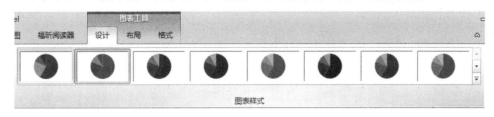

图 5.83　"图表样式"选项组

(4)选择图表布局和样式后,可以快速得到最终的效果。

5. 设置图表区和绘图区格式

图表区是放置图表及其他元素的大背景。单击图表的空白位置,当图表最外框出现灰色边框时,表示选定了图表区。绘图区是放置图表主体的背景。

设置图表区格式的操作方法如下:

(1)选择图表。

(2)在"图表工具-布局"选项卡"当前所选内容"选项组的下拉列表中选择"图表区",选择图表的图表区。

(3)单击"设置所选内容格式"按钮 设置所选内容格式,弹出如图 5.84 所示的"设置图表区格式"对话框。

(4)选择左侧列表框中的"填充"选项,在右侧可以设置填充效果。还可以进一步设置"边框颜色""边框样式"或"三维格式"等。

(5)设置完成后单击"关闭"按钮。

类似地,在"图表工具-布局"选项卡"当前所选内容"选项组中的"图表元素"列表框中选择"绘图区",选择图表的绘图区。单击"设置所选内容格式"按钮 设置所选内容格式,在弹出的如图 5.85 所示的"设置绘图区格式"对话框中设置绘图区的格式。

图 5.84　"设置图表区格式"对话框

图 5.85　"设置绘图区格式"对话框

5.6.4 迷你图

迷你图是被嵌入在一个单元格中的微型图表,它一般被放置在数据旁边,用于表示某一行或某一列的数据走势,或者突出显示最大值、最小值等。

图 5.86 "创建迷你图"对话框

1. 创建迷你图

创建迷你图的操作方法如下:

(1)选择要存放迷你图的单元格。

(2)在"插入"选项卡"迷你图"选项组中单击一种迷你图按钮,弹出"创建迷你图"对话框,如图 5.86 所示。

(3)在对话框中的"数据范围"中选择所需数据区域;在"位置范围"中选择迷你图要被放置到的单元格。

(4)单击"确定"按钮即可创建迷你图。

同步训练 5-28:在"2013 年图书销售分析"工作表的 N4:N11 单元格中,插入用于统计销售趋势的迷你折线图,各单元格中迷你图的数据范围为所对应图书的 1—12 月销售数据,并为各迷你折线图标记销量的最高点和最低点。

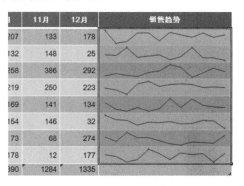

完成效果

步骤 1.选择 N4 单元格。

步骤 2.单击"插入"选项卡"迷你图"选项组中的"折线图"按钮,弹出"创建迷你图"对话框。

步骤 3.在对话框中设置"数据范围"为"B4:M4"(可单击右侧拾取按钮后在工作表内选择),在"位置范围"中保持默认为"$N$4"。

步骤 4.单击"确定"按钮即可创建第一条记录的迷你折线图,如图 5.87 所示。

步骤 5.拖动迷你图所在单元格的填充柄可以像复制公式一样复制填充迷你图,拖动 N4 填充柄填充至 N11 完成操作。

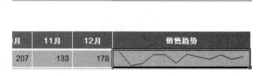

图 5.87 创建的迷你折线图

除了为一行或一列数据创建一个迷你图外,还可以通过选择与基本数据相对应的多个单元格来同时创建若干迷你图,所以同步训练 5-28 也可以操作如下:

步骤 1.选择"2013 年图书销售分析"工作表中的 N4:N11 单元格。

步骤2．单击"插入"选项卡"迷你图"选项组中的"折线图"按钮，在弹出的对话框中设置"数据范围"为"B4:M11"，保持"位置范围"文本框默认数据"$N$4:$N$11"。

步骤3．单击"确定"按钮。

2．突出显示数据点

在迷你图中可以突出显示数据的高点、低点、首点、尾点、负点和标记等，只需要选中"迷你图工具-设计"选项卡"显示"选项组中对应的复选框就可以突出显示对应的标记点。

同步训练 5-29：要求为各迷你折线图标记销量的最高点和最低点。

步骤1．选择 N4:N11 单元格。

步骤2．勾选"高点"和"低点"复选框，图中最高点和最低点都被加上了小圆点标记，如图 5.88 所示。

3．更改迷你图类型

迷你图有折线图、柱形图和盈亏图三类，在创建迷你图之后更改迷你图类型的操作方法如下：

（1）选择包含迷你图的单元格。

（2）单击"迷你图工具-设计"选项卡"类型"选项组的其他迷你图类型即可。

如在同步训练 5-29 中，选择 N4 单元格，更改迷你图类型为"柱形图"，如图 5.89（a）所示，所有的迷你图都将更改为"柱形图"。

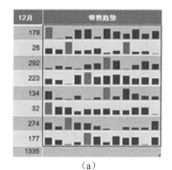

(a)

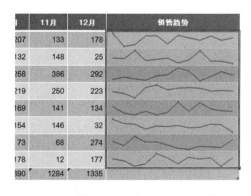

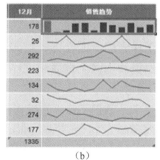

(b)

图 5.88 突出显示迷你图的高点和低点   图 5.89 更改迷你图类型

这是因为不论是拖动填充柄方式创建的迷你图还是同时创建的迷你图，它们和 N4 单元格的迷你图自动组合成一个"图组"，在改变 N4 迷你图类型时，"图组"中所有的迷你图类型都将被同时改变。

如果只需要改变 N4 的迷你图类型，则需要取消组合的图组，在同步训练 5-29 中，选中单元格区域 N4:N11，单击"迷你图工具-设计"选项卡"分组"选项组中的"取消组合"按钮，然后选中 N4 单元格，更改迷你图类型为"柱形图"，效果如图 5.89（b）所示。

4．设置迷你图样式

Excel 提供了预定义的迷你图样式，选中迷你图，单击"迷你图工具-设计"选项卡"样式"选项组中的相应图表可快速设置迷你图的外观格式；在"样式"选项组中单击"迷你图颜色"按钮和"标记颜色"按钮设置迷你图及标记的颜色。

5．清除迷你图

要清除迷你图，选中迷你图之后单击"迷你图工具-设计"选项卡"分组"选项组中的"清除"按钮。

5.7 考级辅导

5.7.1 考试要求

1．一级考试

基本要求：了解电子表格软件的基本知识，掌握电子表格软件 Excel 的基本操作和应用。

考试内容：

（1）电子表格的基本概念和基本功能，Excel 的基本功能、运行环境、启动和退出。

（2）工作簿和工作表的基本概念和基本操作，工作簿和工作表的建立、保存和退出；数据输入和编辑；工作表和单元格的选定、插入、删除、复制、移动；工作表的重命名和工作表窗口的拆分和冻结。

（3）工作表的格式化，包括设置单元格格式、设置列宽和行高、设置条件格式、使用样式、自动套用模式和使用模板等。

（4）单元格绝对地址和相对地址的概念，工作表中公式的输入和复制，常用函数的使用。

（5）图表的建立、编辑和修改及修饰。

（6）数据清单的概念，数据清单的建立，数据清单内容的排序、筛选、分类汇总，数据合并，数据透视表的建立。

（7）工作表的页面设置、打印预览和打印，工作表中链接的建立。

（8）保护和隐藏工作簿和工作表。

2．二级考试

基本要求：掌握 Excel 的操作技能，并熟练应用 Excel 进行数据计算及分析。

考试内容：

（1）Excel 的基本功能，工作簿和工作表的基本操作，工作视图的控制。

（2）工作表数据的输入、编辑和修改。

（3）单元格格式化操作、数据格式的设置。

（4）工作簿和工作表的保护、共享及修订。

（5）单元格的引用，公式和函数的使用。

（6）多个工作表的联动操作。

（7）迷你图和图表的创建、编辑与修饰。

（8）数据的排序、筛选、分类汇总、分组显示和合并计算。

（9）数据透视表和数据透视图的使用。

（10）数据模拟分析和运算。

（11）宏功能的简单使用。

（12）获取外部数据并分析处理。

（13）分析数据素材，并根据需求提取相关信息引用到Excel 文档中。

5.7.2 真题练习

1．（1）打开工作簿文件 EXCEL.xlsx，将工作表 Sheet1 的 A1:D1 单元格合并为一个单元格，内容水平居中；计算"金额"列的内容（金额=数量×单价）和"总计"行的内容，将工作表命名为"设备购置情况表"。

（2）打开工作簿文件 EXA.xlsx，对工作表"计算机动画技术成绩单"内的数据清单的内容进行分类汇总（提示：分类汇总前先按主关键字"系别"递增排序），分类字段为"系别"，汇总方式为"求和"，汇总项为"总成绩"，汇总结果显示在数据下方，执行分类汇总后的工作表还保存在 EXA.xlsx 工作簿文件中，工作表名不变。

2．正则明事务所的统计员小任需要对本所外汇报告的完成情况进行统计分析，并据此计算员工奖金。按照下列要求帮助小任完成相关的统计工作并对结果进行保存。

（1）在素材的文件夹下将"Excel 素材 1.xlsx"文件另存为"Excel.xlsx"（".xlsx"为文件扩展名）。

（2）将文档中以每位员工姓名命名的 5 个工作表内容合并到一个名为"全部统计结果"的新工作表中，合并结果自 A2 单元格开始、保持 A2~G2 单元格中的列标题依次为报告文号、客户简称、报告收费（元）、报告修改次数、是否填报、是否审核、是否通知客户，然后将其他 5 个工作表隐藏。

（3）在"客户简称"和"报告收费（元）"两列之间插入一个新列，列标题为"责任人"，限定该列中的内容只能是员工姓名高小丹、刘君赢、王铭争、石明砚、杨晓柯中的一个，并提供输入用下拉箭头，然后根据原始工作表名依次输入每个报告所对应的员工责任人姓名。

（4）利用条件格式"浅红色填充"标记重复的报告文号，按"报告文号"升序、"客户简称"笔画降序排列数据区域。将重复的报告文号后依次增加（1）、（2）格式的序号进行区分（使用西文括号，如 13（1））。

（5）在数据区域的最右侧增加"完成情况"列，在该列中按以下规则运用公式和函数填写统计结果：当左侧三项"是否填报""是否审核""是否通知客户"全部为"是"时显示"完成"，否则为"未完成"，将所有"未完成"的单元格以标准红色文本突出显示。

（6）在"完成情况"列的右侧增加"报告奖金"列，按照下列要求对每个报告的员工奖金数进行统计计算（以元为单位）。另外，当完成情况为"完成"时，每个报告多加 30 元的奖金，未完成时没有额外奖金。

报告收费金额（元）	奖金（元/每个报告）
小于等于1000	100
大于 1000 小于等于 2800	报告收费金额的 8%
大于 2800	报告收费金额的 10%

(7)适当调整数据区域的数字格式、对齐方式及行高和列宽等格式,并为其套用一个恰当的表格样式。最后设置表格中仅"完成情况"和"报告奖金"两列数据不能被修改,密码为空。

(8)打开工作簿"Excel 素材 2.xlsx",将其中的工作表 Sheet1 移动或复制到工作簿"Excel.xlsx"的最右侧。将"Excel.xlsx"中的 Sheet1 重命名为"员工个人情况统计",并将其工作表标签颜色设为标准紫色。

(9)在工作表"员工个人情况统计"中,对每位员工的报告完成情况及奖金数进行计算、统计并依次填入相应的单元格。

(10)在工作表"员工个人情况统计"中,生成一个三维饼图统计全部报告的修改情况,显示不同修改次数(0、1、2、3、4次)的报告数所占的比例,并在图表中标示保留两位小数的比例值。图表放置在数据源的下方。

第 6 章

PowerPoint 2010 制作演示文稿

PowerPoint 2010 是微软公司出品的 Office 2010 办公软件系列重要选项组件之一，它是制作演示文稿的软件，并且能够将文字、图片、声音及视频剪辑等多媒体元素融为一体，是制作工作总结、项目介绍、会议报告、企业宣传、产品说明、竞聘演说、培训计划和教学课件等演示文稿的首选软件。使用 PowerPoint 软件制作的演示文稿具有制作快速、修改容易便捷、动画制作效率高、花费时间少、制作成本低及演示形式多样等优点，深受广大用户的青睐。

演示文稿制作的一般流程为：

6.1 认识 PowerPoint 和演示文稿

PowerPoint 与 Word 的区别在于 Word 的主要功能是制作文档，基本操作单位是页、段和文字，编辑中注重文字的排版以打印美观的纸质文档；PowerPoint 的主要功能是制作展示用的演示文稿，基本操作单位是幻灯片和占位符，更注重于对象的位置、颜色和动画效果的设置，以达到最佳的演示效果。

一份好的演示文稿可以从以下几个方面来衡量：

（1）整个演示文稿的主题要明确。
（2）设计风格要符合主题。
（3）字体选择恰当，文本清晰易读。
（4）配色美观和谐，图文搭配协调。
（5）动画适宜，不喧宾夺主，且能给人一种视觉冲击力。

> **学习提示**
> 一套完整的演示文稿文件一般包含片头动画、PPT 封面、前言、目录、过渡页、图表页、图片页、文字页、封底、片尾动画等。所采用的素材有：文字、图片、图表、动画、声音、影片等。

6.1.1 幻灯片与占位符

利用 PowerPoint 制作出来的文档叫作演示文稿，简称 PPT。我们常说制作一份 PPT，意思也就是制作一份演示文稿，它是一个文件。

演示文稿中的每一页叫作幻灯片，每张幻灯片都是演示文稿中既相互独立又相互联系的内容。它可以更生动、直观地表达内容，图表和文字都能够清晰、快速地呈现出来，可以插入图画、动画、备注和讲义等丰富的内容。

演示文稿包含幻灯片，演示文稿是幻灯片的选项组合。如图 6.1 所示为演示文稿与幻灯片。

图 6.1　演示文稿与幻灯片

占位符在幻灯片中表现为一个虚框，虚框内部往往有"单击此处添加标题"之类的提示语，一旦鼠标单击之后，提示语会自动消失，这些方框代表一些特定的对象，用来放置标题、正文、图表、表格和图片等对象。占位符是幻灯片设计模板的主要选项组成元素，它能起到规划幻灯片结构的作用。在文本占位符上单击鼠标可以键入或粘贴文本，如果文本超出了占位符的大小PowerPoint 会自动调整键入的字号和行间距，以使文本大小合适。

6.1.2 PowerPoint 2010 的工作界面

PowerPoint 2010 的工作界面由快速访问工具栏、选项卡、功能区和选项组、大纲/幻灯片浏览窗格、幻灯片编辑窗格、备注窗格、任务窗格和状态栏等组成，如图 6.2 所示。

1. 快速访问工具栏

快速访问工具栏位于标题栏左侧，它包含了一些 PowerPoint 2010 最常用的工具按钮，如"保存"按钮 、"撤销"按钮 和"恢复"按钮 等。单击快速访问工具栏右侧的下拉按钮，在弹出的菜单中可以自定义快速访问栏中的命令。

2. 功能区、选项卡和选项组

PowerPoint 2010 的功能区和选项卡及选项组的作用与 Word 2010 相似，在 PowerPoint 2010 中有"文件""开始""插入""设计""切换""动画""幻灯片放映""审阅"和"视图"等。各选项卡及说明如表 6.1 所示。

第6章 PowerPoint 2010制作演示文稿

图 6.2 PowerPoint 2010 的工作界面

表 6.1 PowerPoint 2010 的选项卡

选项卡名称	说　明
文件	选项卡中显示的是 Backstage 视图，包含一些基本命令，如保存、另存为、打开、新建、打印、选项及一些其他命令
开始	包含常见的命令，如复制、格式刷等，还可设置文字字体、对齐方式和幻灯片的基本操作等
插入	通过该选项卡可以在演示文稿中插入表格、图像图形、艺术字、超链接、声音及影片等多媒体元素
设计	对演示文稿进行页面设置和主题设置等
切换	设置演示文稿的切换效果及放映方式
动画	为相应的对象添加动态效果，丰富幻灯片的内容
幻灯片放映	设置幻灯片的放映方式
审阅	对幻灯片的文字进行批注、校验等
视图	设置显示方式

3．大纲/幻灯片浏览窗格

大纲/幻灯片浏览窗格用于显示当前演示文稿的幻灯片数量及位置，包括"大纲"和"幻灯片"两个选项卡，单击选项卡的名称可以在不同的选项卡之间进行切换。如果只希望在编辑窗口中观看当前幻灯片，可以将大纲/幻灯片浏览窗格暂时关闭。在编辑中，通常需要将大纲/幻灯片浏览窗格显示出来。单击"视图"选项卡"演示文稿视图"选项组的"普通视图"按钮，可以恢复大纲/幻灯片浏览窗格的显示。

4．幻灯片编辑窗格

幻灯片编辑窗格位于工作界面的中间，用于显示和编辑当前的幻灯片，如添加文本及插入图片、表格、SmartArt 图形、音视频、动画和超链接等多媒体元素，还可以改变这些页面元素的格式。

5. 备注窗格

备注窗格是为当前幻灯片添加备注的窗格。备注内容在放映时不显示，但备注页的内容可以打印出来作为演讲的底稿，或者在进行放映时作为演示的脚本。

6. 任务窗格

任务窗格是执行某些特定任务时弹出的窗口，用于指定操作的参数等。

7. 状态栏

状态栏位于 PowerPoint 2010 窗口的最下方，用于显示当前文档页、总页数、字数和输入法状态等。

6.1.3 PowerPoint 的启动和退出

PowerPoint 2010 的启动和退出方法与 Word、Excel 相似，通过"运行"命令启动 PowerPoint 时选择"开始"→"运行"命令，输入 PowerPoint 即可。

6.1.4 PowerPoint 的视图方式

视图是指在使用 PowerPoint 制作演示文稿时窗口的显示方式。PowerPoint 为用户提供了多种视图方式，每种视图都有其特定的显示方式，选用不同的视图可以使文档的浏览或编辑更加方便。

1. 普通视图

当启动 PowerPoint 并创建一个新演示文稿时，通常会直接进入普通视图，如图 6.2 所示，普通视图由大纲/幻灯片浏览窗格、幻灯片编辑窗格及备注窗格选项组成，可以同时显示幻灯片缩略图或大纲、幻灯片和备注内容。拖动窗格间的分界线，可以调整各个窗格的尺寸。

2. 幻灯片浏览视图

幻灯片浏览视图是以缩略图的形式显示全部幻灯片的视图，单击"视图"选项卡"演示文稿视图"选项组的"幻灯片浏览"按钮，或者单击状态栏上的"幻灯片浏览"按钮图标 ，都可以切换到幻灯片浏览视图，如图 6.3 所示。

图 6.3　幻灯片浏览视图

在幻灯片浏览视图中可以直观地查看所有幻灯片的整体情况，也可以进行调整幻灯片的顺序、添加或删除幻灯片、复制幻灯片等操作，但不能改变幻灯片本身的内容。

3. 备注页视图

单击"视图"选项卡"演示文稿视图"选项组的"备注页"按钮,可以切换到备注页视图,如图6.4所示。在该视图方式下显示一张幻灯片及其对应的备注页,可以查看和编辑备注。

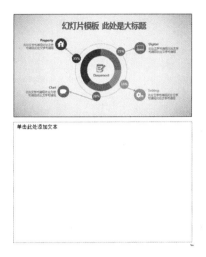

图 6.4　备注页视图

4. 阅读视图

单击"视图"选项卡"演示文稿视图"选项组的"阅读视图"按钮,可以切换到阅读视图,如图6.5所示。该视图是利用自己的计算机查看演示文稿,仅显示标题栏、阅读区、状态栏。在创建演示文稿的过程中,单击"阅读视图"按钮,将以适当的窗口大小放映幻灯片,可以审视演示文稿的放映效果,按"Esc"键退出阅读视图。

图 6.5　阅读视图

6.2　演示文稿的创建和编辑

6.2.1　创建演示文稿

在对演示文稿进行编辑之前,首先应该创建一个演示文稿。演示文稿是 PowerPoint 中的文件，它是由一系列幻灯片选项组成的。PowerPoint 提供了多种新建演示文稿的方法。

1. 新建空白演示文稿

启动 PowerPoint 2010 后，系统会自动创建一个空白的演示文稿；也可以通过"文件"选项卡"新建"命令，选择中间窗格中的"空白演示文稿"选项，单击"创建"按钮即可创建一个空白的演示文稿，如图 6.6 所示。

图 6.6　创建空白演示文稿

2. 利用模板创建演示文稿

模板决定了演示文稿的基本结构，同时决定了其配色方案，应用模板可以使演示文稿具有统一的风格。PowerPoint 2010 可以用模板构建缤纷靓丽的具有专业水平的演示文稿。具体操作方法如下：

（1）单击"文件"选项卡"新建"命令，选择中间窗格中的"样本模板"，在弹出的窗口中会显示已安装的模板，如图 6.7 所示。

（2）单击要使用的模板，然后单击"创建"按钮，就可以根据当前选定的模板创建演示文稿，如图 6.8 所示是"都市相册"模板文档。

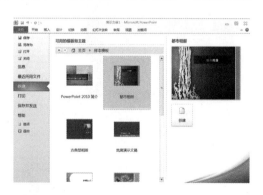

图 6.7　利用模板创建演示文稿　　　　　图 6.8　"都市相册"模板文档

同步训练 6-1： 利用 PowerPoint 应用程序创建一个相册，并包含 Photo (1).jpg~Photo (12).jpg 共 12 幅摄影作品。在每张幻灯片中包含 4 张图片，并将每幅图片设置为"居中矩形阴影"相框形状。

完成效果

步骤 1．打开 PowerPoint 2010 应用程序。

步骤 2．单击"插入"选项卡"图像"选项组中的"相册"按钮，在下拉列表中选择"新建相册"选项，弹出"相册"对话框。

步骤 3．在对话框中，单击"文件/磁盘"按钮，弹出"插入新图片"对话框。

步骤 4．按"Ctrl+A"组合键选中所有的图片，单击"插入"按钮。

步骤 5．在"图片版式"下拉列表中选择"4 张图片"，"相框形状"下拉列表中选择"居中矩形阴影"相框形状，单击"创建"按钮。

3. 根据现有的演示文稿创建演示文稿

可以根据现有的演示文稿新建演示文稿，操作方法如下：

（1）单击"文件"选项卡"新建"命令，选择中间窗格中的"根据现有内容新建"选项，如图 6.9 所示。

（2）打开如图 6.10 所示的"根据现有演示文稿新建"对话框，找到并选定作为模板的现有演示文稿，然后单击"新建"按钮即可。

图 6.9 "根据现有内容新建"选项　　　　图 6.10 "根据现有演示文稿新建"对话框

6.2.2 演示文稿的打开和保存

1. 打开演示文稿

编辑和查看现有的演示文稿时需要先打开它，打开演示文稿的方法也有很多种，如果没有启动 PowerPoint 2010，可以直接双击需要打开的演示文稿的文件图标，启动 PowerPoint 2010

之后通常采取下列方式打开演示文稿。

方法1：选择"文件"选项卡的"打开"选项，弹出"打开"对话框，选择需要打开的文件，单击"打开"按钮。

方法2：打开最近使用的演示文稿。PowerPoint 2010 提供了记录最近打开的演示文稿的功能，选择"文件"选项卡的"最近使用的文件"选项，在右侧页面中选择需要打开的演示文稿即可。

2. 保存演示文稿

在 PowerPoint 中创建演示文稿时，演示文稿临时存放在计算机内存中，退出 PowerPoint 或关闭计算机后，就会丢失存放在内存中的信息。为了永久性地使用演示文稿，必须将它保存到磁盘上。

与 Word 类似，保存演示文稿的方法有很多，通常选择"文件"选项卡的"保存"选项，在弹出的"另存为"对话框中选择要保存的路径，在"文件名"文本框中为演示文稿命名，最后单击"保存"按钮。

在制作演示文稿的过程中，可以对正在编辑的演示文稿设置定时保存。其操作方法如下：

（1）选择"文件"选项卡的"选项"，弹出如图 6.11 所示的"PowerPoint 选项"对话框。

（2）在"保存"选项中勾选"保存自动恢复信息时间间隔"复选框，并设置合适的时间。

（3）单击"确定"按钮。

图 6.11　"PowerPoint 选项"对话框

6.2.3　幻灯片的基本操作

一个演示文稿通常包含多张幻灯片，在制作演示文稿的过程中，需要对幻灯片进行插入、删除、移动和复制等操作。可以在大纲/幻灯片浏览窗格或幻灯片浏览视图中完成对幻灯片的基本操作。

1. 选择幻灯片

在对幻灯片进行操作之前需要先选择幻灯片。选择幻灯片的操作方法如下。

单张幻灯片：在左边大纲/幻灯片浏览窗格或幻灯片浏览视图中单击某张幻灯片，即可选中单张幻灯片。

多张连续幻灯片：单击要选择的连续幻灯片的首张幻灯片，按住"Shift"键的同时再单击要选择幻灯片的最后一张。

多张不连续幻灯片：单击选中单张幻灯片，按住"Ctrl"键的同时再单击要选择的其他幻灯片。如果需要去除某一张幻灯片的选择，按住"Ctrl"键的同时再次单击要去掉选择的幻灯片。

2. 插入幻灯片

首先应该确定幻灯片要插入的位置。在普通视图的大纲/幻灯片浏览窗格或在幻灯片浏览视图中,通过单击可以选择适当的位置。插入幻灯片通常有以下两种方法。

方法 1:单击"开始"选项卡中"幻灯片"选项组的"新建幻灯片"按钮,在弹出的下拉菜单中选择想要应用的版式。

方法 2:在选定位置处单击右键,在弹出的右键菜单中选择"新建幻灯片"命令(快捷键"Ctrl+M"),这样就可以新建一张版式与前一张幻灯片相同的幻灯片。

3. 删除幻灯片

按下面三种方法都可以删除已选择的幻灯片。

方法 1:单击右键,在弹出的快捷菜单中选择"删除幻灯片"命令。

方法 2:按"Delete"键。

方法 3:单击"开始"选项卡中"幻灯片"选项组的"删除"按钮。

幻灯片被删除以后,其后面的幻灯片会自动前移。

4. 移动幻灯片

调整幻灯片的顺序通常采用以下两种方法。

方法 1:通过"剪切"和"粘贴"命令。选择要移动的幻灯片,通过右键菜单"剪切幻灯片"(快捷键"Ctrl+X")对幻灯片进行复制。在目标位置,通过右键菜单"粘贴"(快捷键"Ctrl+V")粘贴幻灯片。

方法 2:通过鼠标拖曳。选择要移动的幻灯片,按住鼠标左键,移动到新位置以后再松开鼠标左键即可。

5. 复制幻灯片

复制幻灯片与移动幻灯片类似。

方法 1:选择右键菜单的"复制幻灯片"命令(快捷键"Ctrl+C")。

方法 2:按住鼠标左键拖曳,保持"Ctrl"键处于被按下状态后再松开,便可实现复制。

6. 隐藏幻灯片

在放映幻灯片时可以把一些非重点的幻灯片隐藏起来,被隐藏的幻灯片仅仅是在放映的时候不显示。隐藏幻灯片有如下两种方法。

方法 1:选择要隐藏的幻灯片之后单击"幻灯片放映"选项卡"设置"选项组的"隐藏幻灯片"按钮。

方法 2:右键单击要隐藏的幻灯片,在弹出的右键菜单中选择"隐藏幻灯片"命令。

6.3 幻灯片中插入对象

在制作幻灯片的过程中,可以通过"插入"选项卡中的按钮,在幻灯片中根据需要加入文本、图片、表格、SmartArt 等对象。

6.3.1 文本框

1. 插入文本框

在 PowerPoint 2010 中插入文本框的操作方法如下。

方法 1:通过按"Ctrl+C"组合键复制其他程序中的文本,然后到幻灯片中按"Ctrl+V"

组合键将文本粘贴进来。

方法 2：单击"插入"选项卡"文本"选项组中"文本框"下的"横排文本框"或"竖排文本框"命令，然后在幻灯片想要插入文本的位置单击鼠标左键或按住鼠标左键进行拖动，即可出现文本框，然后在文本框中输入内容。

> **操作技巧**
> 单击鼠标左键和按住鼠标左键进行拖动，都可以出现文本框。两者的区别在于：
> （1）单击鼠标左键生成的是单行文本框，即无论文本框中的内容有多长，都不会换行。
> （2）按住鼠标左键进行拖动生成的是多行文本框，当文本框中的内容输入长度达到文本框的宽度时，文本内容会自动换行。

2．编辑文本框

关于文本框中字体、字号、颜色及段落等内容的设置，PowerPoint 2010 的操作方法同 Word 中的操作方法大致相同。

同步训练 6-2： 参考样例文件效果，调整第 5 张和第 6 张幻灯片标题下文本的段落间距，并添加或取消相应的项目符号。

操作前　　　　　　　　　　　　　　　　操作后

步骤 1．选中第 5 张幻灯片。

步骤 2．将光标置于标题下第一段中，单击"开始"选项卡"段落"选项组中的"项目符号"按钮，在弹出的下拉列表中选择"无"。

步骤 3．将光标置于第一段中，单击"开始"选项卡"段落"选项组中的对话框启动器按钮，弹出"段落"对话框，在"缩进和间距"选项卡中将"段后"设置为"25 磅"，单击"确定"按钮。

步骤 4．适当调整字体大小。

步骤 5．按照上述同样的方法调整第 6 张幻灯片。

同步训练 6-3：将幻灯片中的文本应用一种艺术字样式，文本居中对齐，字体为"幼圆"，并为文本框添加白色填充色和透明效果。

操作前　　　　　　　　　　　　　　　　操作后

步骤 1．选中幻灯片中的文本框。

步骤 2．单击"格式"选项卡"艺术字样式"选项组中的艺术字样式列表框，根据样图选择无填充蓝色轮廓的艺术字样式。

步骤 3．切换到"开始"选项卡，在"字体"组中设置字体为"幼圆"，字号为"48"。

步骤 4．单击"开始"选项卡，在"段落"选项组中设置对齐方式为"居中"。

步骤 5．单击"绘图工具-格式"选项卡"形状样式"选项组右下角的对话框启动按钮，弹出"设置形状格式"对话框。

步骤 6．在对话框的左侧列表框中选择"填充"，在右侧"填充"列表框中选择"纯色填充"单选按钮，设置形状填充颜色为"白色"，拖动下方的"透明度"滑块，使右侧的比例值显示为 50%，单击"确定"按钮。

3．替换字体

使用"替换字体"命令可以快速更改演示文稿中的字体类型。选择"开始"选项卡"编辑"选项组中"替换"选项，在下拉列表中选择"替换字体"，在弹出的"替换字体"对话框中进行设置，如图 6.12 所示。

同步训练 6-4：将演示文稿中的所有中文字体由"宋体"替换为"微软雅黑"。

图 6.12　"替换字体"对话框

步骤 1．在"替换字体"对话框"替换"下拉列表中选择要替换的字体类型为"宋体"，在"替换为"下拉列表中选择"微软雅黑"。

步骤 2．单击"替换"按钮即可完成替换。

步骤 3．替换完成后单击"关闭"按钮将对话框关闭。

4．自动调整文本框

当一个文本框中的文字内容过多时，PowerPoint 2010 会根据占位符的大小自动调整文本的大小，同时会在文本的左侧出现"自动调整选项"按钮，如图 6.13 所示。如果想要将该文本框的内容分成两张幻灯片显示，可选择"自动调整选项"按钮中的"将文本拆分到两个幻灯片"选项。

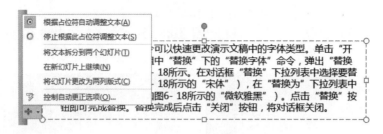

图 6.13 自动调整选项

同步训练 6-5：由于文字内容较多，将第 7 张幻灯片中的内容区域文字自动拆分为两张幻灯片进行展示。

操作前　　　　　　　　　　　　　操作后

步骤 1．选中第 7 张幻灯片，然后在"编辑窗格"中将光标定位到"交互式辅助业务运维决策"之前。

步骤 2．在占位符的左下角会出现"自动调整选项"按钮，单击该按钮，在弹出的菜单中选择"将文本拆分到两个幻灯片"选项。此时第 7 张幻灯片文本就被拆分了。

如果选择"停止根据此占位符调整文本"，则 PowerPoint 将还原文本本来的大小，而不会缩小文本，同时 PowerPoint 还会关闭该占位符的"自动调整文本"功能。

6.3.2　图像

1．插入图片

将本机中的图片插入到幻灯片的操作方法如下：

（1）选中所需插入图片的幻灯片。

（2）单击"插入"选项卡"图像"选项组中的"图片"按钮，弹出"插入图片"对话框，如图 6.14 所示。

（3）在对话框中选择需要的图片，单击"插入"按钮。

还可以用复制粘贴的方法在文档中插入图片，在文件夹中选择要插入的图片，按"Ctrl+C"组合键复制图片，再到演示文稿中需要插入图片的幻灯片上按"Ctrl+V"组合键粘贴图片，即可将图片插入到文档中。

同步训练 6-6：在第 5 张幻灯片中插入"图片 3.jpg"和"图片 4.jpg"，将它们置于幻灯片中适合的位置；将"图片 4.jpg"置于底层。

步骤 1．选中第 5 张幻灯片。

步骤 2．单击"插入"选项卡"图像"选项组中的"图片"按钮，弹出"插入图片"对话框，在对话框中选择"图片 3.jpg"文件，单击"插入"按钮。

图 6.14 "插入图片"对话框

步骤 3．按照同样的方法插入"图片 4.jpg"文件。

步骤 4．选中"图片 4.jpg"文件，单击鼠标右键，在弹出的快捷菜单中选择"置于底层"命令，在级联菜单中选择"置于底层"。

步骤 5．参考样例文件，调整两张图片的位置及大小。

同步训练 6-7：在第 6 张幻灯片的右上角插入"图片 5.gif"，并将其到幻灯片上侧边缘的距离设为 0 厘米。

步骤 1．选中第 6 张幻灯片。

步骤 2．插入图片"图片 5.gif"，适当调整图片的大小。

步骤 3．选中"图片 5.gif"，单击"图片工具-格式"选项卡"大小"选项组右下角的对话框启动器，弹出"设置图片格式"对话框，如图 6.15 所示。

步骤 4．在对话框的左侧列表框中选择"位置"，右侧列表框"在幻灯片上的位置"组的"垂直"方向设置为"0 厘米"。

2. 插入剪贴画

将存放在本地磁盘或 Office.c om 网站中的剪贴画插入到幻灯片的操作方法如下：

（1）单击"插入"选项卡"图像"选项组中的"剪贴画"按钮，弹出如图 6.16 所示的"剪贴画"对话框。

图 6.15 "设置图片格式"对话框

图 6.16 "剪贴画"对话框

（2）在"剪贴画"对话框的"搜索文字"文本框中输入相关文字。

（3）单击"搜索"按钮找到剪贴画，单击需要插入的剪贴画就可以将它插入到文档中。

同步训练 6-8：在第 1 页幻灯片的右下角插入任意一幅剪贴画。

《小企业会计准则》基本精神
及主要内容解析

2012年7月

操作前

《小企业会计准则》基本精神
及主要内容解析

2012年7月

操作后

步骤 1．打开"剪贴画"对话框。

步骤 2．在"搜索文字"文本框中输入关键字"人"，单击"搜索"按钮。

步骤 3．在搜索结果中单击需要插入的剪贴画。

3．插入形状

形状是 PowerPoint 提供的基础图形，通过基础图形的绘制、组合可以达到意想不到的效果。在 PowerPoint 中使用形状的方法和在 Word 中是相似的。

同步训练 6-9：在游艇图片上方插入"椭圆形标注"，使用短划线轮廓，并在其中输入文本"开船啰！"

步骤 1．单击"插入"选项卡"插图"选项组中的"形状"按钮，在下拉列表中选择"标注"组中的"椭圆形标注"，在图片合适的位置上按住鼠标左键不松，绘制图形。

步骤 2．选中"椭圆形标注"图形，单击"绘图工具-格式"选项卡"形状样式"选项组中的"形状填充"按钮，在下拉列表中选择"无填充颜色"。在"形状轮廓"下拉列表中选择"虚线-短划线"，轮廓颜色为"浅蓝"。

步骤 3．选中"椭圆形标注"图形，单击鼠标右键，在弹出的快捷菜单中选择"编辑文字"，选择字体颜色为"浅蓝"，在形状图形中输入文字"开船啰！"。

步骤 4．继续选中该图形，单击"格式"选项卡"排列"选项组中的"旋转"按钮，在下拉列表中选择"水平翻转"。

步骤 5．调整图形大小及位置。

4．插入屏幕截图

将当前屏幕截图插入幻灯片的操作方法如下：

（1）单击"插入"选项卡"图像"选项组中的"屏幕截图"按钮，弹出如图 6.17 所示的"屏幕截图"下拉框。

（2）在"屏幕截图"下拉框中的"可用视窗"中选择所需要的截图，或者单击"屏幕截图"下拉框中的"屏幕剪辑"按钮，直接在计算机屏幕中按照自己的要求剪辑出适当的图片。

5．编辑图片

关于调整图片的大小、图片的裁剪、图片样式等内容，PowerPoint 2010 的操作方法同 Word 中的操作方法一致，编辑演示文稿常用到的图片处理的操作方法如下：

图 6.17　插入屏幕截图

1）裁剪为形状

选中图片,单击"绘图工具-格式"选项卡"大小"选项组中"裁剪"命令下的"裁剪为形状",在弹出的列表中选择所需要的形状,此时图片外观变为所选的形状样式,如图 6.18 所示。

2）压缩图片

当图片裁剪后,为节省文件的大小,需要用压缩的方式将不需要的部分删除。其操作方法如下：

（1）选中所需压缩的图片。

（2）选择"绘图工具-格式"选项卡"调整"选项组中的"压缩图片"命令,弹出"压缩图片"对话框,如图 6.19 所示。

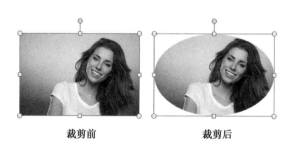

图 6.18　裁剪为形状效果前后对比

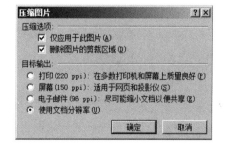

图 6.19　"压缩图片"对话框

（3）参数设置完成后（一般保持默认）,单击"确定"按钮,此时图片压缩成功。

可再次单击裁剪命令查看图片,裁剪控制框之外没有灰色区域显示即表示压缩成功。

知识拓展

"压缩选项"组："仅应用于此图片"：如果文档中的图片较少,仅某一张或几张较大,你可以勾选此选项。若需要将压缩图片应用到整个文档中的所有图片上,可将此选项前面的勾去掉,将压缩图片功能应用到所有的图片上。

"删除图片的剪裁区域"：将使用裁剪工具裁切掉的部分删除。

"目标输出"组：根据输出应用设备的不同来选择相应的选项，一般保持默认选项。

3）删除背景

选中图片，选择"绘图工具-格式"选项卡"调整"选项组中的"删除背景"选项。此时，图片呈现如图 6.20 所示的效果，紫色的区域为删除区域，可拖动控制框调整图片显示的范围。另外，可以借助"背景消除"选项卡来进一步对图片进行调整，如图 6.21 所示。

图 6.20 删除背景

图 6.21 "背景消除"选项卡

选择"标记要保留的区域"按钮，依次在图片上将要保留的区域标记出来，此时标记的符号为"⊕"。

选择"标记要删除的区域"按钮，在图片上将要删除的区域标记出来，此时标记的符号为"⊖"。

在做标记过程中，随时观察紫色区域的显示状况，当紫色区域将图片背景全部覆盖住时，单击"保留更改"按钮或在页面空白处单击，即可将背景删除，如图 6.22 所示。

图 6.22 标记效果与最终效果

同步训练 6-10：在第 1 张幻灯片中，参考样例将"图片 1.jpg"插入到适合的位置，并应用恰当的图片效果。

操作前

操作后

第6章 PowerPoint 2010制作演示文稿

步骤1. 选中第1张幻灯片,单击"插入"选项卡"图像"选项组中的"图片"按钮,在素材文件夹中选择"图片1.jpg"文件,单击"插入"按钮。

步骤2. 选中"图片1.jpg"文件,根据样图1样式,适当调整图片文件的大小和位置。

步骤3. 选择图片,单击"图片工具-格式"选项卡"图片样式"选项组中的"图片效果"按钮,在下拉列表中选择"柔化边缘",在右侧出现的级联菜单中选择"柔化边缘选项"。

步骤 4. 弹出"设置图片格式"对话框,在左侧列表框中选择"发光和柔化边缘",右侧列表框的"柔化边缘"组中设置"大小"为"30磅"。

同步训练 6-11:在第 4 张幻灯片的右侧插入"图片 2.jpg"文件,并应用"圆形对角,白色"的图片样式。

操作前　　　　　　　　　　　操作后

步骤1. 选中第4张幻灯片。

步骤2. 单击右侧的图片占位符按钮,弹出"插入图片"对话框,在素材文件夹下选择图片文件"图片2.jpg",单击"插入"按钮。

步骤 3. 选中图片文件,单击"图片工具-格式"选项卡"图片样式"选项组"样式"下拉列表框中的"圆形对角,白色"样式。

同步训练 6-12:在第 7 张幻灯片中插入"图片 6.jpg""图片 7.jpg"和"图片 8.jpg",参考样例文件,为其添加适当的图片效果并进行排列,将它们顶端对齐,图片之间的水平间距相等,左右两张图片到幻灯片两侧边缘的距离相等;在幻灯片右上角插入"图片 9.gif",并将其顺时针旋转 300°。

操作前　　　　　　　　　　　操作后

步骤1. 选中第7张幻灯片,插入"图片6.jpg""图片7.jpg"和"图片8.jpg"。

步骤 2. 分别选中三张图片,单击"图片工具-格式"选项卡"大小"选项组右下角的对话框启动器，弹出"设置图片格式"对话框。

步骤 3．在对话框左侧列表框中选择"大小"，在右侧列表框中先取消"锁定纵横比"复选框的选中状态，再设置"尺寸和旋转"组的"高度"和"宽度"分别为"12 厘米"和"6.5 厘米"。

步骤 4．同时选中三张图片，单击"图片工具-格式"选项卡"图片样式"选项组中的"图片效果"按钮，在下拉列表中选择"映像-紧密映像，接触"。

步骤 5．同时选中三张图片，单击"图片工具-格式"选项卡"排列"选项组中的"对齐"按钮，在下拉列表中选择"顶端对齐"和"横向分布"。

步骤 6．同时选中三张图片，单击鼠标右键，在快捷菜单中选择"组合"命令将三张图片组合。

步骤 7．选中组合图形，在"对齐"下拉列表中选择"左右居中"之后取消组合。

步骤 8．插入"图片 9.gif"并选中它，在"对齐"下拉列表中选择"顶端对齐"和"右对齐"。

步骤 9．单击"图片工具-格式"选项卡"大小"选项组的右下角对话框启动器按钮，弹出"设置图片格式"对话框，在左侧列表框中选择"大小"，在右侧列表框中的"尺寸和旋转"组中设置"旋转"角度为"300"，设置完成后，单击"关闭"按钮。

能力拓展

请结合以上所学内容，完成素材文件夹"练习文稿.pptx"中图片的设置效果。

效果前后对比

（由于实现以上效果的方法有很多，因而操作步骤略，大家结合最终效果图的样式可多做尝试。）

6.3.3 艺术字

艺术字通常用在编排报头、广告、请柬及文档标题等特殊位置，在演示文稿中一般用于制作幻灯片标题，插入艺术字后，可以改变其样式、大小、位置。插入艺术字的操作方法如下：

（1）单击"插入"选项卡"文本"选项组中的"艺术字"按钮，在弹出的下拉列表中选择艺术字样式，此时在幻灯片页面中就会出现"请在此放置您的文字"的艺术字文本框。

（2）在该文本框中输入所需要的文字即可完成。

可根据需要使用"开始"选项卡"字体"选项组内的命令来对艺术字的字体、字号、颜色等属性进行编辑。同时也可以使用鼠标左键拖动艺术字来更改它的放置位置。

选中艺术字文本或文本框，通过"绘图工具-格式"选项卡"艺术字样式"选项组对艺术字的样式、文本填充、文本边框及文本效果的调整及修改。

同步训练 6-13：最后一张幻灯片中插入艺术字"谢谢！"。

操作前　　　　　　　　　　　　　　操作后

步骤1．选择最后一张幻灯片，单击"插入"选项卡"文本"选项组中的"艺术字"按钮。
步骤2．在弹出的下拉列表中选择一种艺术字样式，输入文字"谢谢！"。

6.3.4　页眉和页脚

在 PowerPoint 2010 中插入页眉和页脚的操作方法如下：

（1）单击"插入"选项卡"文本"选项组中的"页眉和页脚"按钮，弹出"页眉和页脚"对话框，如图 6.23 所示。

（2）在对话框的"幻灯片"选项卡中设置日期和时间是否显示，若显示，是自动更新显示还是固定显示。

（3）设置是否显示幻灯片编号和页脚。如果不希望在标题幻灯片中显示页眉和页脚，可勾选"标题幻灯片中不显示"复选框。

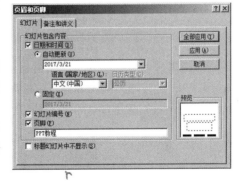

图 6.23　"页眉和页脚"对话框

（4）根据需要单击"应用"按钮（只应用到当前幻灯片）或是"全部应用"（应用到全部幻灯片）。

同步训练 6-14：除标题幻灯片外，其他幻灯片的页脚均包含幻灯片编号、日期和时间。

操作前

操作后

步骤1．单击"插入"选项卡"文本"选项组中的"页眉和页脚"按钮，弹出"页眉和页脚"对话框。

步骤2．在对话框中勾选"日期和时间"复选框、"幻灯片编号"复选框和"标题幻灯片中不显示"复选框。

步骤3．单击"全部应用"按钮。

6.3.5 SmartArt 图形

插入 SmartArt 图形的操作方法如下：

（1）单击"插入"选项卡"插图"选项组中的"SmartArt"按钮，在弹出的如图 6.24 所示的"选择 SmartArt 图形"对话框中选择所需图形。

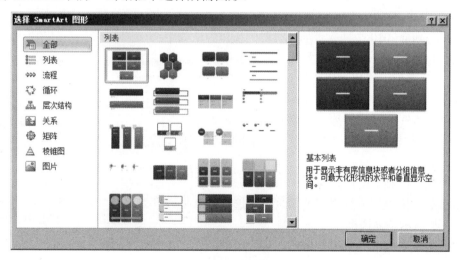

图 6.24 "选择 SmartArt 图形"对话框

（2）单击"确定"之后文档中会出现相应的 SmartArt 图形，但此时图形没有具体信息，只有占位符文本，同时在 PowerPoint 2010 窗口中会增加"SmartArt 工具-设计"和"SmartArt 工具-格式"两个选项卡，可以通过这两个选项卡对 SmartArt 图形进行设置。

同步训练 6-15：将"湖光春色""冰消雪融"和"田园风光"三行文字转换为样式为"蛇形图片重点列表"的 SmartArt 对象，并将"Photo (1).jpg""Photo (6).jpg"和"Photo (9).jpg"定义为该 SmartArt 对象的显示图片。

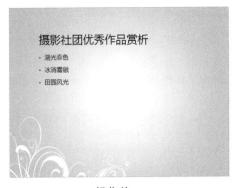

操作前　　　　　　　　　　　　　　　　操作后

步骤1．文本转SmartArt图形。选中要转换SmartArt图形的文本。

步骤2．单击"开始"选项卡"段落"选项组中的"转换为SmartArt"按钮，在弹出的下拉列表中选择"其他SmartArt图形……"，弹出"选择SmartArt图形"对话框。

步骤3．在对话框中选择"图片"项中的"蛇形图片重点列表"，单击"确定"按钮。SmartArt图形便插入进来了，单击左侧的伸缩按钮可展开或收起文本窗格（"在此处键入文字"对话框），如图6.25所示。

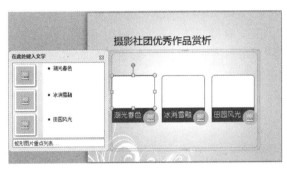

图6.25　页面效果

步骤4．插入图片。直接单击SmartArt图形中的图片框或单击文本窗格中的图片框，弹出"插入图片"对话框，选择所需要的图片素材进行插入，这里选择"Photo (1).jpg"，单击"打开"按钮。再分别将"Photo (6).jpg"和"Photo (9).jpg"插入到"冰消雪融"和"田园风光"图片框内。

同步训练6-16：将第2张幻灯片中的内容区域文字转换为"基本维恩图"SmartArt布局，更改SmartArt的颜色，并设置该SmartArt样式为"强烈效果"。

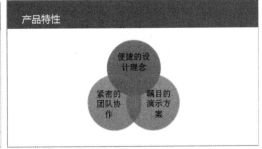

操作前　　　　　　　　　　　　　　　　操作后

步骤 1. 切换到第 2 张幻灯片，选择内容文本框中的文字。

步骤 2. 单击"开始"选项卡"段落"选项组中的"SmartArt 图形"按钮，在弹出的下拉列表中选择"关系"列表的"基本维恩图"。

步骤 3. 单击"SmartSrt 工具-设计"选项卡"SmartArt 样式"选项组中的"更改颜色"按钮，选择一种颜色。

步骤 4. 在"SmartArt 样式"选项组中的"最佳文档匹配对象"下拉列表中选择"强烈效果"。

> **操作技巧**
>
> 若想换成其他样式的 SmartArt 图形，可在"SmartArt 工具-设计"选项卡"布局"选项组内进行选择。
>
> 若想更改 SmartArt 图形中某个图形的形状，则选择该图形，单击"SmartArt 工具-格式"选项卡"形状"选项组中的"更改形状"按钮，在弹出的下拉列表中选择所需要的形状即可。

6.3.6 表格和图表

1. 插入表格

与 Word 类似，在 PowerPoint 2010 中插入表格的操作方法如下：单击"插入"选项卡"表格"选项组中的"表格"按钮，在弹出的下拉列表中，使用鼠标在空白格处滑动来快速生成表格；也可选择"插入表格"，在弹出的对话框中输入行列数值来完成表格的制作。

在 PowerPoint 2010 中通过"表格工具-设计"选项卡中的命令对表格进行表格样式等内容的设置，如图 6.26 所示。

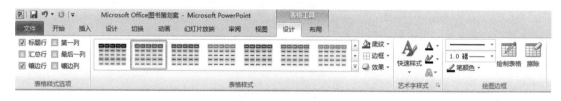

图 6.26 表格工具

同步训练 6-17：在标题为"2012 年同类图书销量统计"（第 7 页）的幻灯片页中，插入一个 6 行 6 列的表格，列标题分别为"图书名称""出版社""出版日期""作者""定价""销量"。

操作前　　　　　　　　　　　　　　　　操作后

步骤1. 选中第7张幻灯片，单击"单击此处添加文本"占位符中的"插入表格"按钮，弹出"插入表格"对话框。

步骤2. 在对话框中设置"列数"为"6"，"行数"为"6"，单击"确定"按钮完成表格的插入。

步骤3. 在表格第一行中分别依次输入列标题"图书名称""出版社""出版日期""作者""定价""销量"。

同步训练6-18：将第3张幻灯片中标题下的文字转换为表格，表格的内容参考样例文件，取消表格的标题行和镶边行样式，并应用镶边列样式；表格单元格中的文本水平和垂直方向都居中对齐，中文设为"幼圆"字体，英文设为"Arial"字体。

操作前　　　　　　　　　　　操作后

步骤1. 选中第3张幻灯片。

步骤2. 单击"插入"选项卡"表格"选项组中的"表格"按钮，在下拉列表中选择"插入表格"，在弹出的"插入表格"对话框中设置4行4列的表格样式，单击"确定"按钮。

步骤3. 选中表格对象，取消勾选"设计"选项卡"表格样式选项"选项组中的"标题行"和"镶边行"复选框，勾选"镶边列"复选框。

步骤4. 将文本框中的文字复制粘贴到表格对应的单元格中。

步骤5. 选中表格中的所有内容，单击"开始"选项卡"段落"选项组中的"居中"按钮。

步骤6. 选中表格对象，单击鼠标右键，在弹出的快捷菜单中选择"设置形状格式"选项，弹出"设置形状格式"对话框，在左侧列表框中选择"文本框"，在右侧的"垂直对齐方式"列表框中选择"中部对齐"，单击"关闭"按钮。

步骤7. 删除幻灯片中的内容文本框，并调整表格的大小和位置。

步骤8. 选中表格中的所有内容，单击"开始"选项卡"字体"选项组右下角的对话框启动器按钮，在弹出的"字体"对话框中设置"西文字体"为"Arial"、"中文字体"为"幼圆"，单击"确定"按钮。

2. 插入图表

在PowerPoint 2010中插入图表的操作方法如下：

（1）单击"插入"选项卡"插图"选项组中的"图表"按钮。

（2）在弹出的"插入图表"对话框中，选择合适的图表（见图6.27）。

（3）单击"确定"按钮即可将图表插入到幻灯片上。

此时将启动Excel软件，在Excel中对数值进行修改（见图6.28），保存关闭后，幻灯片上的图表即可自动生成。

图 6.27 插入图表

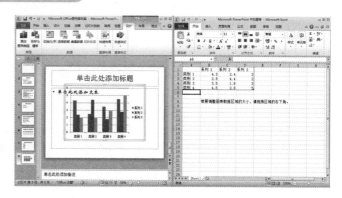
图 6.28 图表编辑状态

同步训练 6-19：在第 5 张幻灯片中插入一个标准折线图，并按照如下数据信息调整 PowerPoint 中的图表内容。

笔记本电脑　平板电脑　智能手机
2010 年　　7.6　1.4　1.0
2011 年　　6.1　1.7　2.2
2012 年　　5.3　2.1　2.6
2013 年　　4.5　2.5　3
2014 年　　2.9　3.2　3.9

操作前

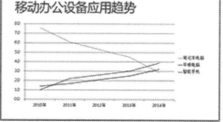
操作后

图 6.29 Excel 表中数据

步骤 1. 单击幻灯片中图表的图标，弹出"插入图表"对话框，在对话框中选择"折线图"，单击"确定"按钮。界面切换成 PowerPoint 与 Excel 两个软件并排显示的状态。

步骤 2. 根据要求将 Excel 表中的数据进行修改，如图 6.29 所示。

步骤 3. 修改完成后，关闭 Excel 程序即可。

操作技巧

选中图表，可通过"图表工具-设计"选项卡对图表类型、图表数据、图表布局、图表样式进行设置；通过"图表工具-布局"选项卡可对图表标签、坐标轴、背景、图例等对象的显示效果、摆放位置进行设置；通过"图表工具-格式"选项卡可对图表中的文字、图形进行样式设置。

6.3.7 音频和视频

1. 插入音频

PowerPoint 可插入 WAV、MID 或 MP3 格式的音频文件。其操作方法如下：

（1）单击"插入"选项卡"媒体"选项组中"音频"按钮，选择"文件中的音频"选项，弹出"插入音频"对话框。

（2）在对话框中选择所需的音频文件，单击"插入"按钮，则幻灯片上将出现一个"喇叭"图标和一条控制条，如图 6.30 所示。

单击控制条上的播放按钮可试听效果，单击控制条上的喇叭按钮可调节播放音量。

插入剪贴画中的音频的操作方法如下：

（1）单击"插入"选项卡"媒体"选项组中"音频"按钮，选择"剪贴画音频……"选项。

（2）在"剪贴画"面板中选择所需的音频文件，单击"插入"按钮即可。

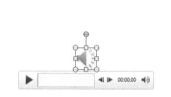

图 6.30 音频插入后的显示效果

图 6.31 背景音乐设置

选中音频，通过"音频工具-播放"选项卡可对音频文件进行剪裁、淡入淡出、音量调节及播放方式的设置。作为背景音乐的音频一般在"音频选项"中选择"跨幻灯片播放"选项，并勾选"放映时隐藏"复选框，如果需要音频循环播放，则要勾选"循环播放，直到停止"复选框，如图 6.31 所示。

同步训练 6-20：将文件"BackMusic.mid"作为该演示文稿的背景音乐，并要求在幻灯片放映时即开始播放，至演示结束后停止。

步骤 1．选择第 1 张幻灯片，单击"插入"选项卡"媒体"选项组的"音频"按钮。

步骤 2．在下拉列表中选择"文件中的音频"选项，选择素材文件夹下的"BackMusic.MID"音频文件，单击"插入"按钮。

步骤 3．选中喇叭图标，在"音频工具-播放"选项卡的"音频"选项组中，将"开始"设置为"跨幻灯片播放"选项，勾选"循环播放，直到停止""播完返回开头"和"放映时隐藏"复选框。

步骤 4．调整位置。

同步训练 6-21：在第 1 页幻灯片中插入剪贴画音频"鼓掌欢迎"，剪裁音频只保留前 0.5 秒，设置自动循环播放、直到停止，且放映时隐藏音频图标。

步骤 1．在普通视图下，选择第 1 张幻灯片，单击"插入"选项卡"媒体"选项组中"音频"按钮，选择"剪贴画音频……"选项，单击"剪贴画"面板中"鼓掌欢迎"的音频文件进行插入。

步骤 2．选中喇叭图标，单击"音频工具-播放"选项卡"编辑"选项组中的"剪裁音频"按钮，在弹出的如图 6.32 所示的"剪裁音频"对话框中，设置结束时间为"00：00.500"（0.5

秒），单击"确定"按钮。

图6.32 "剪裁音频"对话框

步骤3．选中喇叭图标，在"音频工具-播放"选项卡"音频选项"选项组中设置"开始"为"自动"，勾选"循环播放，直到停止"和"放映时隐藏"复选框。

2．插入视频

PowerPoint中支持的视频格式种类有很多，如若视频不能够被插入或插入进去不能够正常播放，可使用格式工厂等视频转换软件将视频格式转换为PowerPoint可支持的视频格式。

在PowerPoint 2010中插入视频的操作方法如下：

（1）单击"插入"选项卡"媒体"选项组中的"视频"按钮，选择"文件中的视频"选项，弹出"插入视频文件"对话框。

（2）在对话框中选择所需的视频文件。

（3）单击"插入"按钮。

幻灯片上将会出现一个视频预览框和一个控制条，如图6.33所示。单击控制条上的播放按钮可查看视频播放效果，单击控制条上的喇叭按钮可调节播放音量。

插入网站上的视频的操作方法如下：

（1）单击"插入"选项卡"媒体"选项组中的"视频"按钮。

（2）在下拉列表中选择"来自网站的视频"选项，弹出"从网站插入视频"对话框。

图6.33 视频插入后的效果

（3）将视频网址复制到对话框中，单击"插入"按钮即可。

如果是要插入剪贴画中的视频，在"视频"下拉列表中选择"剪贴画视频……"，在"剪贴画"面板中选择所需的视频文件，单击"插入"按钮完成操作。

> **操作技巧**
>
> 在幻灯片中选择视频文件，通过"视频工具-格式"选项卡对视频文件外观样式进行设置。通过"视频工具-播放"选项卡可对视频文件进行剪裁、淡入淡出、音量调节及播放方式的设置。

6.4 幻灯片的修饰与美化

6.4.1 幻灯片的版式

幻灯片版式是PowerPoint软件中的一种常规排版的格式，使用幻灯片版式可以轻松地对文字、图片进行更加合理的布局。PowerPoint 中的许多版式提供了多用途的占位符，可以接受各种类型的内容。例如，在名为"标题和内容"的默认版式中，就包含用于幻灯片标题和一种类型的内容（如文本、表格、图表、图片、剪贴画、SmartArt 图形或影片）的占位符。我们可以根据占位符的数量和位置（而不是要放入其中的内容）来选择自己需要的版式。如果需要在一张幻灯片上做两个图表的比较，那么使用包含两个并排占位符的幻灯片版式，就要比使用包含一个很大内容占位符的幻灯片版式合适得多。

新建空白演示文稿时，PowerPoint 会自动创建一张"标题幻灯片"版式的幻灯片，如果需要修改幻灯片的版式，操作方法如下：

（1）选择要设置版式的幻灯片。
（2）单击"开始"选项卡"幻灯片"选项组中的"版式"按钮。
（3）在弹出的列表框中选择所需的版式即可，如图 6.34 所示。

也可以在幻灯片视图中选择要设置版式的幻灯片，单击鼠标右键，在弹出的快捷菜单中选择"版式"，然后再在弹出的列表中选择所需的版式即可，如图 6.35 所示。

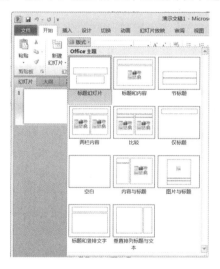

图 6.34　版式按钮

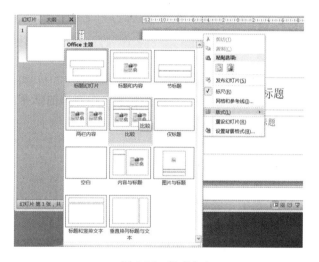

图 6.35　版式命令

同步训练 6-22：将演示文稿中的第一页幻灯片调整为"仅标题"版式，并调整标题到适当的位置。

操作前　　　　　　　　　　　　操作后

步骤 1. 选择第 1 张幻灯片。

步骤 2. 单击"开始"选项卡"幻灯片"选项组中的"版式"按钮,在弹出的列表框中选择"仅标题"版式。

步骤 3. 选择标题并拖动到适当位置。

> **学习提示**
>
> 更改版式时会更改其中的占位符类型或位置。如果原来的占位符中包含内容,则内容会被转移到适合它所属类型的占位符的位置上去。如果新版式中不包含适合该内容的占位符,内容仍会被保留在幻灯片上,但处于孤立状态,位于版式之外。如果孤立对象的位置不正确,则需要手动定位它。但是,如果以后又应用了另一种版式,其中包含用于孤立对象的占位符,孤立对象又会回到占位符中。

6.4.2 主题

主题是 PowerPoint 2010 对演示文稿应用不同设计的方法。主题也称为设计模板,是一组设计设置,包括颜色设置、字体选择、对象效果设置、背景和版式设置等内容。应用主题后的幻灯片会被赋予更专业的外观,从而改变整个演示文稿的格式。此外,还可以根据需要自定义主题样式。

能不能应用主题取决于当前的演示文稿中是否存在主题。一些主题被内置到 PowerPoint 中,所以始终可供使用。其他一些主题只在使用特定模板或专门从外部文件应用它们时才可用。

1. 应用"主题"库中的主题

主题库是所有内置主题和当前模板或演示文稿文件提供的主题选项组成的菜单。要从库中选择主题,操作方法如下:

(1) 选中要应用主题的幻灯片(一张或多张)。

(2) 单击"设计"选项卡"主题"选项组中主题库旁的"其他"按钮 。

(3) 在弹出的主题库中选择所需的主题,如图 6.36 所示。

根据主题的来源,主题库分为几个部分:当前演示文稿中存储的主题出现在顶部,其次是内置的主题。如果选择了单张幻灯片,主题将应用到整个演示文稿;如果选择了多张幻灯片,主题将应用到所有选定的幻灯片上。

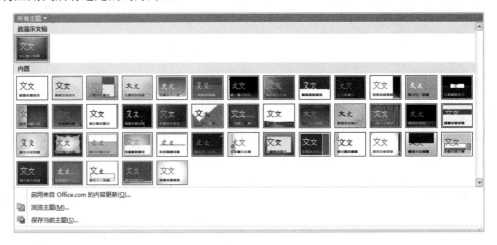

图 6.36 主题库

同步训练 6-23：对所有幻灯片应用名称为"流畅"的内置主题。

步骤 1．选中所有的幻灯片。

步骤 2．单击"设计"选项卡"主题"选项组中主题库旁的"其他"按钮，在弹出的主题库中选择内置主题样式"流畅"选项。

2．应用主题或模板文件中的主题

可以在任何 Office 应用程序中打开和使用外部保存的主题文件，因而可以在应用程序之间共享颜色、字体和其他设置，从而使各类文档保持一致性；还可以保存和加载模板中的主题。其操作方法如下：

（1）在"设计"选项卡中，打开如图 6.36 所示的"主题"库。

（2）单击"浏览主题"按钮，此时将打开"选择主题或主题文档"对话框。

（3）导航到包含主题或模板文件的文件夹，并选择该文件。

（4）单击"应用"按钮。

除了控制多种类型格式的完整主题以外，PowerPoint 还提供了许多内置的颜色、字体和效果主题，在应用完整的主题之外，可以单独使用它们。例如，可以应用包含所需背景设计的主题，然后更改其颜色和字体。

3．更改颜色

PowerPoint 包含 20 多种内置的颜色主题，可以应用到任何一种演示文稿的完整主题中。在应用所需的整个主题后，要切换到不同的颜色主题，操作方法如下：

（1）单击"设计"选项卡"主题"选项组中的"颜色"按钮，打开"颜色"主题库。

（2）在"颜色"主题库中选择所需的颜色主题即可，如图 6.37 所示。

4．更改字体

默认情况的大多数主题和模板中，文本框被设为两种指定的类型之一："标题"或"正文"。文本框中的字体所使用的字体类型是由字体主题定义的，要改变整个演示文稿中的字体，只要应用不同字体主题即可。

应用所需的整个主题后，要切换到不同的字体主题，操作方法如下：

（1）单击"设计"选项卡"主题"选项组中的"字体"按钮，打开"字体"主题库，如图 6.38 所示。

（2）在"字体"主题库中选择所需的字体主题。

5．更改效果

效果主题应用于 PowerPoint 支持的多种绘图类型，包括图表、SmartArt 图形、绘制的线条和形状等。它们可以让使用了三维属性设置的对象外观好像具有不同的纹理，如光泽亮或暗、颜色深或浅等。更改效果主题的操作方法如下：

（1）单击"设计"选项卡"主题"选项组中的"效果"按钮，打开"效果"主题库，如图 6.39 所示。

（2）在"效果"主题库中选择所需的效果主题。

图 6.37　颜色　　　　　　　　图 6.38　字体　　　　　　　　图 6.39　效果

6.4.3　幻灯片的背景

背景是应用到整个幻灯片（或幻灯片母版）的颜色、纹理、图案或图像，其他内容都位于背景之上。

1. 背景样式

背景样式是预设的背景格式，由 PowerPoint 的内置主题提供。应用不同主题时，可以使用不同的背景样式。这些背景样式都使用主题的颜色占位符，所以其颜色会随应用的颜色主题而发生变化。要更改背景样式，具体操作方法如下：

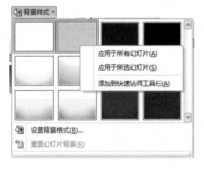

（1）选择需要设置背景样式的幻灯片。

（2）单击"设计"选项卡"背景"选项组中的"背景样式"按钮，弹出"背景样式"下拉列表。

（3）在选中的样式预览框上单击鼠标右键，在弹出的菜单中选择"应用于所选幻灯片"选项，如图 6.40 所示。如果仅仅单击想要应用的样式，则将该样式应用于整个演示文稿。

图 6.40　背景样式

同步训练 6-24：新建一个演示文稿，使文稿包含 7 张幻灯片，设计第 1 张为"标题幻灯片"版式，第 2 张为"仅标题"版式，第 3 到第 6 张为"两栏内容"版式，第 7 张为"空白"版式；所有幻灯片统一设置背景样式，要求有预设颜色。

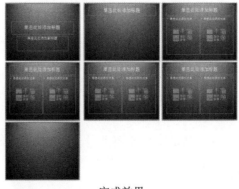

完成效果

步骤1．新建一个演示文稿。

步骤2．单击"开始"选项卡"幻灯片"选项组中的"新建幻灯片"按钮，在下拉列表中选择"标题幻灯片"选项。根据题目的要求，建立剩下的6张幻灯片（此处注意新建幻灯片的版式）。

步骤3．单击"设计"选项卡"背景"选项组中"背景样式"按钮选项"样式7"选项，单击鼠标右键，在弹出的右键菜单中选择"应用于所有幻灯片"选项。

2. 自定义背景样式

背景样式总共只有12种，并且总是由主题决定，而自定义的背景填充可以包含纯色、渐变、纹理或图形。如果需要对特定的幻灯片以指定背景填充，操作方法如下：

（1）选择需要设置自定义背景样式的幻灯片。

（2）单击"设计"选项卡"背景"选项组中的"背景样式"按钮，弹出"背景样式"下拉列表。

（3）选择"设置背景格式"选项，或者直接在幻灯片上单击鼠标右键，在弹出的菜单中选择"设置背景格式"选项，打开"设置背景格式"对话框，如图6.41所示。

（4）选择想要应用的填充类型选项，为选择的幻灯片设置填充类型。

图6.41 "设置背景格式"对话框

（5）单击"关闭"按钮即为选中的幻灯片设置了背景。如果是要将更改应用到所有幻灯片，单击"全部应用"按钮。

同步训练6-25：在第8张幻灯片中，将"图片10.jpg"设为幻灯片背景。

操作前　　　　　　　　　　　　　　　　　　操作后

步骤 1. 选中第 8 张幻灯片。

步骤 2. 单击"设计"选项卡"背景"选项组中的"背景样式"按钮，在下拉列表中选择"设置背景格式"选项，打开"设置背景格式"对话框。

步骤 3. 在右侧的"填充"选项框中选择"图片或纹理填充"单选按钮，单击下面的"文件"按钮，弹出"插入图片"对话框。

步骤 4. 选择"图片 10.jpg"，单击"关闭"按钮。

3. 背景图形

背景是应用到整个幻灯片表面的，所以不存在"局部背景"。在背景上方可以有背景图形。背景图形是放置在幻灯片母版上的图形图像，对背景起到补充配合的作用，如图 6.42 所示。

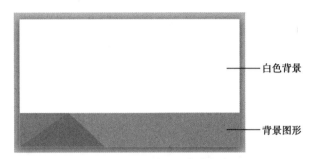

图 6.42　背景与背景图形

大多数主题是由背景填充和背景图形选项组成的，但是它们的设置方法不一样，要使幻灯片的整体外观符合自己的要求，通常两者都需要修改。

4. 显示和隐藏背景图形

有时背景图形会影响幻灯片的内容显示效果。例如，要在幻灯片中插入样式比较复杂、颜色比较多的图表，此时幻灯片的背景图形将会影响图表的展示。再如，要将幻灯片进行灰度打印，那么背景图形就有可能会干扰到幻灯片的主体内容。"隐藏背景图形"可以在不删除整个背景图形的前提下来解决此问题，操作方法如下：

（1）选择要处理的幻灯片（一张或多张幻灯片）。

（2）勾选"设计"选项卡"背景"选项组中的"隐藏背景图形"复选框。

可以根据需要取消选中该复选框，使背景图形重新显示出来。

6.4.4　使用母版

母版是存储有关应用的设计模板信息的幻灯片，包括字形、占位符大小和位置、背景、对象、页面的页眉/页脚、动画等。新建的幻灯片与母版设定的模板样式一致。

PowerPoint 自带一个幻灯片母版，其中包括 11 个版式。母版和版式的关系是：一张幻灯片可以包括多个母版，而每个母版又可以有多个不同的版式。

幻灯片母版一般被用来添加幻灯片的附加信息，如版权、张数、修改日期等或幻灯片的界面设计和幻灯片的整体导航（链接）。

母版有三种类型，它们的作用如表 6.2 所示。

表 6.2 母版的类型及作用

母 版 类 型	作　　用
幻灯片母版	设置标题和文本的格式与类型。它为除"标题幻灯片"外的一选项组或全部幻灯片提供自动版式标题、自动版式文本对象、页脚的默认样式和统一的背景颜色或图案
讲义母版	提供在一张打印纸上同时打印 1、2、3、4、6、9 张幻灯片的讲义版面布局选项设置和"页眉与页脚"的默认样式
备注母版	向各幻灯片添加"备注"文本的默认样式

1. 幻灯片母版的设计

在进行母版设计时,首先要准备好母版所需的图片、图标、音乐等素材。打开 PowerPoint 程序,单击"视图"选项卡"母版视图"选项组中的"幻灯片母版"按钮,切换到幻灯片母版视图,如图 6.43 所示。

图 6.43 母版视图编辑界面

母版视图左侧是默认的 Office 主题的母版样式。最上层的母版为"幻灯片母版",在此母版上所做的任何修改,如更改字体、颜色、插入图片等操作,都将会影响其下所有的母版显示效果。紧随其后的是"标题幻灯片"母版,在此页面上所做的修改,将会影响演示文稿首页或封面页的显示。其后的页面都可以根据实际情况进行增减或修改,需注意它们始终继承了"幻灯片母版"的设计样式。

同步训练 6-26:设计一个名为"悦动"的版式,要求在背景样式 5 的基础上插入图片"1.jpg"作为背景,将标题占位符字体类型更改为"微软雅黑",36 号字,加粗,左对齐。设置文本占位符字体类型为"微软雅黑",设置行距为 1.2 倍行距。取消一级正文的项目符号,删除"第四级""第五级"文本。设置一、二、三级正文的字号为 28、24、20。

步骤 1. 在幻灯片母版设计视图中,选择"幻灯片母版"页面(第 1 张幻灯片)。

步骤 2. 选择"幻灯片母版"选项卡"背景"选项组中"背景样式"下拉列表中的"样式 5"选项。

完成效果

步骤3. 单击"插入"选项卡"图像"选项组中的"图片"按钮,打开"插入图片"对话框,将素材图片"1.jpg"插入进来。拖动图片调整到合适位置,在保持图片选中的状态下,单击鼠标右键,在弹出的菜单中选择"置于底层"中的"置于底层"选项。

步骤4. 选择幻灯片上标题占位符的文本框,将其字体类型更改为"微软雅黑",36号字,加粗,左对齐。然后选择文本占位符的文本框,设置字体类型为"微软雅黑",设置行距为1.2倍行距。取消一级正文的项目符号,删除"第四级"、"第五级"文本。分别设置一、二、三级正文的字号为28、24、20。

步骤5. 设置完成后,在母版编辑界面左侧的预览框中,选择第1张幻灯片母版,单击鼠标右键,在弹出的菜单中选择"重命名母版"选项,弹出"重命名版式"对话框,将其版式名称更改为"悦动",如图6.44所示,单击"重命名"按钮。

图6.44 "重命名版式"对话框

步骤6. 单击"幻灯片母版"选项卡"关闭"选项组中的"关闭母版视图"按钮,母版设计完成。

若想将母版单独保存,可单击"文件"选项卡中的"另存为",在弹出的"另存为"对话框中设置文件名,并将保存类型设置为"PowerPoint 模板"或"PowerPoint97-2003 模板",单击"保存"按钮即可。

同步训练 6-27:将默认的"Office 主题"幻灯片母版重命名为"中国梦母版 1",并将图片"母版背景图片 1.jpg"做为其背景。为第1张幻灯片应用"中国梦母版 1"的"空白"版式。

完成效果

步骤 1. 单击"视图"选项卡"母版视图"选项组中的"幻灯片母版"按钮,切换到幻灯片母版设计视图。

步骤 2. 在母版编辑视图左侧的预览框中,选择第 1 张幻灯片母版,单击"幻灯片母版"选项卡"编辑母版"选项组中的"重命名"按钮,弹出"重命名版式"对话框。

步骤 3. 在对话框的"版式名称"文本框中输入"中国梦母版 1",单击"重命名"按钮。

步骤 4. 单击"幻灯片母版"选项卡"背景"选项组中的"背景样式"按钮,在下拉列表中选择"设置背景格式..."选项,弹出"设置背景格式"对话框。

步骤 5. 在对话框中选择"填充"组下的"图片或纹理填充",单击"文件"按钮,在弹出的"插入图片"对话框中选择"母版背景图片 1.jpg",单击"插入"按钮。

步骤 6. 返回"设置背景格式"对话框,单击"关闭"按钮。

步骤 7. 关闭母版视图。

步骤 8. 选择第 1 张幻灯片,单击"开始"选项卡"幻灯片"选项组中的"版式"按钮,在下拉列表中选择"中国梦母版 1"的"空白"版式的幻灯片。

同步训练 6-28:插入一个新的幻灯片母版,重命名为"中国梦母版 2",其背景图片为素材文件"母版背景图片 2.jpg",将图片平铺为纹理。为从第 2 页开始的幻灯片应用该母版中的"标题和内容"版式。

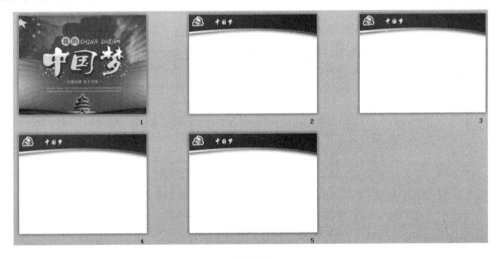

完成效果

步骤 1. 在幻灯片母版视图下,单击"幻灯片母版"选项卡"编辑母版"选项组中的"插入幻灯片母版"按钮,新建一个幻灯片母版。

步骤 2. 将该母版重命名为"中国梦母版 2",设置其背景图片为"母版背景图片 2.jpg",并在"设置背景格式"对话框中勾选"将图片平铺为纹理"单选按钮。

步骤 3. 设置完成后,单击"幻灯片母版"选项卡"关闭"选项组中的"关闭母版视图"按钮,切换到幻灯片编辑界面。

步骤 4. 选择第 2 页至最后一页幻灯片,单击"开始"选项卡"幻灯片"选项组中的"版式"按钮,在弹出的下拉列表中选择"中国梦母版 2"的"标题和内容"版式。

6.4.5 幻灯片分节

如果有一个包含很多幻灯片的演示文稿，可以使用"节"的功能组织幻灯片，并可为"节"命名。新增节的操作方法如下：

（1）选择要新增节的第 1 页幻灯片。
（2）单击"开始"选项卡"幻灯片"选项组的"节"按钮，弹出如图 6.45 所示的下拉列表。
（3）在下拉列表中选择"新增节"选项。

修改节名称的操作方法如下：

（1）选择节标题，在"节"下拉列表中选择"重命名节"，弹出"重命名节"对话框，如图 6.46 所示。
（2）在弹出的对话框中输入新名称，单击"重命名"按钮完成操作。

新增节及重命名节也可以通过右键菜单来完成。在"普通"视图或"幻灯片浏览"视图中，在要新增节的两个幻灯片之间单击鼠标右键，从快捷菜单中选择"新增节"选项，如图 6.47 所示，则在此位置划分新节，上一节名称为"默认节"，下一节名称为"无标题节"。

图 6.45　节下拉列表　　　图 6.46　"重命名节"对话框　　　图 6.47　快捷菜单

同步训练 6-29：为演示文稿创建三个节，其中"开始"节中包含第 1 张幻灯片，"更多信息"节中包含最后一张幻灯片，其余幻灯片均包含在"产品特性"节中。

步骤 1．选中第 1 张幻灯片，单击鼠标右键，在弹出的快捷菜单中选择"新增节"选项，选中节名，单击鼠标右键，在弹出的快捷菜单中选择"重命名节"选项，将节重命名为"开始"，单击"重命名"按钮。

步骤 2．选中第 2 张幻灯片，按同样的方法新增一个名为"产品特性"的节。

步骤 3．选中第 6 张幻灯片，按同样的方式设置第 3 节为"更多信息"。

6.5　设置动画效果和幻灯片切换方式

在制作演示文稿的过程中，除了精心选择组织内容，合理安排布局之外，还可以根据需要应用动画效果来控制幻灯片中的文本、声音、图像及其他对象的进入方式和顺序，使用动画可以使幻灯片展示更加生动，在一些需要演示流程或步骤的情况下，应用动画可以更好地吸引观者的注意。PowerPoint 2010 提供的自定义动画类型如表 6.3 所示。

表 6.3 自定义动画类型

动 画 类 型	说　　明
进入	演示中对象出现的效果
退出	演示中对象演示后的效果
强调	演示中对象出现后的强调效果
动作路径	可以让对象沿指定路径运动

6.5.1 为对象添加动画效果

为幻灯片中的对象设置动画的操作方法如下：
（1）选择要添加动画的对象。
（2）在"动画"选项卡"动画"选项组"动画效果"预览库中选择所需的动画效果，也可以单击"高级动画"选项组的"添加动画"按钮，在下拉列表中进行选择，如图 6.48 所示。

图 6.48　添加动画

设置完毕后，在对象左侧将会出现数字标注，表示动画添加成功。

在"添加动画"下拉列表中，单击"更多进入效果""更多强调效果""更多退出效果""其他动作路径"命令，在弹出的对话框中可选择更多的动画效果。如图 6.49 所示是"添加进入效果"对话框。

如果设置"动作路径"动画，在幻灯片放映时，可让对象按照指定的路径在幻灯片中移动。路径可以是直线、曲线、任意多边形、自由曲线等多种方式；还可以选择"自定义路径"，这时可以在幻灯片中的释放位置依次单击绘制出一个路径形状（单击处为路径拐点），绘制好后双击确定，对路径还可以进行编辑、修改。其操作方法如下：

（1）选中已添加路径动画的路径，单击"动画"选项卡"动画"选项组"效果选项"按钮，弹出如图 6.50 所示下拉列表。
（2）在下拉列表中选择"编辑顶点"命令，调整路径顶点改变路径形状。
（3）在顶点上单击鼠标右键，可以在弹出的菜单中选择多种顶点类型，如"平滑顶点"命令使路径曲线平滑。

图 6.49 添加进入效果　　　　　图 6.50 "效果选项"下拉列表

同步训练 6-30：为第 9 张幻灯片中的"谢谢"设置动画，为其添加"向左弹跳"的动作路径，动画结束后，"谢谢"两字正好处于绿色矩形框内。

完成效果

步骤 1．打开演示文稿，选中包含"谢谢"内容的文本框，单击"动画"选项卡"高级动画"选项组"添加动画"按钮，在下拉列表中的选择"其他动作路径"命令，弹出"添加动作路径"对话框。

步骤 2．在对话框中选择"向左弹跳"，单击"确定"按钮。

步骤 3．在幻灯片上将红色的控制点拖动到绿色矩形框内，如图 6.51 所示。在"动画窗格"中单击"播放"按钮进行预览，设置无误后保存文件。

图 6.51 向左弹跳动画路径

> **学习提示**
> 路径动画中，绿色的控制点为动画的起始点，红色的控制点为动画的结束点。

6.5.2 动画的更多设置

1. 设置动画的序列方式

为包含多段文本的一个文本框设置了动画效果之后，还可以设置其中各段文本是将作为一个整体进行动画播放还是每段文本要分别进行动画播放。

设置不同的动画序列效果的操作方法如下：

（1）单击并选中幻灯片中已被设置了动画的对象。

（2）单击"动画"选项卡"动画"选项组的"效果选项"按钮，从下拉列表中选择"序列"组的一种效果方式即可，如图 6.52 所示。

设置动画播放的序列效果一般有三个设置选项，如表 6.4 所示。

对于 SmartArt 图形和图表，也有类似的设置，SmartArt 图形除了可被"作为一个对象"和"整批发送"外，不同的 SmartArt 图形或图表有不同的更多序列效果。

图 6.52 包含多段文字文本框动画的序列效果

表 6.4 包含多段文字文本框动画的序列效果说明

序列方式	效果说明
作为一个对象	整个文本框中的文本作为一个整体被创建一个动画
整批发送	文本框中的每个段落被分别创建一个动画，这些动画被同时播放
按段落	文本框中的每个段落被分别创建一个动画，这些动画在幻灯片放映时将按照段落顺序依次先后播放

2. 设置动画的运动方式

为对象设置了动画效果之后，可以通过单击"动画"选项卡"动画"选项组中的"效果选项"按钮，从下拉菜单中进行运动方式的设置，如将"飞入"动画的飞入方向设置为"自右侧"或"自右下部"等。

"效果选项"按钮中的选项是设置动画运动方式的，对不同类型的动画设置选项也不同。例如，"翻转式由远及近"动画就没有运动方向的设置；"随机线条"动画的"效果选项"中是"水平"和"垂直"选项，用来设置随机线条是水平线条还是垂直线条。

同步训练 6-31：为第 5 页的折线图设置"擦除"进入动画效果，效果选项为"自左侧"，按照"系列"逐次单击显示"笔记本电脑""平板电脑"和"智能手机"的使用趋势。

步骤 1．选中第 5 页幻灯片的折线图，单击"动画"选项卡"高级动画"选项组"添加动画"按钮，在下拉列表中选择"擦除"效果。

步骤 2．单击"动画"选项卡"高级动画"选项组中的"动画窗格"按钮，打开"动画窗格"对话框，在"动画窗格"对话框中选择动画，单击鼠标右键，在弹出的快捷菜单中选择"效果选项"命令，弹出"擦除"对话框。

步骤 3．在对话框"效果"选项卡中，设置"方向"为"自左侧"。在"图表动画"选项卡中，设置"选项组合图表"为"按系列"。

步骤4．设置完成后，单击"确定"按钮。

3．设置多个动画的播放顺序

在为一个幻灯片中的一个对象添加了动画效果之后，还可以为同一幻灯片中的另一个对象添加动画效果；或者为同一个对象再次添加第二个动画效果。在幻灯片中有多个动画时，动画就有播放的先后顺序问题。

在"动画窗格"中以动画要被播放的先后顺序列出了本张幻灯片中的所有动画，可以通过它来查看设置动画的情况。单击"动画"选项卡"高级动画"选项组的"动画窗格"按钮，打开"动画窗格"对话框。

在"动画窗格"对话框中，对于含有多段文字文本框的动画，可以单击列表中的 ❯ 按钮展开各段的动画，单击列表中的 ❮ 按钮将折叠动画，使文本框的各段作为一个整体显示；拖动列表中的动画条目可以调整动画之间的先后播放顺序。

要调整动画顺序也可以单击窗格底部的▲或▼按钮，还可以在幻灯片中选择已设置动画的对象，在"动画"选项卡"计时"选项组中单击 ▲ 向前移动 或 ▼ 向后移动按钮。

同步训练6-32：对"图片3.jpg"（游艇）应用"飞入"的进入动画效果，以便在播放到此张幻灯片时，游艇能够自动从左下方进入幻灯片页面；为"椭圆形标注"图形应用一种适合的进入动画效果，并使其在游艇飞入页面后能自动出现。

步骤1．选择第5张幻灯片。

步骤2．选择"图片3.jpg"文件，单击"动画"选项卡"动画"选项组中的"飞入"进入动画效果，在右侧的"效果选项"组中选择"自左下部"，在"计时"选项组中将"开始"设置为"上一动画之后"。

步骤3．选中"椭圆形标注"图形，单击"动画"选项卡"动画"选项组中的"浮入"进入动画效果，在"计时"组中将"开始"设置为"上一动画之后"。

4．设置动画的开始方式

默认情况下，在放映幻灯片时，幻灯片中的动画需要单击才能播放，单击一次播放一个动画，动画也可以自动播放，可以根据实际需要选择动画播放的方式，如表6.5所示。

表6.5 开始动画时间

动 画 时 间	说　明
单击开始	默认方式。单击鼠标开始播放动画，单击一次播放一个动画
从上一项开始	与上一个动画同时开始播放，如果动画是本幻灯片的第一个动画，则在幻灯片被切换后自动播放
从上一项之后开始	上一个动画结束后开始播放，如果动画是本幻灯片的第一个动画，则在幻灯片被切换后自动播放

改变动画开始方式的操作方法如下：

（1）在幻灯片中单击选中已被设置了动画的对象。

（2）在"动画"选项卡"计时"选项组的"开始"下拉列表中选择一种开始方法。

同步训练6-33：为SmartArt图形设置由幻灯片中心进行"缩放"的进入动画效果，并要求自上一动画开始之后自动、逐个展示SmartArt中的三点产品特性文字。

步骤1．选中SmartArt图形，切换至"动画"选项卡，选择"动画"选项组中"进入"组中的"缩放"效果。

步骤 2. 单击"效果选项"下拉按钮,在下拉列表中选择"消失点"中的"幻灯片中心","序列"设为"逐个"。

步骤 3. 单击"计时"选项组中的"开始"下拉按钮,选择"上一动画之后"选项。

5. 设置动画播放的持续时间

在"动画"选项卡"计时"选项组的"持续时间"中设置动画播放的持续时间。持续时间越长,动画播放得越慢。其操作方法如下:

(1)选中已设置的动画对象。

(2)单击"动画"选项卡中的"飞入"。

(3)弹出如图 6.53 所示的"飞入"动画效果对话框,切换到"计时"选项卡,在"期间"下拉列表中选择一种运行速度。

打开动画效果对话框也可以在"动画窗格"中单击动画列表的某个动画条目右侧的下三角按钮,从下拉菜单中选择"效果选项"命令,如图 6.54 所示。在如图 6.53 所示的"飞入"动画的"计时"选项卡中,具体设置如表 6.6 所示。

图 6.53 "飞入"动画效果对话框

图 6.54 "动画窗格"对话框

表 6.6 "计时"选项卡

计时选项	说明
开始	设置动画开始的方式。选项有"单击时""与上一动画同时""上一动画之后"
延迟	设置本动画与上一动画播放间隔的延迟时间
期间	设置动画的播放速率
重复	设置动画播放的重复次数(默认为 1 次)
播完后快退	勾选后,动画播放完对象就直接退出,不在页面上停留
触发器	相当于一个按钮,它可以是一个图片、文字、段落、文本框等。设置好触发器功能后,单击触发器会控制幻灯片页面中已设定动画的执行

设置动画声音可以让动画在播放的同时带有声音效果,方法是切换到"效果"选项卡,在"声音"下拉列表中选择一种声音效果。

6. 复制动画

可以通过"动画"选项卡"高级动画"选项组的"动画刷"按钮 动画刷 复制动画。动画刷类似于 Word 中的"格式刷",它的功能是将原对象的动画照搬到目标对象上面,它可以跨幻灯片、跨演示文稿复制对象的动画信息。动画刷的使用方法如下:

（1）选择已经设置了动画效果的对象。

（2）单击（只能使用一次）或双击（多次使用）"动画"选项卡"高级动画"选项组中的"动画刷"按钮，或者按快捷键"Alt+Shift+C"，此时鼠标旁边就会增加一个刷子图标。

（3）单击需要设置动画的对象，此时该对象就会有动画效果展示。

若之前是单击"动画刷"按钮，在单击完对象后，鼠标旁的刷子图标就会消失。

若之前是双击"动画刷"按钮，在单击完对象后，还可以继续对其他对象进行单击操作，再次单击"格式刷"按钮即可取消动画刷。

同步训练 6-34：为第 3 页至第 7 页幻灯片文字和图片添加动画效果，要求每一页的动画及顺序一致。

步骤 1．打开"动画窗格"对话框。

步骤 2．选择第 3 张幻灯片，选择标题"天安门"，为标题添加"出现"动画效果，再单击"添加动画"下拉按钮，在下拉列表中选择"彩色脉冲"的强调动画效果；选择文本框"天安门……"为其添加"随机线条"的动画效果；选择图片，为其添加"浮入"的动画效果。

步骤 3．选择"天安门"的标题文本框，双击"动画"选项卡"高级动画"选项组的"动画刷"按钮，分别在第 4 至第 7 页幻灯片中单击标题"故宫博物院""八达岭长城""颐和园""鸟巢"文本框。

步骤 4．分别选择"天安门……"景点介绍文本框和天安门图片，使用同样的方法快速设置各个景点介绍文本框的动画和各景点图片动画。

7．更换动画

若对所添加的动画效果不满意，想切换其他动画效果，可选中想要更换动画效果的对象，在"动画"选项卡"动画"选项组"动画效果"预览库中选择所需的动画效果。

8．调整动画播放次序

若要调整幻灯片页面中对象的动画播放次序，可在"动画窗格"对话框中选中所要调整的对象，按住鼠标左键进行上下拖动调整；也可以使用"动画窗格"对话框下面的"重新排序"按钮进行调整。

同步训练 6-35：依次为标题、副标题和新插入的图片设置不同的动画效果，并且指定动画出现顺序为图片、标题、副标题。

步骤 1．在"动画"选项卡中的"动画"选项组中依次为标题、副标题和图片设置不同的动画效果。

步骤 2．单击"高级动画"选项组中的"动画窗格"按钮，打开"动画窗格"对话框。

步骤 3．在对话框中选择"Picture"将其拖动至窗格的顶层，标题为第 2 层，副标题为第 3 层。

9．删除动画

在"动画窗格"对话框中选择所要删除的动画，单击鼠标右键，在弹出的菜单中选择"删除"选项，或者按键盘上的"Delete"键进行删除。

6.5.3 超链接和动作

PowerPoint 提供了功能强大的超链接和动作功能，在幻灯片放映过程中，通过超链接或动作可以直接跳转到其他幻灯片，或者打开某个文件、运行某个外部程序或跳转到某个网页上等。

1. 超链接到本文档中的幻灯片

在幻灯片中制作超链接的操作方法如下：

（1）选择需要做超链接的对象，单击"插入"选项卡"链接"选项组中的"超链接"按钮，弹出"插入超链接"对话框，如图 6.55 所示。选中对象，单击鼠标右键，在弹出的菜单中选择"超链接"命令也可以弹出该对话框。

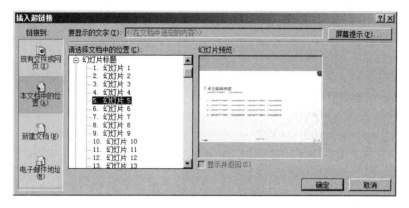

图 6.55 "插入超链接"对话框

（2）在对话框"链接到："预览框中选择所要链接的位置为"本文档中的位置"。

（3）在右侧"请选择文档中的位置"列表框中选择所要链接的页面，如果需要如图 6.56 所示的屏幕提示，可单击"屏幕提示"按钮，在弹出的"设置超链接屏幕提示"对话框中输入提示文字，如图 6.57 所示输入"跳转到第六页"。

图 6.56 屏幕提示　　　图 6.57 设置超链接屏幕提示

（4）设置完成后单击"确定"按钮。

若要修改已设置好的超链接，可单击"插入"选项卡"链接"选项组中的"超链接"按钮，或者在鼠标右键菜单中选择"编辑超链接"。另外，通过鼠标右键菜单，还可以执行"复制超链接""打开超链接""删除超链接"等命令。

同步训练 6-36：在 SmartArt 对象元素中添加幻灯片跳转链接，使得单击"湖光春色"标注形状可跳转至第 3 张幻灯片，单击"冰消雪融"标注形状可跳转至第 4 张幻灯片，单击"田园风光"标注形状可跳转至第 5 张幻灯片。

步骤 1．选中 SmartArt 中的"湖光春色"标注形状（注意不是选择文字）。

步骤 2．单击"插入"选项卡"链接"选项组中的"超链接"按钮，弹出"插入超链接"对话框。

步骤 3．在"链接到"组中选择"本文档中的位置"命令后选择"幻灯片 3"，单击"确定"按钮。

步骤 4．使用同样的方法把"冰雪消融"和"田园风光"标注形状分别超链接到第 4 张和第 5 张幻灯片。

同步训练 6-37：第 3 张幻灯片中用绿色标出的文本内容转换为"垂直框列表"类的 SmartArt 图形，并分别将每个列表框链接到对应的幻灯片。

步骤 1．选中第 3 张幻灯片的文本内容，将其转换为 SmartArt 图形为"列表"选项的"垂直框列表"图形。

步骤 2．选择 SmartArt 图形中的"小企业会计准则的颁布意义"列表框，单击鼠标右键，在弹出的菜单中选择"超链接"选项，弹出"插入超链接"对话框。

步骤 3．在对话框中单击"本文档中的位置"按钮，在右侧的列表框中选择"4. 小企业会计准则的颁布意义"幻灯片，单击"确定"按钮。

步骤 4．使用同样的方法将余下的列表框链接到对应的幻灯片中。

2. 链接到现有文件或网页

在"插入超链接"对话框中，除了可以设置链接到演示文稿中的幻灯片之外，还可以设置链接到网页、文件、电子邮件等。在"插入超链接"对话框中选择链接到"现有文件或网页"，然后再选择相应的文件即可。

同步训练 6-38：将第 14 张幻灯片最后一段文字向右缩进两个级别，并链接到文件"小企业准则适用行业范围.docx"。

步骤 1．选中第 14 张幻灯片，光标定位在最后一段文字上（或选中最后一段文字），单击"段落"选项组中的"提高列表级别"按钮两次。

步骤 2．选中第 14 张幻灯片最后一段文字，单击鼠标右键，在弹出的菜单中选择"超链接"选项，弹出"插入超链接"对话框。

步骤 3．在对话框中单击"现有文件或网页"按钮，在右侧的列表框中选择"小企业准则适用行业范围.docx"文件。

步骤 4．单击"确定"按钮。

同步训练 6-39：为演示文稿最后一页幻灯片右下角的图形添加指向网址"www.microsoft.com"的超链接。

步骤 1．选择最后一张幻灯片的箭头图片，单击鼠标右键，在弹出的菜单中选择"超链接"选项，弹出"插入超链接"对话框。

步骤 2．在对话框中选择"现有文件或网页"选项，在"地址"后的输入栏中输入"www.microsoft.com"，单击"确定"按钮。

3. 插入动作按钮

动作按钮是带有特定功能效果的图形按钮，如图 6.58 所示。可以在幻灯片中插入动作按钮，在幻灯片放映时单击它们可以实现"向前一张""向后一张""第一张""最后一张"等跳转幻灯片的功能，或者是播放声音或打开文件的功能等。

图 6.58 动作按钮

要在幻灯片中使用动作按钮，首先要在幻灯片中添加动作按钮图形，操作方法如下：

(1)单击"插入"选项卡"插图"选项组的"形状"按钮,从下拉列表中选择"动作按钮"组中的某个按钮形状。

(2)在幻灯片中按住鼠标左键不放拖动鼠标绘制一个动作按钮。

松开鼠标左键时将弹出"动作设置"对话框,如图 6.59 所示。在对话框中包含"单击鼠标"选项卡和"鼠标移过"选项卡。这两个选项卡代表两种交互方式,一种是单击动作按钮时所发生的动作;一种是将鼠标指针移动到动作按钮之上时所发生的动作,它们的选项设置一致,可在这两个选项卡中进行设置。

在"单击鼠标"选项卡中选择"超链接到…"单选按钮,可以实现与"超链接"命令同样的功能;选择"运行程序"单选按钮可以在幻灯片播放时打开其他程序。另外,还可以设置单击鼠标时的音效及单击时是否突出显示。设置完成后,单击"确定"按钮即可完成操作。

图 6.59 "动作设置"对话框

学习提示

动作按钮的动作效果必须在"动作设置"对话框中进行设置,如果仅仅在幻灯片上绘制图形是毫无意义的。建议动作按钮和它的动作效果尽量统一,虽然可以将◀按钮的动作效果设置为"超链接到"下一张幻灯片,但是这种违反常识的做法是不可取的。

除了在"形状"下拉列表中绘制动作按钮外,可以让任意的文字、图片、图形等对象具有动作按钮的功能,操作方法如下:

(1)选中文字或图形等对象。

(2)单击"插入"选项卡"链接"选项组的"动作"按钮,打开"动作设置"对话框。

(3)在对话框中为对象设置"单击鼠标"或"鼠标移过"的效果。

若要修改已设置好的动作,可单击"插入"选项卡"链接"选项组中的"动作"按钮,或者在鼠标右键菜单中选择"超链接"命令。

同步训练 6-40:将第 2 张幻灯片列表中的内容分别超链接到后面对应的幻灯片,并添加返回到第 2 张幻灯片的动作按钮。

步骤 1. 选择第 2 张幻灯片,选择该幻灯片中的"天安门"文字,单击"插入"选项卡"链接"选项组中的"超链接"按钮,弹出"插入超链接"对话框,在该对话框中将"链接到"设置为"本文档中的位置",在"请选择文档中的位置"列表框中选择"幻灯片 3" 选项,单击

"确定"按钮。

步骤2. 切换至第3张幻灯片,单击"插入"选项卡"插图"选项组中的"形状"下拉按钮,在弹出的下拉列表中选择"动作按钮"中的"动作按钮:后退或前一项"形状。

步骤3. 在第3张幻灯片的空白位置绘制动作按钮,绘制完成后弹出"动作设置"对话框,在对话框的"单击鼠标"选项卡的"单击鼠标时的动作"组选择"超链接到"单选按钮,在"超链接到"下拉列表中选择"幻灯片"选项,弹出"超链接到幻灯片"对话框。

步骤4. 在该对话框中选择"2. 北京主要景点",单击"确定"按钮,再次单击"确定"按钮关闭"动作设置"对话框。

步骤5. 适当调整动作按钮的大小和位置。

步骤6. 使用同样的方法,将第2张幻灯片列表中的故宫博物院、八达岭长城、颐和园、鸟巢分别超链接到对应的幻灯片上,并复制第3张幻灯片上的动作按钮粘贴到相应的幻灯片中。

6.5.4 幻灯片切换

幻灯片切换是指在幻灯片放映时从一张幻灯片切换到下一张幻灯片的动画效果。演示文稿在放映的时候采用多种切换方式,可以增强演示效果。

可以对整个演示文稿设置切换效果,也可以对单张幻灯片设置切换效果。其操作方法如下:

(1)在"幻灯片浏览窗格"中选择需要设置的幻灯片。

(2)单击"切换"选项卡"切换到此幻灯片"选项组中的"切换方案"按钮,在下拉列表库中选择需要切换的效果,如图6.60所示。

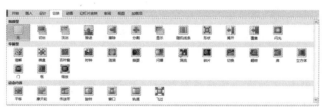

图6.60 幻灯片切换方案

(3)在"切换"选项卡"切换到此幻灯片"选项组中"效果选项"下拉列表中选择所需的变体效果。

在"切换"选项卡"计时"选项组中设置好切换的"声音""持续时间"和"换片方式",如图6.61所示如果要将此切换效果应用到整个演示文稿的全部幻灯片中,还要单击"全部应用"按钮。如果不选择"全部应用",则设置的仅仅是选定幻灯片切换到下一张幻灯片的时间。

图6.61 幻灯片切换计时

（4）幻灯片切换效果设置完成后，单击"切换"选项卡"预览"选项组中的"预览"按钮，观看切换的效果。

同步训练 6-41：为演示文稿第 2～8 张幻灯片添加"涟漪"的切换效果，首张幻灯片无切换效果。

步骤 1．选中第 2 张幻灯片，按住 Shift 键，再选中第 8 张幻灯片。

步骤 2．选择"切换"选项卡"切换到此幻灯片"选项组中的"涟漪"选项。

步骤 3．选中第 1 张幻灯片，选择"切换"选项卡"切换到此幻灯片"选项组中的"无"选项。

同步训练 6-42：为每一节的幻灯片设置为同一种切换方式，节与节的幻灯片切换方式均不同。

步骤 1．分别选择同一节的幻灯片。

步骤 2．在"切换"选项卡"切换到此幻灯片"选项组中，为每一节的幻灯片设置为同一种切换效果，注意节与节的幻灯片切换方式均不同。

6.6 幻灯片的放映

6.6.1 启动幻灯片放映

演示文稿的最终目的是播放，启动幻灯片放映的常用操作方法如下。

方法 1：单击"幻灯片放映"选项卡"开始放映幻灯片"选项组中的"从头开始"或"从当前幻灯片开始"按钮，即可开始放映幻灯片。

方法 2：单击右下角状态栏中的"幻灯片放映"按钮也可以实现。

幻灯片放映过程中，单击鼠标左键可一张张地依次播放当前幻灯片；也可以单击鼠标右键，在弹出的菜单中选择"上一张""下一张""定位幻灯片""结束放映"等命令进行放映，在二级菜单中还可以进行页面上下切换、局部放大、黑白屏的切换及指针切换操作，如图 6.62 所示。

图 6.62　放映过程中鼠标右键菜单

幻灯片放映时也可以使用快捷键控制，如表 6.7 所示。

表 6.7 PPT 放映常用快捷键

快 捷 键	功 能	快 捷 键	功 能
F5	从头开始播放	Shift+F5	从当前幻灯片开始
N（字母）、→、↓、PgDn、空格	下一张	B	使屏幕变黑/还原
←、↑、PgUp、P	上一张	W	使屏幕变白/还原
序号 N（数字）并按 Enter	定位于第 n 张	E	清除幻灯片上所有的墨迹
按鼠标左右键两秒钟、Home	回到第一张	A、=、Ctrl+H	隐藏指针和按钮
Esc、-(短折线)	终止放映	Ctrl+A	箭头鼠标
Ctrl+P	笔形鼠标	S	停止/重新启动自动放映

6.6.2 设置放映效果

在 PowerPoint 2010 中用户可以根据实际的演示场合选择不同的幻灯片放映类型，以满足不同的展示需求。PowerPoint 中有三种放映类型，各种放映类型的作用和特点如表 6.8 所示。

表 6.8 幻灯片放映类型

放 映 类 型	特 点
演讲者放映（全屏幕）	默认的放映类型，以全屏幕状态放映演示文稿，一般由演讲者一边讲解一边放映幻灯片。在演示文稿的放映过程中，演讲者有完全的控制权
观众自行浏览（窗口）	以窗口形式放映演示文稿，由观众自己动手使用计算机观看幻灯片，可以使用 PageUp 或 PageDown 键来切换幻灯片，不能通过单击鼠标切换幻灯片
在展台浏览（全屏幕）	放映过程中不需要人为控制，系统将自动全屏循环放映演示文稿。不能单击鼠标切换幻灯片，但可以单击幻灯片中的超链接和动作按钮进行切换，按 Esc 键退出结束放映

单击"幻灯片放映"选项卡"设置"选项组的"设置幻灯片放映"按钮，打开"设置放映方式"对话框对放映效果进行设置，如图 6.63 所示。

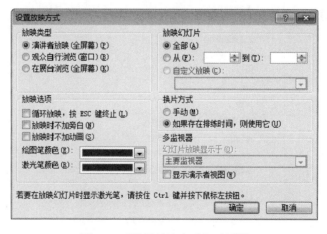

图 6.63 "设置放映方式"对话框

同步训练 6-43：为了实现幻灯片可以在展台自动放映，设置每张幻灯片的自动放映时间为 10 秒钟。

步骤 1．单击"幻灯片放映"选项卡"设置"选项组中的"设置幻灯片放映"按钮，打开"设置放映方式"对话框，在"放映类型"组中选择"在展台浏览（全屏幕）"单选按钮，单击"确定"按钮。

步骤 2．切换至"切换"选项卡，在"计时"选项组中勾选"设置自动换片时间"复选框，并将自动换片时间设置为"00:10.00"（10 秒），单击"全部应用"按钮。

同步训练 6-44：设置演示文稿放映方式为"循环放映，按 ESC 键终止"，换片方式为"手动"。

步骤 1．单击"幻灯片放映"选项卡"设置"选项组中的"设置幻灯片放映"按钮，弹出"设置放映方式"对话框。

步骤 2．在"放映选项"组中勾选"循环放映，按 ESC 键终止"复选框，将"换片方式"设置为"手动"，单击"确定"按钮。

6.6.3 排练计时

使用排练计时功能可以实现 PPT 自动播放，操作方法如下：

（1）打开需要设置的幻灯片，然后单击"幻灯片放映"选项卡"设置"选项组中的"排练计时"按钮。此时幻灯片将自动启动幻灯片的放映程序并开始计时，如图 6.64 所示。

（2）通过单击鼠标来设置动画的出场时间，当在最后一张幻灯片中单击鼠标左键后，将弹出提示信息框，如图 6.65 所示。单击"是"按钮，进入"幻灯片浏览"视图，且每张幻灯片的左下角出现该张幻灯片的放映时间，如图 6.66 所示。

图 6.64　录制窗口

图 6.65　放映时间

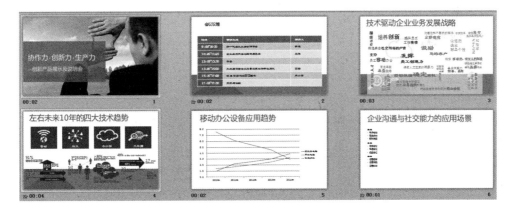

图 6.66　幻灯片浏览视图

（3）单击视图栏中的"幻灯片放映"按钮，幻灯片将进入放映视图，且按照排练计时的时间自动播放。

如果幻灯片没有按照设置的排练计时播放，可在"设置放映方式"对话框"换片方式"组中选择"如果存在排练时间，则使用它"单选按钮；或者勾选"幻灯片放映"选项卡"设置"选项组中的"使用计时"复选框，也可以实现计时的应用。

6.6.4 自定义幻灯片放映

使用自定义幻灯片放映，可实现同一个演示文稿针对不同场合和环境进行不同的放映设置。具体操作方法如下：

（1）单击"幻灯片放映"选项卡"开始放映幻灯片"选项组"自定义幻灯片放映"按钮下的"自定义放映"，弹出"自定义放映"对话框，如图 6.67 所示。

（2）单击"新建"按钮，弹出"定义自定义放映"对话框，如图 6.68 所示，在"幻灯片放映名称"文本框中输入名称，如"放映方案 1"，在左侧"在演示文稿中的幻灯片"框中选择需要放映的幻灯片，单击"添加"按钮，则该页幻灯片将添加到右侧"在自定义放映中的幻灯片"框中，设置完成后，单击"确定"按钮。

此时在"自定义放映"对话框中显示了新建的演示方案，可单击"编辑"按钮对演示方案做修改。

图 6.67 自定义放映

图 6.68 定义自定义放映

（3）设置完成后，单击"关闭"按钮，关闭"自定义放映"对话框。

幻灯片放映时，单击"幻灯片放映"选项卡"开始放映幻灯片"选项组中的"自定义幻灯片放映"按钮，在下拉列表中选择"放映方案 1" 放映方案1 ，进行放映；或者在放映幻灯片时，单击鼠标右键，在右键菜单中选择"自定义放映"中的"放映方案 1"选项也可以实现自定义放映。

操作技巧

除了上述方法外，我们还可以在"设置放映方式"对话框的"放映幻灯片"框中选择"自定义放映"单选按钮 自定义放映(C):，然后在下拉列表中选择演示方案，或者选择"从…到…"单选按钮 从(F): 到(T): ，实现自定义放映。

同步训练 6-45：在演示文稿中创建一个演示方案，该演示方案包含第 1、3、4、6 页幻灯片，并将该演示方案命名为"放映方案 1"。

步骤 1．单击"幻灯片放映"选项卡"开始放映幻灯片"选项组"自定义幻灯片放映"按钮下的"自定义放映"，弹出"自定义放映"对话框。

步骤 2．单击"新建"按钮，弹出"定义自定义放映"对话框，在"幻灯片放映名称"文本框中输入"放映方案1",在左侧"在演示文稿中的幻灯片"框中依次选择第1、3、4、6页幻灯片,单击"添加"按钮,将其添加到"在自定义放映中的幻灯片"框中,设置完成后,单击"确定"按钮。

步骤3.此时在"自定义放映"对话框中存在"放映方案1"演示方案,单击"关闭"按钮关闭"自定义放映"对话框。

6.7 演示文稿的输出和打印

6.7.1 打包演示文稿

打包演示文稿就是将与演示文稿有关的各种文件都整合到同一个文件夹中,其中包含演示文稿文档和一些必要的数据文件,这使演示文稿在没有安装 PowerPoint 的计算机中也可以正常播放。打包的操作方法如下:

(1)单击"文件"选项卡"保存并发送"选项组中的"将演示文稿打包成CD"命令,再单击"打包成CD"按钮,如图 6.69 所示,弹出"打包成CD"对话框。

(2)在该对话框中的"将 CD 命名为"文本框中输入打包后演示文稿的名称,如图 6.70 所示。

图 6.69 选择"打包成CD"按钮

图 6.70 "打包成CD"对话框

(3)单击"添加"按钮,可以添加多个文件。单击"选项"按钮,可以设置是否包含链接的文件、是否包含嵌入的TrueType 字体,还可以设置打开文件的密码等。单击"复制到文件夹"按钮,打开"复制到文件夹"对话框,可以将当前文件复制到指定的位置,如图 6.71 所示。

图 6.71 "复制到文件夹"对话框

(4)单击"确定"按钮,弹出如图 6.72 所示的提示框,提示程序会将链接的文件复制到计算机,直接单击"是"按钮,弹出复制信息提示框。

(5)复制完成后,在"打包成CD"对话框中单击"关闭"按钮,完成打包操作。打开文件夹,可以看到打包的文件夹和文件。

图 6.72 "是否要在包中包含链接文件"提示框

操作技巧

如果演示文稿中使用了不常见的特殊字体,为防止在传播过程中出现字体丢失或乱码的现象,可将字体嵌入到演示文稿中,具体操作方法如下:

(1)单击"文件"选项卡下的"选项"按钮,弹出的"PowerPoint 选项"对话框。

(2)在对话框中单击"保存"按钮,在右侧列表中,勾选"将字体嵌入文件"复选框,根据需要选择"仅嵌入演示文稿中使用的字符(适于减少文件大小)"或"嵌入所有字符(适于其他人编辑)"。

(3)设置完成后,单击"确定"按钮。

6.7.2 页面设置与演示文稿打印

在开会或演讲时,因为有太多的内容,不可能全部记住,这时就需要将讲义打印作为演示 PPT 时的提示;有时候也需要将所做 PPT 的内容打印出来提供给到场人员,便于大家更好的沟通和交流。那么就需要创建讲义,并将讲义打印出来。

图 6.73 "页面设置"对话框

单击"设计"选项卡"页面设置"选项组的"页面设置"按钮,弹出"页面设置"对话框,如图 6.73 所示。在对话框中可选择纸张大小、纸张方向等。选择"文件"选项卡"打印"选项,在窗口右侧可以预览打印效果,单击"打印"按钮即可打印。

如果需要按讲义的格式打印演示文稿,操作方法如下:

(1)单击"视图"选项卡"母版视图"选项组中的"讲义母版"按钮,切换到讲义母版编辑界面。

(2)在"讲义母版"选项卡中对幻灯片的"页面设置""讲义方向""幻灯片方向"等进行设置,如图 6.74 所示。

图 6.74 讲义母版选项卡

(3)设置好讲义母版后,选择"文件"选项卡下的"打印"选项,在窗口右侧选择"整页幻灯片"选项,在弹出的列表框中选择"讲义"中所需要的版式(见图 6.75)。然后设置其他打印参数，设置完成后单击"打印"按钮即可。

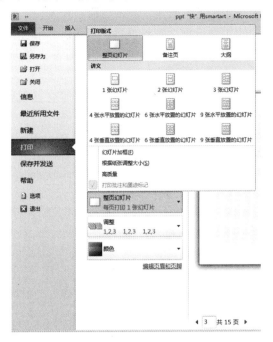

图 6.75　打印

如果不设置讲义母版，也可以直接在打印时选择讲义的版式，PowerPoint 会按照默认设置的状态进行打印。

6.8　考级辅导

6.8.1　考试要求

1. 一级考试

基本要求：了解多媒体演示软件的基本知识，掌握演示文稿制作软件 PowerPoint 的基本操作和应用。

考试内容：

（1）中文 PowerPoint 的功能、运行环境、启动和退出。

（2）演示文稿的创建、打开、关闭和保存。

（3）演示文稿视图的使用，幻灯片基本操作（版式、插入、移动、复制和删除）。

（4）幻灯片基本制作（文本、图片、艺术字、形状、表格等的插入及其格式化）。

（5）演示文稿主题选用与幻灯片背景设置。

（6）演示文稿放映设计（动画设计、放映方式、切换效果）。

（7）演示文稿的打包和打印。

2. 二级考试

基本要求：掌握 PowerPoint 的操作技能，并熟练应用制作演示文稿。

考试内容：

（1）PowerPoint 的基本功能和基本操作，演示文稿的视图模式和使用。

（2）演示文稿中幻灯片的主题设置、背景设置、母版制作和使用。

（3）幻灯片中文本、图形、SmartArt、图像（片）、图表、音频、视频、艺术字等对象的编辑和应用。

（4）幻灯片中对象动画、幻灯片切换效果、链接操作等交互设置。

（5）幻灯片放映设置，演示文稿的打包和输出。

（6）分析图文素材，并根据需求提取相关信息引用到 PowerPoint 文档中。

6.8.2 真题练习

1. 打开"真题练习 6-1.pptx"，按照下列要求完成对此文稿的修饰并保存。

（1）第 1 张幻灯片的副标题字号设置为：40 磅、红色（注意：请用自定义标签中的红色 255，绿色 0，蓝色 0）。将第 2 张幻灯片版式改变为"垂直排列标题与文本"，并将这张幻灯片中的文本部分动画设置为"进入""向内溶解"。

（2）将第 1 张幻灯片的背景填充预设颜色为"漫漫黄沙"，线性对角-左上到右下；全部幻灯片的切换效果设置为"库"。

2. 在会议开始前，市场部助理小王希望在大屏幕投影上向与会者自动播放本次会议所传递的办公理念，按照如下要求完成"真题练习 6-2.pptx"演示文稿的制作。

（1）将演示文稿中第 1 张幻灯片的背景图片应用到第 2 张幻灯片。

（2）将第 2 张幻灯片中的"信息工作者""沟通""交付""报告""发现"5 段文字内容转换为"射线循环"SmartArt 布局，更改 SmartArt 的颜色，并设置该 SmartArt 样式为"强烈效果"。调整其大小，并将其放置在幻灯片页的右侧位置。

（3）为上述 SmartArt 智能图示设置由幻灯片中心进行"缩放"的进入动画效果，并要求上一动画开始之后自动、逐个展示 SmartArt 中的文字。

（4）在第 5 张幻灯片中插入"饼图"图形，用以展示如下沟通方式所占的比例。为饼图添加系列名称和数据标签，调整大小并放于幻灯片适当位置。设置该图表的动画效果为按类别逐个扇区上浮进入效果。

  消息沟通 24%
  会议沟通 36%
  语音沟通 25%
  企业社交 15%

（5）将文档中的所有中文文字字体由"宋体"替换为"微软雅黑"。

（6）为演示文档中的所有幻灯片设置不同的切换效果。

（7）将素材文件夹中的"BackMusic.mid"声音文件作为该演示文档的背景音乐，并要求在幻灯片放映时即开始播放，至演示结束后停止。

（8）为了实现幻灯片可以在展台自动放映，设置每张幻灯片的自动放映时间为 10 秒钟。

第 7 章

Office 组件协同工作

实际应用中，Office 组件的协同工作可以提高办公效率。Word、Excel、PowerPoint 三种 Office 组件的交互操作主要包括 Word 中插入 Excel 数据表、Word 中插入 PowerPoint 幻灯片、Word 中导入其他 Word 的样式表；在 Excel 中导入 Word 文档、网页数据、文本文件；在 PowerPoint 中导入 Word 大纲数据、图表及将 PowerPoint 幻灯片发送到 Word 文档等操作。

7.1 Word 2010 和其他组件协同工作

Word 2010 除本身提供强大的文档处理功能外，还可以通过嵌入对象的方式使用 Excel 表格数据和 PowerPoint 的幻灯片，并能将 Word 文档内容快速制作成演示文稿，以提高文档处理和编辑的效率。

7.1.1 Word 中插入 Excel 表格数据

在 Word 中嵌入 Excel 表格数据，不仅可以避免重新在文档中制作表格的麻烦，还可以凭借 Excel 强大的数据处理功能，获取准确而详细的数据，轻松实现在 Word 中共享 Excel 数据。

1．将 Excel 复制粘贴到 Word 文档

将表格复制粘贴到 Word 文档中，可以分为粘贴和选择性粘贴两种情况。使用粘贴的操作方法如下：

（1）打开 Excel 的工作簿，选择需要复制的单元格区域，复制所选单元格数据到剪贴板。

（2）切换到 Word 文档中，把剪贴板中的数据粘贴到 Word 中，Excel 表格数据即被转换为 Word 表格粘贴到文档中。

同步训练 7-1：将"建筑产品销售情况表.xlsx"文件中 Sheet1 工作表中的数据内容粘贴到"Word.docx"中。

建筑产品销售情况			
日期	产品名称	销售地区	销售额（万元）
2017年5月23日	塑料	西北	2324
2017年5月15日	钢材	华南	1540.5
2017年5月24日	木材	华南	678
2017年5月21日	木材	西南	222.2
2017年5月17日	木材	华北	1200
2017年5月18日	钢材	西南	902
2017年5月19日	塑料	东北	2183.2
2017年5月20日	木材	华北	1355.4

操作前　　　　　　　　　　　　　　　操作后

步骤1．打开素材文件"建筑产品销售情况表.xlsx"，选择Sheet1工作表，选中A1:D10单元格，将Sheet1表中的数据内容复制到剪贴板中。

步骤2．打开素材文件"Word.docx"，执行粘贴操作，即完成将Excel中的表格数据插入到Word中。

学习提示

Excel表格粘贴到Word文档后，会自动转换为Word中的表格，用户可按照对Word表格的处理方法对数据进行设置处理。

使用选择性粘贴操作可以将Excel数据表以无格式文本、图片、HTML格式或Excel工作表对象等形式插入到Word中。

将Excel工作表中的数据（不带格式）复制到Word文档中编辑的操作方法如下：

（1）复制Excel中的单元格区域。

（2）在Word中单击"开始"选项卡"剪贴板"选项组的"粘贴"下拉按钮，展开粘贴选项列表，如图7.1所示。

（3）单击"选择性粘贴"选项，打开"选择性粘贴"对话框，如图7.2所示。

（4）在"形式"列表框中选择"无格式文本"选项。

（5）单击"确定"按钮完成，如图7.3所示。

　　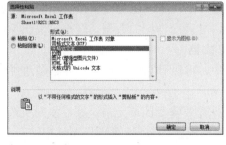

图7.1　"粘贴"选项列表　　　图7.2　"选择性粘贴"对话框　　　图7.3　无格式粘贴Excel表格数据

将Excel作为工作表对象插入到Word文档的操作方法如下：

（1）在复制Excel数据表后，使用"选择性粘贴"选项打开"选择性粘贴"对话框。

（2）在"形式"列表框中选择"Microsoft Excel工作表对象"选项。

（3）单击"确定"按钮，即可以将 Excel 作为对象插入到 Word 中。

> **操作技巧**
> 在 Word 中嵌入 Excel 后，双击 Excel 工作表可在 Word 中对 Excel 表格数据进行编辑，编辑方法与在 Excel 里完全相同。

在图 7.2 中，选中"选择性粘贴"对话框中的"粘贴链接"单选按钮后，再嵌入 Excel 对象，当 Excel 数据表的数据发生变化时，Word 文档中对应的数据就会自动更新。

同步训练 7-2：在"领慧讲堂活动细则.docx"文档中的"日程安排"段落下面，复制本次活动的日程安排表（请参考"活动日程安排.xlsx"文件），要求表格内容引用 Excel 文件中的内容，如若 Excel 文件中的内容发生变化，Word 文档中的日程安排信息随之发生变化。

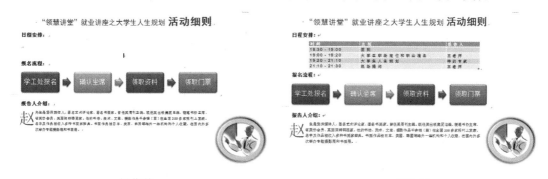

操作前　　　　　　　　　　　　　　　操作后

步骤 1．打开素材文件"活动日程安排表.xlsx"，选中 A2:C6 单元格并复制，将数据内容复制到剪贴板中。

步骤 2．打开素材文件"领慧讲堂活动细则.docx"，将光标定位到日程安排下方。

步骤 3．单击"开始"选项卡"剪贴板"选项组中的"粘贴"下拉按钮，在弹出的下拉列表中单击"选择性粘贴"选项，打开"选择性粘贴"对话框。

步骤 4．在"形式"列表框中选择"Microsoft Excel 工作表对象"选项，选中"粘贴链接"单选按钮，单击"确定"按钮将日程安排表插入到文档中。

> **操作技巧**
> 使用"粘贴链接"操作自动更新数据时，需要对 Word 中的 Excel 对象进行域更新，域更新的方式是右击 Excel 对象，选择"更新域"选项或同时按下"CTRL+A"组合键，全选所有文本内容，按功能键"F9"，实现 Word 文档中所有域的更新。

3．在 Word 中使用超链接链接 Excel 数据

Word 中还可以使用超链接调用 Excel 数据，整个 Excel 文件会以超链接的方式插入到 Word 中。其操作方法如下：

（1）单击 Word 文档中"插入"选项卡"链接"选项组的"超链接"按钮。

（2）打开"插入超链接"对话框，在"链接到"列表框中选择"现有文件或网页"选项，在"查找范围"下拉列表中选择 Excel 文件所在的磁盘路径，在列表框中选中需链接的文件，在"要显示的文字"文本框中输入超链接名称，如"2017 年上学期校历"，如图 7.4 所示。

（3）单击"确定"按钮完成操作，如图 7.5 所示。

文档中将显示设置的超链接名称，将光标移至超链接文本上，即可显示超链接的位置及小提示，按住"Ctrl"键并单击该文本可打开所链接的 Excel 文件。

图 7.4　插入超链接　　　　　　　　图 7.5　插入超链接的效果

> **操作技巧**
> 创建超链接的元素可以是文本、图片或音视频文件等对象。在 Office 的其他组件中也可以采用同样的方式来创建对象的超链接。"插入超链接"对话框还可以通过组合键"Ctrl+K"打开。

4．在 Word 中导入 Excel 数据

在 Excel 数据表中使用"另存为"选项可以将 Excel 导出为文本文件，再通过 Word 中导入数据可将文本文件中的数据插入到 Word 文档中。其操作方法如下：

（1）打开需要导出数据的 Excel 数据表文件。选择"文件"选项卡中的"另存为"选项，选择"保存类型"为"文本文件（制表符分隔）(*.txt)"，如图 7.6 所示。

（2）打开导出的文本文件，如图 7.7 所示。

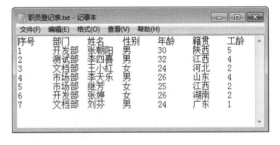

图 7.6　导出 Excel 数据　　　　　　　图 7.7　导出的文本文件内容

（3）在 Word 2010 中单击"文件"选项卡中的"打开"选项，打开文本文件的路径，选择文件，如图 7.8 所示。

（4）单击"打开"按钮，打开"文件转换"对话框，选中"其他编码"单选按钮，在编码列表框中选择"简体中文（GB2312）"，如图 7.9 所示。

（5）导入文本文件后，可以将文本文件转换成表格。

> **操作技巧**
> 在"文件转换"对话框中，必须选择正确的编码类型，否则会出现乱码。

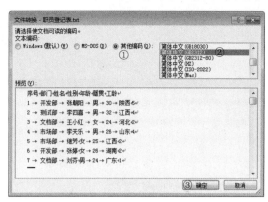

图 7.8　Word 中打开文本文件　　　　　　图 7.9　"文件转换"对话框

7.1.2　Word 中插入 PowerPoint 演示文稿

实际工作中，有时需要将幻灯片插入到 Word 文档中呈现，可以通过插入对象的方式实现将 PowerPoint 演示文稿插入到 Word 中。插入对象时可以选择将制作好的演示文稿插入也可在 Word 中新建幻灯片，并根据需要进行编辑。其操作方法如下：

（1）在 Word 文档中单击"插入"选项卡"文本"选项组的"对象"按钮，打开"对象"对话框，如图 7.10 所示。

（2）在对话框中可以选择"新建"或"由文件创建"两种方式将对象插入到 Word 中。

若选择"新建"选项卡，则在"对象类型"列表框中选择"Microsoft PowerPoint 演示文稿"选项，单击"确定"按钮，将在 Word 中插入空白演示文稿对象，且 Word 功能区和编辑区都变成 PowerPoint 中的功能区和编辑区，如图 7.11 所示。编辑完成后按"Esc"键或单击幻灯片外的空白区域即可退出 PowerPoint 的编辑状态。

图 7.10　插入"对象"对话框　　　　　　图 7.11　Word 中新建幻灯片

若选择"由文件创建"选项卡，可通过单击"浏览"按钮选择需要插入的演示文稿文件，如图 7.12 所示。单击"确定"按钮，会将 PowerPoint 演示文稿插入到 Word 中，双击幻灯片即可放映幻灯片内容，如图 7.13 所示。

图 7.12 "由文件创建"选项卡

图 7.13 Word 中插入已存在的演示文稿

（3）右键单击插入在 Word 中的演示文稿，在弹出的菜单中选择"'演示文稿'对象"可以对该演示文稿进行显示、编辑、打开和转换操作，如图 7.14 所示。

图 7.14 Word 中操作演示文稿

> **操作技巧**
> 在"对象"对话框中单击选择"显示为图标"复选框后，插入的对象将以图标形式显示在文档中。

7.1.3 将 Word 文档转换成 PowerPoint 演示文稿

实际应用中，通常要将 Word 文档制作成 PowerPoint 演示文稿进行展示。常规的方式是采用"复制+粘贴"的方法来完成，这样做要进行多次的窗口切换和复制、粘贴，操作烦琐且效率低。Office 组件之间拥有非常好的交互作用，只需要通过简单的操作即可以完成将 Word 文档转换成 PowerPoint 演示文稿。

将 Word 文档转换成 PowerPoint 演示文稿的前提条件是要先在 Word 中定义段落的不同大纲级别，这样生成的幻灯片中的标题点位符和正文占位符的内容才符合要求，Word 中的大纲级别与 PowerPoint 演示文稿的对应关系如表 7.1 所示。

表 7.1 Word 大纲文档与 PowerPoint 文稿的对应关系

Word 大纲文档	PowerPoint 演示文稿
1 级标题	标题文字
2 级标题	第一级文本内容
3 级标题	第二级文本内容

设置好大纲级别后，只需在 Word 中使用"发送到 Microsoft PowerPoint"命令即可完成。

同步训练 7-3：将"Office 组件介绍.docx"文档中的内容制作成 PPT 课件，要求每张幻灯片上显示各组件的课程教学内容。

操作前   操作后

步骤 1．打开素材文件"Office 组件介绍.docx"，单击"视图"选项卡"文档视图"选项组的"大纲视图"按钮，将文档显示视图切换为"大纲视图"。

步骤 2．分别选中"Office2010 组件介绍""Word 2010 基本操作""PowerPoint 基本操作"，单击"大纲"选项卡"大纲工具"选项组中的级别按钮，将其段落的大纲设为"1 级"，如图 7.15 所示。

步骤 3．将"Office 基本概述""Office 组件简介""Word 文档编辑与美化"等段落的大纲设置为"2 级"，其余段落大纲设置为"3 级"，单击"大纲"选项卡"关闭"选项组中的"关闭大纲视图"按钮，退出大纲视图，如图 7.16 所示。

图 7.15 设置大纲级别"1 级"   图 7.16 设置大纲级别"2 级"和"3 级"

步骤 4. 单击"快速访问工具栏"中的下拉按钮，在打开的下拉列表中选项"其他命令"选项，如图 7.17 所示。

步骤 5. 打开"Word 选项"对话框，在"从下拉列表位置选择命令"列表框中选择"不在功能区中的命令"选项，在左侧列表框中选择"发送到 Microsoft PowerPoint"选项，单击"添加"按钮添加到右侧列表框，如图 7.18 所示。

图 7.17　自定义快速访问工具栏　　　　　　图 7.18　添加工具按钮

步骤 6. 单击"确定"按钮，在快速访问工具栏中添加了"发送到 Microsoft PowerPoint"按钮。单击快速访问工具栏中的"发送到 Microsoft PowerPoint"按钮，如图 7.19 所示。

步骤 7. 自动创建演示文稿，并将其保存为"Office 组件介绍.pptx"，如图 7.20 所示。

图 7.19　将文档发送到 PowerPoint　　　　　图 7.20　保存演示文稿

7.1.4　在 Word 文档中复制其他文档的样式

除了 Word 2010 跟其他 Office 组件实现良好交互外，在实际办公应用时，通常还需要将两个或多个文档的格式设置为一致，通常使用 Word 样式的复制功能，将编辑好的文档中的格式应用到另一个文档中。

同步训练 7-4：打开素材文件夹下的"Word_样式标准.docx"文件，将其文档样式库中的

"标题1,标题样式一"和"标题2,标题样式二"复制到"Word.docx"文档样式库中,并将素材"Word.docx"文档中的所有红颜色文字段落应用为"标题1,标题样式一"段落样式,所有绿颜色文字段落应用为"标题2,标题样式二"段落样式。

操作前　　　　　　　　　　　　　　　　　　操作后

步骤1. 打开素材文件"Word.docx",单击"开始"选项卡"样式"选项组右下角的"显示样式窗口"按钮,打开"样式"窗口,如图7.21所示。

步骤2. 单击"管理样式"按钮,打开"管理样式"对话框,如图7.22所示。

图7.21 "样式"窗口　　　　　　　　　图7.22 "管理样式"对话框

步骤3. 单击"导入/导出"按钮,打开样式"管理器"对话框,如图7.23所示。

步骤4. 单击右侧"关闭文件"按钮,此时"关闭文件"按钮变换成"打开文件"按钮。

步骤5. 单击"打开文件"按钮,打开文档"打开"对话框,选择"Word_样式标准.docx"文件所在路径,并将文件过滤选项改成"所有文件(*.*)",选中"Word_样式标准.docx",如图7.24所示。

步骤6. 单击"打开"按钮,回到"管理样式"对话框,右侧列表框中列出了"Word_样式标准.docx"文件中的所有样式名称。

步骤7. 选中图7.25所示右侧列表框中的"标题1,标题样式一"和"标题2,标题样式二",单击"复制"按钮。

图7.23 "管理器"对话框　　　　　　图7.24 "打开"对话框

步骤8．单击"开始"选项卡中"样式"选项组的"显示样式窗口"按钮，在"样式"窗口中可以看到当前文档的样式库增加了"标题1，标题样式一"和"标题2，标题样式二"的样式，如图7.26所示。

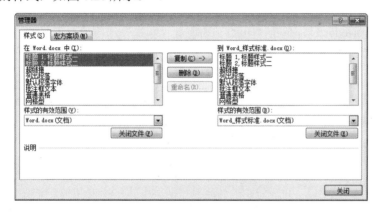

图7.25 复制样式到当前Word.docx文件中　　　　图7.26 复制后的样式集

步骤9．在"Word.docx"文档中，选中红色文字"企业摘要"，单击"开始"选项卡"编辑"选项组的"选择"下拉按钮，在下拉列表中选择"选定所有格式类似的文件（无数据）"，将文档中所有红色文字选中，在"样式"窗口中单击"标题1，标题样式一"样式名称，所有红色文字应用样式"标题1，标题样式一"。

步骤10．同样的方式将所有绿色文字应用样式"标题2，标题样式二"。

操作技巧

样式复制时，导入的样式会将当前文档中同名的样式覆盖。

7.2　Excel 2010和其他组件协同工作

Excel与Office其他组件数据共享一般采用复制和选择性粘贴将数据插入到Excel中，以提高表格制作的效率。此外，Excel 2010提供的外部数据导入，可以有效利用文本文件或网页等数据资源。

7.2.1 在 Excel 中嵌入 PowerPoint 幻灯片

将 PowerPoint 幻灯片嵌入到 Excel 中的操作方法如下：

（1）打开需要使用的 PowerPoint 演示文稿，在"大纲/幻灯片"窗格中复制待插入的幻灯片。打开 Excel 工作簿，光标定位到 A1 单元格。

（2）通过"开始"选项卡"剪贴板"选项组打开"选择性粘贴"对话框，选择"粘贴"单选按钮，在"方式"列表框中选择"Microsoft PowerPoint 幻灯片对象"选项，单击"确定"按钮，如图 7.27 所示。

（3）双击嵌入的"幻灯片对象"，可以实现对幻灯片对象的编辑、打开和转换操作。此时 Excel 的功能区变成 PowerPoint 中的功能区，如图 7.28 所示。编辑完成后按"Esc"键或单击幻灯片外的空白区域即可退出 PowerPoint 的编辑状态。

图 7.27　选择性粘贴幻灯片

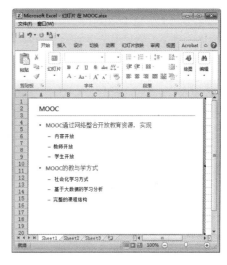

图 7.28　Excel 中编辑幻灯片

此外，还可以通过嵌入对象功能将 PowerPoint 演示文稿或 PowerPoint 幻灯片作为对象嵌入到 Excel 中，其操作方法与 7.1.2 节相同。

7.2.2 在 Excel 中导入文本文件

Excel 2010 能通过文本、网页、Access 数据库、其他来源和现有连接等方式将数据导入到 Excel 中，利用其强大的数据处理能力对外部数据进行分析和处理。

Excel 2010 导入外部数据的操作方法是只需在"数据"选项卡的"获取外部数据"选项组中选择相应的工具选项，如图 7.29 所示。

当选择"自文本"选项时，会打开"选择文件"对话框，并打开导入文本设计向导。用户只需按向导提示，完成导入数据的规则设置，完成数据导入。

同步训练 7-5：打开素材文件"学生成绩.xlsx"，完成如下操作。将以制表符分隔的文本文件"学生档案.txt"自 A1 单元格开始导入到工作表"初三学生档案"中，注意不得改变原始数据的排列顺序。

操作前　　　　　　　　　　　　　　　　　操作后

步骤1. 打开素材文件"学生成绩.xlsx",选择"学生档案"工作表的A1单元格。单击"数据"选项卡"获取外部数据"选项组中的"自文本"选项。

步骤2. 打开"导入文本文件"对话框,如图7.20所示。选择待导入文件所在的路径,选择"学生档案.txt"文件,单击"导入"按钮,打开"文本导入向导 第1步"对话框,如图7.31(a)所示。

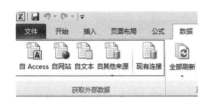

图7.29　Excel获取外部数据工具栏　　　　　图7.30　"导入文本文件"对话框

在"文本导入向导 第1步"对话框中可以根据实际需要选择"分隔符号"或"固定宽度"两种文件类型,并选择原始格式。

步骤3. 在对话框中,系统会自动识别导入的数据文件是否带有分隔符,并自动选择合适的文件类型,此时默认选中"分隔符号",并选择原始格式为"简体中文 GB2312",单击"下一步"按钮,打开"文本导入向导 第2步"对话框,如图7.31(b)所示。

(a) 第1步　　　　　　　(b) 第2步　　　　　　　(c) 第3步

图7.31　"文本导入向导"对话框

在"文本导入向导 第 2 步"对话框中，可根据导入数据的特征选择相应的分隔符号或文本识别符号，并对分列的数据进行预览。

步骤 4. 在对话框中，选择分隔符为"Tab 键"，单击"下一步"按钮，打开"文本导入向导 第 3 步"对话框，如图 7.31（c）所示。

在"文本导入向导 第 3 步"对话框中，用户可以对导入数据的每一列进行数据格式的设置。列数据格式如果选择为"常规"，则导入的数值将被转换为数字，日期值会转换为日期，其余数据会自动转换为文本。

步骤 5. 在对话框中单击"学生姓名"列，在"列数据格式"组中选择"文本"单选按钮；单击"身份证号码"列，在"列数据格式"组中选择"文本"单选按钮；单击"年龄"列，在"列数据格式"组中选择"常规"单选按钮；……直到数据预览中所有列设置完成，单击"完成"按钮，打开"导入数据"对话框，如图 7.32 所示。

步骤 6. 在对话框中选择"现有工作表"的 A1 单元格作为插入点，单击"确定"按钮，此时"学生档案.txt"文件中的数据以"Tab"键为分隔导入到 Excel 中。

图 7.32　导入数据

此时，"学号姓名"的数据内容在同一列上，这时可以使用 Excel 2010 自带的分列功能将"学号姓名"列的数据拆分。

同步训练 7-6：将第 1 列数据从左到右依次分成"学号"和"姓名"两列显示。

完成效果

步骤 1. 选中"学生档案"工作表的 B 列，在 B 列左侧插入一列。

步骤 2. 选中 A 列，单击"数据"选项卡"数据工具"选项组的"分列"按钮，打开"文本分列向导 第 1 步"对话框，如图 7.33 所示。

步骤 3. Excel 会自动识别分列的数据中是否包含分隔符。选中"固定宽度"单选按钮，单击"下一步"按钮，打开"文本分列向导 第 2 步"对话框，如图 7.34 所示。

步骤 4. 在对话框中单击"数据预览"区域标尺位置，按固定列宽分隔数据。单击"下一步"按钮，打开"文本分列向导 第 3 步"对话框，如图 7.35 所示。

步骤 5. 在对话框中设置分列后每部分数据的"列数据格式"。选择"学号"列数据格式为"文本"。

步骤 6. 单击"完成"按钮，将"学号姓名"对应的数据按等宽分开到两列上，将 A1 单元格中"学号"和"姓名"分别作为 A 列和 B 列的标题。

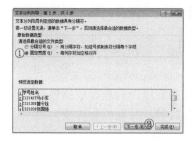 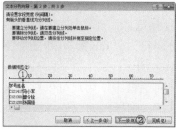 

图 7.33　文本分列向导 第 1 步　　图 7.34　文本分列向导 第 2 步　　图 7.35　文本分列向导 第 3 步

同步训练 7-7：创建一个名为"档案"，包含数据区域 A1:G56 和标题的表，同时删除外部链接。

完成效果

步骤 1．选中数据区域 A1:G56。

步骤 2．单击"开始"选项卡"样式"选项组中的"套用表格格式"下拉按钮，在下拉列表中选择"表样式浅色 2"，弹出"删除外部链接"对话框，如图 7.36 所示。

步骤 3．单击"是"按钮，将选定区域转换为表并删除所有外部链接。

步骤 4．单击"设计"选项卡"工具"选项组的"转换为区域"按钮 完成操作。

图 7.36　"删除外部链接"对话框

7.2.3　在 Excel 中导入网页数据

在 Excel 中导入网页数据的操作方法如下：

（1）单击"数据"选项卡的"获取外部数据"选项组，选择"自网站"选项，打开"新建 Web 查询"页面。

（2）在"新建 Web 查询"的地址栏里输入网站的 URL 地址，并根据网页中的提示，选择需要导入的数据即可。

同步训练 7-8：打开素材文件"全国人口普查数据分析.xlsx",浏览网页"第五次全国人口普查公报.htm",将其中的"2000 年第五次全国人口普查主要数据"表格导入到工作表"第五次普查数据"中。

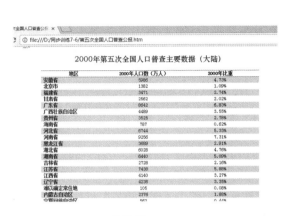
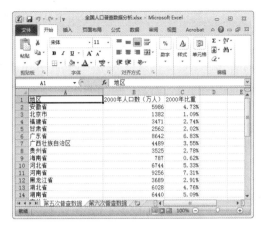

操作前　　　　　　　　　　　　　　　　　　　　操作后

步骤 1．打开素材文件"全国人口普查数据分析.xlsx",选中"第五次普查数据"工作表的 A1 单元格。

步骤 2．单击"数据"选项卡"获取外部数据"选项组的"自网站"按钮,打开"新建 Web 查询"页,如图 7.37 所示。

步骤 3．在浏览器中,打开素材文件"第五次全国人口普查公报.htm",将地址栏中的目录文件复制并粘贴到地址栏中,单击"转到"按钮,打开"第五次全国人口普查公报.htm"的网页内容,如图 7.38 所示。

步骤 4．根据页面中的提示,单击需导入表格左侧的 ⇨,表格左侧的图标变成 ✓,如图 7.39 所示。

图 7.37　新建 Web 查询　　　　图 7.38　选择网页数据　　　　图 7.39　导入数据

步骤 5．单击"导入"按钮,将"2000 年第五次全国人口普查主要数据"表导入到 Excel 中。

7.3　PowerPoint 2010 和其他组件协同工作

在 PowerPoint 中也可以通过复制粘贴或插入对象的方式使用 Word 或 Excel 中的数据。此外,在 PowerPoint 中还可以实现将 Word 文档转换成演示文稿、将演示文稿及幻灯片转换成 Word 文档及重用已有的幻灯片等操作。

7.3.1 由 Word 大纲创建演示文稿

在 PowerPoint 中,使用"开始"选项卡"幻灯片"选项组的"幻灯片(从大纲)"选项可以实现根据已经设置好大纲结构的 Word 文档创建演示文稿,其作用与在 Word 文档中使用"发送到 Microsoft PowerPoint"命令相同。

同步训练 7-9:请根据图书策划方案(请参考"图书策划方案.docx"文件)中的内容,创建一个新演示文稿,命名为"图书策划方案.pptx",内容需要包含"图书策划方案.docx"文件中所有讲解的要点,包括:

(1)演示文稿中的内容编排,需要严格遵循 Word 文档中的内容顺序,并仅需要包含 Word 文档中应用了"标题 1""标题 2""标题 3"样式的文字内容。

(2)Word 文档中应用了"标题 1"样式的文字,需要成为演示文稿中每页幻灯片的标题文字。

(3)Word 文档中应用了"标题 2"样式的文字,需要成为演示文稿中每页幻灯片的第一级文本内容。

(4)Word 文档中应用了"标题 3"样式的文字,需要成为演示文稿中每页幻灯片的第二级文本内容。

操作前 Word 文档　　　　　　　　　　　操作后 PPT 演示文稿

由于在 Word 大纲视图中的"1 级标题"对应演示文稿的"标题 1"样式,"2 级标题"对应"标题 2"样式,"3 级标题"对应"标题 3"样式,因而无须在 Word 中对文档进行调整。

步骤 1. 在 PowerPoint 中,单击"开始"选项卡"幻灯片"选项组的"新建幻灯片"下拉按钮,在弹出的下拉列表中选择"幻灯片(从大纲…)",在打开的"插入大纲"对话框中选择"图书策划方案.docx"文档,单击"插入"按钮。

步骤 2. 在"幻灯片"浏览窗格中,选择第 1 张幻灯片,将其删除。

步骤 3. 单击"文件"选项卡中的"保存"按钮,命名为"图书策划方案.pptx"。

> **操作技巧**
>
> 从 Word 大纲导入到演示文稿时,Word 文档中样式为"正文文本"的内容不会在演示文稿中显示。在 PowerPoint 演示文稿的"大纲"选项卡中,还可以通过左右箭头来快速调整文本的级别。

7.3.2 将演示文稿转换为 Word 文档

Office 组件中不仅能将 Word 文档内容快速制作成幻灯片，也能在 PowerPoint 2010 中将演示文稿创建为讲义，即在 PowerPoint 中创建一个包含该演示文稿中的幻灯片和备注的 Word 文档，而且还可以使用 Word 来为文档设置格式及布局或添加其他内容。操作方法如下：

（1）在 PowerPoint 中选择"文件"选项卡，单击"保存并发送"，在"文件类型"中选择"创建讲义"选项，如图 7.40 所示。

（2）在右侧窗格中单击"使用 Microsoft Word 创建讲义"组的"创建讲义"按钮，弹出"发送到 Microsoft Word"对话框，如图 7.41 所示。

图 7.40　创建讲义

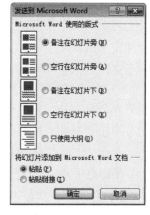
图 7.41　设置版式

（3）在对话框中，设置"Microsoft Word 使用的版式"和"将幻灯片添加到 Microsoft Word 文档"的粘贴方式，然后单击"确定"按钮。

此时系统会自动启动 Word，等待几秒后，就出现了设置好的讲义效果。如果有需要，可以对生成的讲义进行修改和打印。

将制作好的演示文稿发送到 Word 文档中，可以使用的版式包括"备注在幻灯片旁""空行在幻灯片旁""备注在幻灯片下""空行在幻灯片下"及"只使用大纲"5 种版式。版式效果如图 7.42 所示。

> **操作技巧**
>
> 在 PowerPoint 中使用"使用 Microsoft Word 创建讲义"命令也能实现将演示文稿中的幻灯片制作成 Word。操作前用户要将"使用 Microsoft Word 创建讲义"按钮添加到"自定义快速访问工具栏"中。

(a) 备注在幻灯片旁

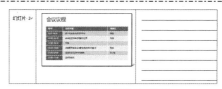
(b) 空行在幻灯片旁

图 7.42　版式效果图

（c）备注在幻灯片下

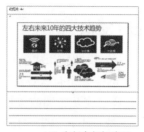
（d）空行在幻灯片下

（e）只使用大纲

图7.42　版式效果图（续）

7.3.3　在演示文稿中重用幻灯片

在使用PowerPoint 2010制作幻灯片的过程中，常需要使用其他演示文稿中的幻灯片并保留原演示文稿的风格和样式，使用"重用幻灯片"是很好的选择。"重用幻灯片"的操作方法如下：

（1）在"幻灯片"浏览窗格中，选择要准备在其后插入幻灯片的幻灯片。

（2）单击"开始"选项卡"幻灯片"选项组的"新建幻灯片"按钮，在弹出的下拉列表中选择"重用幻灯片"选项，打开"重用幻灯片"窗格，如图7.43所示。

（3）在窗格中单击"打开PowerPoint文件"链接 打开 PowerPoint 文件 或单击"浏览"按钮 浏览 下的"浏览幻灯片库"或"浏览文件"，打开指定的演示文稿。

（4）单击"打开PowerPoint文件"链接，在打开的"浏览"对话框中选择所需文稿，单击"打开"按钮，此时在"重用幻灯片"下方预览框中就会有该文稿每页幻灯片的预览图，如图7.44所示。

（5）在预览框中，单击所需要插入的幻灯片将幻灯片插入到当前文稿中。勾选"重用幻灯片"窗格下方的"保留源格式"复选框可保留原先文稿中的配色及其他设置，重用后效果图如图7.45所示。

图7.43　"重用幻灯片"窗格

图7.44　预览幻灯片

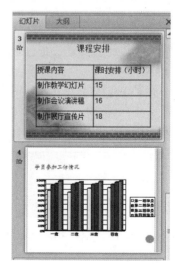
图7.45　重用幻灯片效果

> **操作技巧**
> 若需要将所有幻灯片都插入进来，只需选中预览框中任意一张幻灯片，单击鼠标右键，在弹出的菜单中选择"插入所有幻灯片"即可。

同步训练 7-10：请将素材文件"第 1-2 节.pptx"和"第 3-5 节.pptx"中的所有幻灯片合并到"物理课件.pptx"中，要求所有幻灯片保留原来的格式。

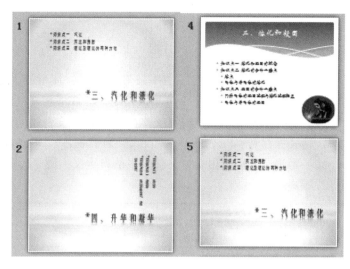

操作前　　　　　　　　　　　　　　　　　　　　　操作后

步骤 1. 新建演示文稿，保存并命名为"物理课件.pptx"。

步骤 2. 单击"开始"选项卡"幻灯片"选项组的"新建幻灯片"按钮，在弹出的下拉列表中选择"重用幻灯片"选项，打开"重用幻灯片"窗格。

步骤 3. 在"重用幻灯片"窗格中，单击"打开 PowerPoint 文件"链接，弹出"浏览"对话框，选择素材"第 1-2 节.pptx"演示文稿，单击"打开"按钮，素材文件"第 1-2 节.pptx"中所有幻灯片就会出现在"重用幻灯片"窗格下方的预览框中。

步骤 4. 选中"重用幻灯片"窗格下方的"保留源格式"复选框，选择预览框中任意一张幻灯片，单击右键，在弹出的菜单中选择"插入所有幻灯片"，插入"第 1-2 节.pptx"演示文稿中的所有幻灯片。

步骤 5. 重复步骤 3、步骤 4 的操作，插入"第 3-5 节.pptx"演示文稿中的全部幻灯片。

步骤 6. 删除第 1 张空白幻灯片，保存编辑好的演示文稿。

7.4　考级辅导

7.4.1　考试要求

二级考试

基本要求：

（1）正确采集信息并能在文字处理软件 Word、电子表格软件 Excel、演示文稿制作软件

PowerPoint 中熟练应用。

考试内容：

（1）分析图文素材，并根据需求提取相关信息引用到 Word 文档中。

（2）Excel 能获取外部数据并分析处理。

（3）分析数据素材，并根据需求提取相关信息引用到 Excel 文档中。

（4）分析图文素材，并根据需求提取相关信息引用到 PowerPoint 文档中。

7.4.2 真题练习

1．小李在课程结业时需要制作一份介绍第二次世界大战的演示文稿。参考素材文件夹中的"参考图片.docx"文件示例效果，帮助他完成演示文稿的制作。

（1）依据素材文件夹下的"文本内容.docx"文件中的文字创建共包含 14 张幻灯片的演示文稿，将其保存为"PPT.pptx"（".pptx"为扩展名），后续操作均基于此文件，否则不得分。

（2）为演示文稿应用素材文件夹中的自定义主题"历史主题.thmx"，并按照如下要求修改幻灯片版式：

幻灯片编号	幻灯片版式
幻灯片 1	标题幻灯片
幻灯片 2～5	标题和文本
幻灯片 6～9	标题和图片
幻灯片 10～14	标题和文本

（3）除标题幻灯片外，将其他幻灯片的标题文本字体全部设置为微软雅黑、加粗；标题以外的内容文本字体全部设置为幼圆。

（4）设置标题幻灯片中的标题文本字体为方正姚体，字号为 60，并应用"靛蓝，强调文字颜色 2，深色 50%"的文本轮廓；在副标题占位符中输入"过程和影响"文本，适当调整其字体、字号和对齐方式。

（5）在第 2 张幻灯片中，插入素材文件夹下的"图片 1.png"图片，将其置于项目列表下方，并应用恰当的图片样式。

（6）在第 5 张幻灯片中，插入布局为"垂直框列表"的 SmartArt 图形，图形中的文字参考"文本内容.docx"文件；更改 SmartArt 图形的颜色为"彩色轮廓-强调文字颜色 6"；为 SmartArt 图形添加"淡出"的动画效果，并设置为在单击鼠标时逐个播放，再将包含战场名称的 6 个形状的动画持续时间修改为 1 秒。

（7）在第 6～9 张幻灯片的图片占位符中，分别插入素材文件夹下的图片"图片 2.png""图片 3.png""图片 4.png"和"图片 5.png"，并应用恰当的图片样式；设置第 6 张幻灯片中的图片在应用黑白模式显示时以"黑中带灰"的形式呈现。

（8）适当调整第 10～14 张幻灯片中的文本字号；在第 11 张幻灯片文本的下方插入三个同样大小的"圆角矩形"形状，并将其设置为顶端对齐及横向均匀分布；在三个形状中分别输入文本"成立联合国""民族独立"和"两极阵营"，适当修改字体和颜色；然后为这三个形状插入超链接，分别链接到之后标题为"成立联合国""民族独立"和"两极阵营"的三张幻灯片；为这三个圆角矩形形状添加"劈裂"进入动画效果，并设置单击鼠标后从左到右逐个出现，每两个形状之间的动画延迟时间为 0.5 秒。

（9）在第 12～14 张幻灯片中，分别插入名为"第一张"的动作按钮，设置动作按钮的高度和宽度均为 2 厘米，距离幻灯片左上角水平 1.5 厘米、垂直 15 厘米，并设置当鼠标移过该动作按钮时，可以链接到第 11 张幻灯片；隐藏第 12～14 张幻灯片。

（10）除标题幻灯片外，为其余所有幻灯片添加幻灯片编号，并且编号值从 1 开始显示。

（11）为演示文稿中的全部幻灯片应用一种合适的切换效果，并将自动换片时间设置为 20 秒。

2．李东阳是某家用电器企业的战略规划人员，正在参与制订本年度的生产与营销计划。为此，他需要对上一年度不同产品的销售情况进行汇总和分析，从中提炼出有价值的信息。根据下列要求，帮助李东阳运用已有的原始数据完成上述分析工作。

（1）在素材文件夹下，将文档"Excel 素材.xlsx"另存为"Excel.xlsx"（".xlsx"为扩展名），之后所有的操作均基于此文档，否则不得分。

（2）在工作表"Sheet1"中，从 B3 单元格开始，导入"数据源.txt"中的数据，并将工作表名称修改为"销售记录"。

（3）在"销售记录"工作表的 A3 单元格中输入文字"序号"，从 A4 单元格开始，为每笔销售记录插入"001、002、003……"格式的序号；将 B 列（日期）中数据的数字格式修改为只包含月和日的格式（3/14）；在 E3 和 F3 单元格中，分别输入文字"价格"和"金额"；对标题行区域 A3:F3 应用单元格的上框线和下框线，对数据区域的最后一行 A891:F891 应用单元格的下框线；其他单元格无边框线；不显示工作表的网格线。

（4）在"销售记录"工作表的 A1 单元格中输入文字"2012 年销售数据"，并使其显示在 A1:F1 单元格区域的正中间（注意：不要合并上述单元格区域）；将"标题"单元格样式的字体修改为"微软雅黑"，并应用于 A1 单元格中的文字内容；隐藏第 2 行。

（5）在"销售记录"工作表的 E4:E891 中，应用函数输入 C 列（类型）所对应的产品价格，价格信息可以在"价格表"工作表中进行查询；然后将填入的产品价格设为货币格式，并保留零位小数。

（6）在"销售记录"工作表的 F4:F891 中，计算每笔订单记录的金额，并应用货币格式，保留零位小数，计算规则为：金额=价格×数量×（1-折扣百分比），折扣百分比由订单中的订货数量和产品类型决定，可以在"折扣表"工作表中进行查询。例如，某个订单中产品 A 的订货量为 1510，则折扣百分比为 2%（提示：为便于计算，可对"折扣表"工作表中表格的结构进行调整）。

（7）将"销售记录"工作表的单元格区域 A3:F891 中所有记录居中对齐，并将发生在周六或周日的销售记录的单元格的填充颜色设为黄色。

（8）在名为"销售量汇总"的新工作表中自 A3 单元格开始创建数据透视表，按照月份和季度对"销售记录"工作表中的三种产品的销售数量进行汇总；在数据透视表右侧创建数据透视图，图表类型为"带数据标记的折线图"，并为"产品 B"系列添加线性趋势线，显示"公式"和"R2 值"（数据透视表和数据透视图的样式可参考素材文件夹中的"数据透视表和数据透视图.jpg"示例文件）；将"销售量汇总"工作表移动到"销售记录"工作表的右侧。

（9）在"销售量汇总"工作表右侧创建一个新的工作表，名称为"大额订单"；在这个工作表中使用高级筛选功能，筛选出"销售记录"工作表中产品 A 数量在 1550 以上、产品 B 数量在 1900 以上及产品 C 数量在 1500 以上的记录（请将条件区域放置在 1～4 行，筛选结果放置在从 A6 单元格开始的区域）。

第8章 "美丽校园"摄影大赛海报设计及作品展示PPT

设计要求

为进一步加强校园文化建设,彰显特色校园文化,丰富师生文化生活,学校决定举办"美丽校园"摄影大赛。现需要根据所提供的文字素材和图片素材,使用Word软件为摄影大赛设计制作一张A4纸张大小的宣传海报,在比赛结束后,需要使用PowerPoint软件为优秀摄影作品制作一份展示PPT。

准备工作——字体安装

方法1:找到C:\WINDOWS\Fonts文件夹,将字体文件直接粘贴进来即可。(适用于所有系统)

方法2:选择字体文件,单击鼠标右键,选择"安装"即可。(适用于Win 7以上的操作系统)

8.1 使用Word软件制作宣传海报

8.1.1 海报构思

由于该海报是为宣传摄影大赛的活动而制作,因而在内容上要包含活动的目的、参赛对象、活动的具体要求及作品的评选方式,并且此次大赛的主题和活动时间段需要重点突出。

此次大赛主题为"美丽校园"摄影大赛,在设计中需要将学生的青春活力、校园生活的丰富多彩及摄影这几个关键点展示出来。

8.1.2 制作流程

打开"美丽校园摄影大赛方案.docx"文档,将其另存为"海报.docx",设计制作海报操作方法如下。

1. 设置页面背景

（1）单击"页面布局"选项卡"页面背景"选项组"页面颜色"按钮，在下拉列表中选择"填充效果…"选项，打开"填充效果"对话框。

（2）在对话框中选择"图案"选项卡，设置图案为"草皮"，前景色为"白色，背景1"，背景色为"茶色，背景2"。

（3）单击"确定"按钮完成设置，如图8.1所示。

2. 设置文案

（1）选中全文，在"开始"选项卡"字体"选项组中设置字体类型为"微软雅黑"。

（2）选中"一、活动目的"文本，将其字号设置为小四；选择正文，设置字号为五号。

（3）选中全文，单击"开始"选项卡"段落"选项组的 按钮，在打开的"段落"对话框中设置段前、段后均为"0行"，行距为"最小值，0磅"。

（4）选中文本"一、活动目的"，单击"页面布局"选项卡"页面背景"选项组的"页面边框"按钮，在弹出的"边框和底纹"对话框中选择"底纹"选项卡，设置填充颜色为"深红"，应用于"文字"，单击"确定"按钮关闭对话框。

（5）选中"一、活动目的"文本，双击"开始"选项卡"剪贴板"选项组的"格式刷"按钮，依次单击"二、参赛对象""三、具体要求""四、作品评选和展示"文本，将所有内容标题设置相同的格式，如图8.2所示。

图8.1　设置页面背景　　　　　　图8.2　设置文案

3. 设置背景及Logo图片

海报背景的设计要美观、突出显示特点，具有强烈的艺术效果。

在海报的左上角插入"顶纹.jpg"图片并进行如下设置：

（1）选中图片，选择"图片工具-格式"选项卡"排列"选项组"自动换行"下拉列表中的"衬于文字下方"选项。

（2）选中图片，单击"图片工具-格式"选项卡"调整"选项组中的"颜色"按钮，在弹出的下拉列表中选择"设置透明色"选项，此时鼠标指针变为 ，将鼠标指针移动到图片的白色处，单击鼠标，图片的白色部分变为透明。

（3）选中图片，使用"图片工具-格式"选项卡"大小"选项组的"裁剪"下拉按钮，将图片多余的区域修剪掉。

（4）调整图片的大小，并将其拖放到页面的左上角的合适位置。

在海报右上角插入"logo.png"图片并进行如下设置：

（1）将"logo.png"图片插入到文档中。

（2）选中图片，将其排列方式设置为"衬于文字下方"。

（3）调整图片的大小，并将其拖放到页面的右上角合适位置。

海报下方插入"底纹.jpg"图片并进行如下设置：

（1）将"底纹.jpg"图片插入到文档中。

（2）选中图片，将其排列方式设置为"衬于文字下方"。

（3）调整图片的大小，并将其拖放到页面的下方合适位置。

海报右下角设置镜头组图，操作方法如下：

（1）将"镜头.jpg""风景(1).jpg""风景(2).jpg""风景(3).jpg""风景(4).jpg"图片插入到文档中。

（2）选中所有图片，设置排列方式为"浮于文字上方"。

（3）结合参考图效果，使用缩放、旋转、叠放次序命令，将图片进行排列。

缩放大小设置为："镜头.jpg"高度为6厘米，"风景(1)~(6)"高度为4厘米。

（4）分别选中"风景(1).jpg""风景(2).jpg""风景(3).jpg""风景(4).jpg"，在"图片工具-格式"选项卡"图片样式"选项组的"快速样式"列表中应用"简单框架，白色"的样式。

（5）同时选中"镜头.jpg""风景（1）.jpg""风景（2）.jpg""风景（3）.jpg""风景（4）.jpg"，单击鼠标右键，在弹出的菜单中选择"组合"选项，并将其拖放到页面的右下方。

设置后的效果如图8.3所示。

4. 设置艺术字

（1）单击"插入"选项卡"文本"选项组中的"艺术字"下拉按钮，在弹出的下拉列表中选择"填充-橙色，强调文字颜色6，暖色粗糙棱台"的艺术字样式。

（2）在艺术字文本框中输入文本"美丽校园"摄影大赛。

（3）为"'美丽校园'摄影大赛"文本设置字体类型为"汉仪行楷简"，字号为48，加粗。

（4）在标题的下一行输入"2017年9月1—15日"文本，并设置字体类型为"方正综艺简体"，字号为四号，加粗。

（5）选中"2017年9月1—15日"文本，单击"绘图工具-格式"选项卡"艺术字样式"选项组的"快速样式"下拉按钮，在下拉列表中选择"渐变填充-黑色，轮廓-白色，外部阴影"样式。

（6）选中艺术字文本框，设置排列方式为"浮于文字上方"。

（7）调整文本框大小，使其横贯页面宽度，拖动到页面上方合适位置，单击"绘图工具-格式"选项卡"形状样式"选项组的右下角对话框启动器，在弹出的"设置形状格式"对话框左侧列表框中选择"填充"，右侧选择"纯色填充"，填充颜色选择"白色"，透明度设置为"30%"，单击"确定"按钮关闭对话框。

（8）选择文本框，单击"绘图工具-格式"选项卡"形状样式"选项组中的"形状效果"下拉按钮，在弹出的下拉列表中选择"预设"中的"预设2"，如图8.4所示。

第8章 "美丽校园"摄影大赛海报设计及作品展示PPT

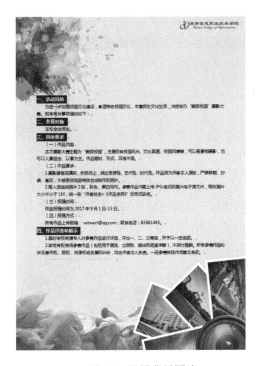

图 8.3 设置背景图片

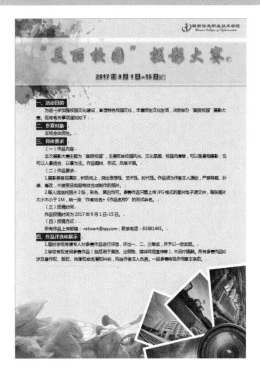

图 8.4 设置艺术字

8.2 使用 PowerPoint 软件制作展示 PPT

8.2.1 展示 PPT 构思

此演示文稿为摄影作品的展示，根据所提供的素材，我们可以将其分成两个主题来展示，一个主题为"四季美景"（对应图片素材为 1~4，如图 8.5 所示），另一个主题为"校园风情"（对应图片素材为 5~11，如图 8.5 所示）。为了增强图片的观赏性，需要对图片进行美化处理，为了增加播放的趣味性，还需要合理地设置动画。

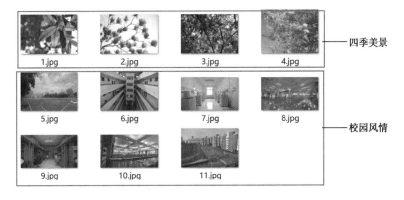

图 8.5 图片素材

由于所提供的图片数量不多，因而可以将每个主题中的图片通过合理的设置放在一张幻灯片上来展示。那么在幻灯片页面设置上，就需要设置一个封面页、一个封底页、两个过渡页和两个正文页。其中封面页和封底页使用"标题页"版式来设计；过渡页使用"过渡页"版式来设计；正文页使用"正文页"版式来设计。

8.2.2 母版设计

新建一个空白演示文稿，单击"设计"选项卡"页面设置"选项组的"页面设置"按钮，在弹出的对话框设置幻灯片大小为"全屏显示（16:9）"，单击"确定"按钮关闭对话框。

单击"视图"选项卡"母版视图"选项组中的"幻灯片母版"按钮，切换到母版视图编辑窗口，左侧的"幻灯片预览"窗格中列出了本母版所有的版式。要设计的母版包括"标题页"母版、"过渡页"母版和"正文页"母版，如图8.6所示。

"摄影大赛"母版

"标题页"母版

"正文页"母版

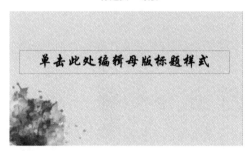

"过渡页"母版

图 8.6　母版设计效果图

1. 母版重命名

（1）在左侧的"幻灯片预览"窗格中，选择名为"Office 主题 幻灯片母版"的幻灯片母版；单击"幻灯片母版"选项卡"编辑母版"选项组的"重命名"按钮，在弹出的"重命名版式"对话框中将其重命名为"摄影大赛"，单击"重命名"按钮。

（2）选择名为"标题幻灯片 版式"的幻灯片母版，单击"幻灯片母版"选项卡"编辑母版"选项组的"重命名"按钮，在弹出的"重命名版式"对话框中将其重命名为"标题页"，单击"重命名"按钮。

（3）取消"幻灯片母版"选项卡"母版版式"选项组中"页脚"复选框的勾选。

重复步骤（2）、（3）将"空白"版式幻灯片母版重命名为"过渡页"，"仅标题"版式幻灯片重命名为"正文页"。

2. "摄影大赛"母版设计

在左侧的"幻灯片预览"窗格中,选择"摄影大赛"母版,进行如下设置:

(1)单击"幻灯片母版"选项卡"背景"选项组的右下角对话框启动器,弹出"设置背景格式"对话框。

(2)在对话框左侧列表框中选择"填充",右侧列表框中选择"图案填充",图案为"草皮",前景色为"白色,背景 1",背景色为"茶色,背景 2",设置完成后单击"关闭"按钮。

(3)选中标题占位符,设置其字体类型为"方正行楷简体",加粗,字号不变。

(4)选中文本占位符,设置其字体类型为"微软雅黑",其他保持默认。

3. "标题页"母版设计

在左侧的"幻灯片预览"窗格中,选择"标题页"幻灯片母版,进行如下设置:

(1)插入图片素材文件夹中的"logo.png",选中图片,单击"图片工具-格式"选项卡"大小"选项组右下角对话框启动器,在弹出的"设置图片格式"对话框左侧列表框中选择"大小",右侧列表框中设置缩放比例为"18%"。设置完成后单击"关闭"按钮。

(2)将"logo.png"放置到幻灯片页面左上角。

(3)插入图片素材文件夹中的"底纹.png",将其缩放比例设置为"75%",放置到页面中间合适位置,并将图片"置于底层"。

(4)选中"底纹.png"图片,单击"动画"选项卡"高级动画"选项组的"添加动画"下拉按钮,在下拉列表中选择进入动画的"擦除"效果,在动画窗格中选择底纹图片的动画,单击鼠标右键,在右键菜单中选择"效果选项…"命令,打开"擦除"对话框。

(5)在"效果"选项卡中,设置方向为"自左侧",声音为"风铃"。在"计时"选项卡中,设置开始为"与上一动画同时",期间为"快速(1 秒)"。设置完成后单击"确定"按钮关闭对话框。

4. "过渡页"母版设计

在左侧的"幻灯片预览"窗格中,选择"过渡页"幻灯片母版,进行如下设置:

(1)插入图片素材文件夹中的"顶纹.jpg",选中图片,单击"图片工具-格式"选项卡"调整"选项组中的"删除背景"按钮,跳转到"背景消除"编辑状态,使用"背景消除"选项卡"优化"选项组中的"标记要保留的区域"命令,对图片进行优化,设置完成后,单击"背景消除"选项卡"关闭"选项组中的"保留更改"命令确认修改效果。

(2)选中"顶纹.jpg"图片,在"图片工具-格式"选项卡"调整"选项组中"艺术效果"按钮的下拉列表中依次应用"图画刷"和"虚化"效果,再在下拉列表中选择"艺术效果选项…",在弹出的"设置图片格式"对话框中,设置"辐射"值为 4。设置完成后单击"关闭"按钮。

(3)将图片拖动到左下角的合适位置,同时进行适当的大小尺寸或角度的调整。

(4)在"幻灯片母版"选项卡"母版版式"选项组中勾选"标题"复选框,此时,在页面中就出现了标题占位符,调整标题占位符的位置。

5. "正文页"母版设计

(1)复制其他母版中的"顶纹.jpg"和"底纹.png"到"正文页"母版。

(2)将这两张图片都设置为"置于底层",按照样图调整它们的位置。

最后删除多余的版式页面,关闭母版视图,切换到幻灯片的普通视图。

8.2.3　幻灯片设计与制作

PPT 页面设计效果图如图 8.7 所示。

图 8.7　PPT 页面设计效果图

1．制作第 1 张幻灯片

切换到幻灯片普通视图之后的第 1 张幻灯片自动应用了"摄影大赛"母版的标题页，对第 1 张幻灯片设置如下：

（1）在标题占位符中输入"'美丽校园'摄影大赛作品展示"，调整标题占位符尺寸和位置，使其横跨整个幻灯片页面，删除副标题占位符。

（2）选中标题占位符，单击"绘图工具-格式"选项卡"形状样式"选项组右下角的对话框启动器，打开"设置形状格式"对话框，在左侧列表框中选择"填充"，右侧列表框中设置颜色为"白色"，透明度设置为"30%"。设置完成后，单击"确定"按钮。

（3）保持选中文本框状态，单击"绘图工具-格式"选项卡"形状样式"选项组中"形状效果"按钮，"预设"中选择"预设 2"。

（4）保持选中文本框状态，在"开始"选项卡"字体"选项组中，设置字体颜色为"深红"，加文字阴影。

（5）在页面上插入素材文件夹下的"Always With Me .mp3"声音文件，并将其图标拖动到页面空白处。

（6）选中声音文件，在"音频工具-播放"选项卡"音频选项"中设置开始为"跨幻灯片播放"，勾选"循环播放，直到停止"和"放映时隐藏"复选框。

（7）打开"动画窗格"，窗格中显示为声音文件的动画。选中"'美丽校园'摄影大赛作品展示"文本框，为其添加进入效果为"擦除"动画效果。

（8）在"动画窗格"中选择标题的动画，单击鼠标右键，在右键菜单中选择"效果选项…"，弹出"擦除"对话框。在"效果"选项卡中，设置方向为"自顶部"，在"计时"选项卡中设置开始为"与上一动画同时"，延迟为"2 秒"，期间为"中速（2 秒）"，设置完成后，单击"确定"按钮。

第 1 张幻灯片设置完成之后可单击"动画窗格"中的"播放"按钮 ▶播放 进行查看。

2. 制作第 2 张幻灯片

单击"开始"选项卡"幻灯片"选项组的"新建幻灯片"下拉按钮，在下拉列表中选择"摄影大赛"的"过渡页"版式新建第 2 张幻灯片，对第 2 张幻灯片设置如下：

（1）在"单击此处添加标题"文本框中输入"四季美景"。设置字体类型为"方正行楷简体"，字号为"80"。单击"绘图工具-格式"选项卡"艺术字样式"选项组右下角的对话框启动器，在弹出的"设置文本效果格式"对话框中设置"文本填充"颜色为"橙色，强调文字颜色 6，深色 25%"，设置"文本边框"颜色为"白色"，"轮廓样式"宽度为"1 磅"，设置"发光和柔化边缘"的发光为预设中的"橙色，8pt 发光，强调文字颜色 6"。

（2）选中文本框，为其添加进入效果为"随机线条"动画效果。在"动画窗格"中，选中文本框的动画，单击鼠标右键，在右键菜单中选择"效果选项…"，在弹出的"随机线条"对话框的"效果"选项卡中，设置方向为"水平"，在"计时"选项卡中设置开始为"上一动画之后"，延迟为"1 秒"，期间为"非常快（0.5 秒）"，设置完成后，单击"确定"按钮。

3. 制作第 3 张幻灯片

在第 2 张幻灯片之后新建一个版式为"摄影大赛"的"正文页"的幻灯片，对第 3 张幻灯片设置如下：

（1）在"单击此处添加标题"文本框中输入"四季美景"。选中文本框，为其选择"绘图工具-格式"选项卡"艺术字样式"选项组快速样式列表中的"填充-橙色，强调文字颜色 6，渐变轮廓-强调文字颜色 6"样式。

（2）插入一个高度为 9 厘米，宽度为 5.5 厘米的矩形 1，设置形状填充颜色为"白色"，形状轮廓颜色为"深红"。

（3）插入一个高度为 4 厘米，宽度为 4.5 厘米的矩形 2，设置形状填充为素材文件夹中的"1.jpg"图片，设置形状轮廓颜色为"黑色，文字 1，淡色 50%"，粗细为 0.5 磅。设置完成后，将其放置到前一个矩形框内部的上半部分。

（4）在矩形 1 中插入一个横排文本框，并在该文本框中输入"生机 谁能享受 沐浴阳光的快乐 谁能感受 凌空招展的洒脱"，将所有文字居中对齐，将"生机"设置字体为"微软雅黑"，字号为"18"，段后"15 磅"。其他字体设置为"微软雅黑"，字号为"12"，单倍行距。

（5）同时选中两个矩形框和文本框对象，通过"绘图工具-格式"选项卡"排列"选项组的"对齐"下拉按钮将左右居中对齐，再单击"组合"下拉按钮将三个对象组合。

（6）选中组合的对象，连续按三次"Ctrl+D"快捷键在页面上复制粘贴三个相同的对象。使用鼠标拖动，借助对齐工具将这 4 个相同对象在页面上等距排列；并修改组合对象的样式和内容。

- 第 2 个组合框中设置大矩形框的形状轮廓颜色为"橙色"，小矩形框的形状填充为图片"2.jpg"，文本内容为"繁华"和"皎皎玉兰花 不受缁尘垢 莫漫比辛夷 白贲谁能偶"。

- 第 3 个组合框中设置大矩形框的形状轮廓颜色为"绿色"，小矩形框的形状填充为图片"3.jpg"，文本内容为"秋意浓"和"秋风瑟瑟 秋叶飘飘 作看落叶雨纷飞 一缕忧伤一叶秋"。

- 第 4 个组合框中设置大矩形框的形状轮廓颜色为"蓝色"，小矩形框的形状填充为图片"4.jpg"，文本内容为"金色印记"和"一树珍稀 一茎名贵成全一叶风流 银杏舞 娇春剔透 白果吟秋"。

（7）选中文本为"生机"红色边框的组合对象，为其添加为"浮入"的进入动画，并设置开始为"上一动画之后"。

（8）选中文本为"生机"红色边框的组合对象，双击"动画"选项卡"高级动画"选项组的"动画刷"按钮，然后依次单击其余的三个组合对象以复制动画样式。复制完成后，再次单击"动画刷"按钮取消命令。

（9）在"动画窗格"中，按"Shift"键选中下方三个新复制的动画，单击鼠标右键，在弹出的菜单中选择"计时"，在弹出的"上浮"对话框的"计时"选项卡中设置延迟为"2秒"，期间为"非常快（0.5秒）"，单击"确定"按钮关闭对话框。

下面制作组合对象内的图片从小图放大显示的效果，在这一动画过程中，我们需要先让图片在它自身位置闪烁两次，再由原始位置移动到幻灯片页面中间然后放大显示，在页面停留一段时间后，最终旋转缩放消失。

要实现这一连串的效果，首先需要在图片的原始位置复制一个出来（复制一个小矩形框，注意不要与之前的组合在一起），将复制出来的小矩形框放置在原始矩形框的上方，重合放置。设置复制的小矩形框的形状轮廓为2.25磅的白色实线框；接下来按照如下步骤设计动画：

（1）选中复制的第一个小矩形框，为其添加"淡出"的进入动画，在"淡出"对话框的"计时"选项卡中设置开始为"上一动画之后"，延迟为"1秒"，期间为"非常快（0.5秒）"。继续为其添加"脉冲"的强调动画，在"脉冲"对话框的"计时"选项卡中设置开始为"与上一动画同时"，延迟为"1秒"，期间为"快速（1秒）"，重复为"2"。最后再为其添加"直线"路径动画，在"向下"对话框的"效果"选项卡中设置动画播放后为"下次单击后隐藏"，在"计时"选项卡中设置开始为"上一动画之后"，期间为"快速（1秒）"。然后在页面上将路径上的红色三角拖动到页面中间合适的位置上。

（2）在页面中插入图片"1.jpg"，调整图片高度为12厘米。选中图片，在"图片工具-格式"选项卡"图片样式"下拉列表中选择"棱台亚光，白色"样式。保持选中状态，先为其添加"缩放"的进入动画，打开"缩放"对话框，在"效果"选项卡中设置消失点为"对象中心"，在"计时"选项卡中设置开始为"上一动画之后"，延迟为"0.2秒"，期间为"非常快（0.5秒）"。然后再为其添加"收缩并旋转"的退出动画，打开"收缩并旋转"对话框，在"计时"选项卡中设置开始为"上一动画之后"，延迟为"3秒"，期间为"快速（1秒）"。此时，图片从小变大的展示动画设置完毕。

（3）重复步骤（1）和（2），结合"动画刷"和"选择窗格"面板，完成其余三张图片（2.jpg～4.jpg）展示动画的制作。

4．制作第4张幻灯片

在"幻灯片预览"窗格中，复制第2张幻灯片，粘贴到第3张之后，将其中的文本替换为"校园风情"，为其设置艺术字样式为"填充-白色，渐变轮廓-强调文字颜色1"。

5．制作第5张幻灯片

在第4张幻灯片之后新建一个版式为"摄影大赛"的"正文页"的幻灯片，对第5张幻灯片设置如下：

（1）在标题占位符中输入"校园风情"。为其设置艺术字样式为"渐变填充-蓝色，强调文字颜色1，轮廓-白色，发光-强调文字颜色2"。

（2）在页面中插入素材文件夹的"5.jpg"图片，单击"图片工具-格式"选项卡"大小"选项组右下角的对话框启动器，在打开的"设置图片格式"对话框左侧列表框中选择"大小"，在右侧列表框"缩放比例"中取消勾选"锁定纵横比"复选框，再在"尺寸和旋转"组"高度"

设置为"16.46 厘米","宽度"设置为"25.4 厘米",调整位置使其占满整张幻灯片页面。为其添加"形状"的进入动画,打开"圆形扩展"对话框,在"效果"选项卡中设置方向为"放大",在"计时"选项卡中设置开始为"上一动画之后",延迟为"2 秒",期间为"中速(2 秒)"。

(3)在页面中插入素材文件夹的"6.jpg"图片,调整其大小,尽量将图片压扁,并适当做旋转,并为其添加"棱台亚光,白色"的图片样式。

(4)选中图片"6.jpg",首先为其添加"出现"的进入动画,打开"出现"对话框,在"效果"选项卡中设置声音为"照相机",在"计时"选项卡中设置开始为"上一动画之后",延迟为"2.5 秒"。然后再添加"放大/缩小"的强调动画,打开"放大/缩小"对话框,在"效果"选项卡中设置尺寸为"较小",在"计时"选项卡中设置开始为"上一动画之后",延迟为"2 秒",期间为"快速(1 秒)"。

(5)插入素材文件夹中的"7.jpg"图片,重复步骤 3 的操作为其设置样式,使用动画刷为其添加"出现"及"放大/缩小"动画,为了表现图片零散堆放的效果,再为"7.jpg"图片添加"直线"路径动画。打开"向下"对话框,在"计时"选项卡中设置开始为"与上一动画同时",延迟为"2 秒",期间为"快速(1 秒)"。

(6)参照图片"7.jpg"的制作方法,继续制作图片 8.jpg~11.jpg 的动画展示效果。注意调整"直线"路径动画的红色控制点的位置,做出照片自由堆放的效果。

(7)在页面中绘制一个高度"16.46 厘米"、宽度"25.4 厘米"的矩形,调整位置使其占满整张幻灯片页面。设置形状填充为透明度35%的黑色填充,形状轮廓为无轮廓,为其设置"劈裂"的进入动画,打开"劈裂"对话框,在"效果"选项卡中设置方向为"左右向中央收缩",在"计时"选项卡中设置开始为"上一动画之后",延迟为"1 秒",期间为"非常快(0.5 秒)"。

(8)插入一个文本框,内容为"麓山苍苍 湘水泱泱 雷锋故乡聚首 青春梦想启航 爱国爱校爱真理 成人成才成榜样 丹心一片栋梁材 春风万仞桃李香 湖湘巍巍 教泽煌煌 信息蝉联四海 技术未央八荒 尊师尊德尊创造 重道重技重荣光 手脑并用达卓越 家国共担续华章";设置字体类型为"方正行楷简体",字号 20,加文字阴影。设置完成后,将其放置在幻灯片页面外的下方。

(9)选中文本框,为其添加"直线"路径动画。打开"向下"对话框,在"计时"选项卡中设置开始为"上一动画之后",延迟为"1 秒",期间为"非常慢(5 秒)"。同时将路径的红色标注拖动到幻灯片页面中间。

6. 制作第 6 张幻灯片

在第 5 张幻灯片之后新建一个版式为"摄影大赛"的"标题页"的幻灯片,对第 6 张幻灯片设置如下:

(1)删除页面中的标题占位符。

(2)插入"填充-白色投影"的艺术字,在"艺术字"文本框中输入"谢谢观看"。设置字体类型为"方正行楷简体",字号 96,加文字阴影。

(3)选中文本框,为其设置"弹跳"的进入动画,打开"弹跳"对话框,在"效果"选项卡中设置动画文本为"按字/词",在"计时"选项卡中设置开始为"上一动画之后",期间为"中速(2 秒)"。

8.2.4 设置幻灯片切换和放映方式

所有页面完成后，为了让幻灯片页面切换更自然及更具趣味性，还需要对幻灯片每一页的切换方式进行设置，另外在制作过程中需要考虑它的应用场合。此PPT为作品展示PPT，在实际应用中，它需要自动进行页面切换和动画播放。

1. 设计幻灯片切换方式

对幻灯片的切换方式设计操作如下：

（1）在"幻灯片预览"窗格中，选中第1张幻灯片，单击"切换"选项卡"切换到此幻灯片"选项组中的"涡流"效果，在"计时"选项组中设置声音为"风铃"，"换片方式"中勾选"设置自动换片时间"，设置时间为"10秒"。

（2）为第2张幻灯片添加"分割"的切换效果，勾选"设置自动换片时间"复选框并设置时间为"5秒"。

（3）为第3张幻灯片添加"淡出"的切换效果，勾选"设置自动换片时间"复选框并设置时间为"45秒"。

（4）为第4张幻灯片添加"分割"的切换效果，勾选"设置自动换片时间"复选框并设置时间为"8秒"。

（5）为第5张幻灯片添加"淡出"的切换效果，勾选"设置自动换片时间"复选框并设置时间为"45秒"。

（6）为第6张幻灯片添加"随机线条"的切换效果，勾选"设置自动换片时间"复选框并设置时间为"5秒"。

自动换片时间的设置是根据页面中所有动画完成后的结束时间来估量的，可以使用"幻灯片放映"选项卡"设置"选项组中的"排练计时"命令，来掌握每一张幻灯片的展示时间。

2. 设置幻灯片放映方式

（1）单击"幻灯片放映"选项卡"设置"选项组中的"设置幻灯片放映"按钮，弹出"设置放映方式"对话框。

（2）在对话框中设置放映类型为"在展台浏览（全屏幕）"。

（3）单击"确定"按钮关闭对话框。

8.2.5 保存演示文稿

由于该PPT中使用了"方正行楷简体"这一不常用的字体类型，为了防止字体丢失，可以单击"文件"选项卡中的"选项"命令，在弹出的"PowerPoint选项"对话框的"保存"选项卡中勾选"将字体嵌入文件"复选框，选择"仅嵌入演示文稿中使用的字符（适于减少文件大小）"单选按钮，单击"确定"按钮完成设置。当保存文件时，PowerPoint会自动将字体嵌入到PPT中。

另外，为防止他人误改PPT文档，可使用"另存为"命令，将保存类型设置为"PowerPoint放映（*.ppsx）"另存一份放映文件，这样在使用时只需要双击文件即可实现文件的自动播放。

若在保存时出现如图8.8所示的情况时，可将字体与演示文稿打包在一起，操作如下：

图 8.8　字体保存不成功提示框

（1）单击"文件"选项卡"保存并发送"中的"将演示文稿打包成 CD"命令，再单击"打包成 CD"按钮，弹出"打包成 CD"对话框。

（2）单击"添加"按钮，添加"方正行楷简体.ttf"文件，同时为了防止音乐文件丢失，也可将音频文件添加进来，如图 8.9 所示。

在"打包成 CD"对话框中，单击"添加"按钮，在弹出的对话框中，定位到指定的文件夹下，若找不到所需文件，需要将文件类型更改为"所有文件"。

（3）单击"复制到文件夹…"按钮，在弹出的"复制到文件夹"对话框中，设置文件夹名称为"作品展示"，设置好保存路径，单击"确定"按钮，在弹出的提示框中单击"是"按钮。

保存完成后，文件夹效果如图 8.10 所示。

图 8.9　"打包生成 CD"对话框　　　　图 8.10　打包生成的文件夹

打包后的演示文稿在其他设备上播放时，需要先安装字体到设备才可以正常播放，否则会出现字体丢失的情况。

附录 A

函数的种类主要有文本函数、日期时间函数、统计函数、财务函数、逻辑函数、数学函数和其他类型，在计算机等级考试的二级考试中常用的函数按类归纳如下。

1. 常用数学函数

函数名称	主要功能	使用格式
SUM	计算所有参数数值的和	SUM(number1,[number2],...)
AVERAGE	求出所有参数的算术平均值	AVERAGE(number1, [number2], ...)
MOD	求出两数相除的余数	MOD(number, divisor)
ABS	求出相应数字的绝对值	ABS(number)
PRODUCT	求各参数的乘积值	PRODUCT(number1, [number2], ...)
INT	将数值向下取整为最接近的整数	INT(number)
TEXT	根据指定的数值格式将相应的数字转换为文本形式	TEXT(value, format_text)

2. 常用统计函数

函数名称	主要功能	使用格式
SUMIF	计算符合指定条件的单元格区域内的数值和	SUMIF(range, criteria, [sum_range])
SUMIFS	用于对一组给定条件指定的单元格进行求和	SUMIFS(sum_range, criteria_range1, criteria1, [criteria_range2, criteria2], ...)
AVERAGEIF	计算给定条件指定的单元格的算术平均值	AVERAGEIF(range, criteria, [average_range])
AVERAGEIFS	返回满足多个条件的所有单元格的平均值（算术平均值）	AVERAGEIFS(average_range, criteria_range1, criteria1, [criteria_range2, criteria2], ...)
MAX	求出一组数中的最大值	MAX(number1, [number2], ...)
MIN	求出一组数中的最小值	MIN(number1, [number2], ...)
COUNT	计算包含数字的单元格个数及参数列表中数字的个数	COUNT(value1, [value2], ...)

续表

函数名称	主要功能	使用格式
COUNTA	计算范围中不为空的单元格的个数	COUNTA(value1, [value2], ...)
COUNTIF	统计某个单元格区域中符合指定条件的单元格数目	COUNTIF(range, criteria)
COUNTIFS	将条件应用于跨多个区域的单元格,然后统计满足所有条件的次数	COUNTIFS(criteria_range1, criteria1, [criteria_range2, criteria2]...)
RANK	返回某一数值在一列数值中的相对于其他数值的排位	RANK(number,ref,[order])

3. 常用的条件函数和逻辑函数

函数名称	主要功能	使用格式
IF	根据对指定条件的逻辑判断的真假结果,返回相对应的内容	IF(logical_test, [value_if_true], [value_if_false])
AND	检查是否所有的参数都为 TRUE,如果所有参数值为 TRUE,则返回 TRUE	AND(logical1, [logical2], ...)
OR	在其参数组中,任何一个参数逻辑值为 TRUE,即返回 TRUE;任何一个参数的逻辑值为 FALSE,即返回 FALSE	OR(logical1, [logical2], ...)

4. 常用日期时间函数

函数名称	主要功能	使用格式
DAY	求出指定日期或引用单元格中的日期的天数	DAY(serial_number)
MONTH	求出指定日期或引用单元格中的日期的月份	MONTH(serial_number)
WEEKDAY	给出指定日期对应的星期数	WEEKDAY(serial_number,return_type)
NOW	给出当前系统日期和时间	NOW()
TODAY	给出系统日期	TODAY()
DATE	给出指定数值的日期	DATE(year,month,day)
DATEDIF	计算返回两个日期参数的差值	DATEDIF(date1,date2,["y"|"m"|"d"])

5. 常用文本函数

函数名称	主要功能	使用格式
CONCATENATE	将多个字符文本或单元格中的数据连接在一起,显示在一个单元格中	CONCATENATE(Text1,Text...)
MID	从一个文本字符串的指定位置开始,截取指定数目的字符	MID(text,start_num,num_chars)
LEFT	从一个文本字符串的第一个字符开始,截取指定数目的字符	LEFT(text,num_chars)

续表

函 数 名 称	主 要 功 能	使 用 格 式
RIGHT	从一个文本字符串的最后一个字符开始，截取指定数目的字符	RIGHT(text,num_chars)
TRIM	删除指定文本或区域中所有的空格	TRIM(text)
VALUE	将代表数字的文本字符串转换成数字	VALUE(text)
LEN	统计并返回指定文本字符串中的字符个数	LEN(text)
VLOOKUP	在数据表的首列查找指定的数值，并由此返回数据表当前行中指定列处的数值	VLOOKUP(lookup_value,table_array,col_index_num,range_lookup)

反侵权盗版声明

电子工业出版社依法对本作品享有专有出版权。任何未经权利人书面许可，复制、销售或通过信息网络传播本作品的行为，歪曲、篡改、剽窃本作品的行为，均违反《中华人民共和国著作权法》，其行为人应承担相应的民事责任和行政责任，构成犯罪的，将被依法追究刑事责任。

为了维护市场秩序，保护权利人的合法权益，我社将依法查处和打击侵权盗版的单位和个人。欢迎社会各界人士积极举报侵权盗版行为，本社将奖励举报有功人员，并保证举报人的信息不被泄露。

举报电话：（010）88254396；（010）88258888
传　　真：（010）88254397
E-mail：　dbqq@phei.com.cn
通信地址：北京市海淀区万寿路173信箱
　　　　　电子工业出版社总编办公室
邮　　编：100036